本书由

暨南大学人与自然生命共同体重点实验室

资助出版

Carbon Peaking and Carbon Neutrality:
The Integration of Philosophy,
Science, and Management

碳达峰、碳中和

哲学、科学与管理学的融合

宋献中　沈洪涛◎主编

暨南大學出版社
JINAN UNIVERSITY PRESS

中国·广州

图书在版编目（CIP）数据

碳达峰、碳中和：哲学、科学与管理学的融合 = Carbon Peaking and Carbon Neutrality：The Integration of Philosophy，Science，and Management / 宋献中，沈洪涛主编. -- 广州：暨南大学出版社，2025. 5. -- ISBN 978 - 7 - 5668 - 4109 - 4

Ⅰ. X511

中国国家版本馆 CIP 数据核字第 20253124L5 号

碳达峰、碳中和：哲学、科学与管理学的融合

TANDAFENG TANZHONGHE：ZHEXUE KEXUE YU GUANLIXUE DE RONGHE

主　编：宋献中　　沈洪涛

出 版 人：阳　翼
策划编辑：梁月秋
责任编辑：郑晓玲　梁月秋
责任校对：杨柳牧菁
责任印制：周一丹　郑玉婷

出版发行：暨南大学出版社（511434）
电　　话：总编室（8620）31105261
　　　　　营销部（8620）37331682　37331689
传　　真：（8620）31105289（办公室）　　37331684（营销部）
网　　址：http：//www. jnupress. com
排　　版：广州尚文数码科技有限公司
印　　刷：广州市友盛彩印有限公司
开　　本：787mm×1092mm　1/16
印　　张：14. 25
字　　数：271 千
版　　次：2025 年 5 月第 1 版
印　　次：2025 年 5 月第 1 次
定　　价：59. 80 元

前　言

2020 年 9 月 22 日，国家主席习近平在第七十五届联合国大会一般性辩论上宣布了争取在 2030 年前达到碳排放峰值、在 2060 年前实现碳中和的目标。我国生态文明建设自此进入了以降碳为重点战略方向、推动减污降碳协同增效、促进经济社会发展全面绿色转型的关键时期。2022 年 4 月 19 日，教育部印发《加强碳达峰碳中和高等教育人才培养体系建设工作方案》，围绕国家"双碳"重大战略部署，要求各高校从战略高度全面践行习近平生态文明思想，扎根中国大地，推动经济社会绿色低碳转型，在服务高质量发展、建设美丽中国中提升教育的服务力和贡献力。

暨南大学作为中央统战部、教育部、广东省共建的国家"双一流"建设高校和广东省高水平大学重点建设高校，高度重视国家重大战略需求和地方经济发展需要，围绕绿色能源开发、低碳利用、减污降碳等碳减排领域，新型太阳能、海洋能、储能及制氢技术等碳零排领域，碳监测、碳市场、碳核算、碳金融等碳管理领域，开展了一系列高水平的基础性、前瞻性学术研究与探索。近年来，暨南大学先后获批了粤港澳环境质量协同创新联合实验室、暨南大学人与自然生命共同体重点实验室、广东省环境污染与健康重点实验室等省级研究平台；引培了一批由环境哲学、环境管理和环境科学等领域专业研究人员组成的国内领先的低碳可持续发展研究团队；形成了从大气环境与气候变化、产业布局与区域创新到低碳可持续发展的立体式、全方位、多学科交叉的研究格局；培养了一批接受过系统性专业理论学习和训练的环境管理复合型人才；产出了一批具有较高学术影响力的科研成果，成为粤港澳大湾区低碳与绿色发展领域重要的研究力量之一。

为贯彻落实教育部《加强碳达峰碳中和高等教育人才培养体系建设工作方案》精神，暨南大学发挥综合性大学学科交叉优势，基于碳减排、碳零排、碳负排、碳管理等领域的研究基础，开设"'碳达峰、碳中和'专题系列讲座：哲学、科学与管理学的融合"通识课（以下简称"通识课"），分别从哲学、科学和管理学视角，阐述"碳达峰、碳中和"的哲学思考和中国情境，介绍大气监测、能源转型、固碳增汇的科学原理，分析碳市场机制、碳核算逻辑与碳金融的发展，为实现"双碳"目标提供坚强的人才保障和智力支持，培养跨学科复合型人才。

本通识课面向全日制本科学生开设，由来自暨南大学 6 个学院的教师共同讲授。

管理学院的宋献中教授重点阐释了习近平生态文明思想形成的现实背景和思想渊源、习近平生态文明思想的理论内涵和生态实践等。

管理学院的沈洪涛教授对我国"双碳"战略进行解读，分析我国"双碳"目标的现实背景、基本内涵及重要意义，并分享国际气候变化应对实践等。

马克思主义学院的史军教授讲授气候变化的伦理与正义，分析气候变化从科学到伦理的演变、应对气候变化的个体责任及气候地球工程的伦理反思等。

环境与气候学院的王伯光教授介绍大气与环境监测，讲解碳监测技术的基本概念、现实意义及理论基础，分享碳监测网络设计和实践应用等。

新能源技术研究院的麦耀华教授分享新能源与太阳能的应用，讲解发展新能源技术对"双碳"目标的重要意义，并对"双碳"目标下的光伏产业、光伏储能和制氢技术等进行介绍。

生命科学技术学院的杨宇峰教授讲解海洋固碳增汇的实施方式，即大型海藻固碳增汇和经济动物温室气体减排理论、技术研发与碳汇价值管理。

管理学院的谭小平副教授讲解碳排放权交易与碳信息披露的理论基础和实践应用，分析碳市场机制、碳披露要求等。

经济学院的吴建新教授分享碳金融的发展，讲解气候投融资的概念、发展过程及国内外实践，并介绍其衍生出来的金融产品和风险应对措施。

本书以习近平生态文明思想为指导，立足于国家"双碳"人才培养战略，旨在服务于碳达峰碳中和目标，适用于关心环境保护事业、关注碳达峰碳中和工作的社会公众、管理人员、科技工作者和高校师生。本书为暨南大学人与自然生命共同体重点实验室研究成果，其中部分内容获得海洋负排放国际大科学计划（Ocean Negative Carbon Emissions，ONCE）的支持。

"双碳"人才培养是一项长期任务和系统工程，涉及学科建设、专业教学、师资队伍等多个方面，必须坚持系统观念、多维发力，构建符合人才成长规律、教育教学规律、科技创新规律的一流人才培养体系。暨南大学将继续深入贯彻落实习近平生态文明思想，围绕"双碳"战略推动碳中和领域学科交叉创新和急需紧缺科技人才培养，使构建一流人才培养体系与服务国家重大战略需求深度融合，把绿色低碳理念融入教育教学体系，培养能够践行新发展理念、服务新发展格局的时代新人，以一流人才培养成效为美丽中国建设增色、推动人与自然和谐共生的中国式现代化建设。

宋献中

2025 年 4 月

目录

CONTENTS

第一讲

习近平生态文明思想

◎ 主讲人　宋献中

宋献中

暨南大学管理学院教授、博士生导师，暨南大学人与自然生命共同体重点实验室主任。财政部会计名家、教育部高等学校会计学专业教学指导委员会委员、教育部首批"全国高校黄大年式教师团队"负责人、中国会计学会环境资源会计专业委员会主任委员。长期致力于企业可持续发展、现代财务管理与资本营运等研究。坚持创新教学理念，致力于培养交叉学科的创新型人才。主持国家社会科学基金重大与重点项目，国家自然科学基金重点项目、面上项目多项；出版《企业社会责任会计》《中级财务管理》等著作十余部，编写教材等十余部；发表论文140余篇。

"每一个时代的理论思维，从而我们时代的理论思维，都是一种历史的产物。"① 一个政党在一定时期内要完成的历史使命，一代领导人要着力解决的时代课题，都应是由当代国家发展的新要求、国际格局的新变化以及人民的新期待所决定。党的十八大报告指出：建设生态文明，是关系人民福祉、关乎民族未来的长远大计。可见党中央高度重视生态文明建设。

党的十八大以来，尤其是在党的二十大报告中，习近平围绕生态文明建设和环境保护，发表了一系列重要讲话，做出一系列重要批示、指示，提出一系列新理念、新思想、新战略，深刻回答了新形势下为什么建设生态文明、建设什么样的生态文明、怎样建设生态文明等重大理论和现实问题，形成了科学系统的生态文明建设战略思想，为进一步推动我国生态环境保护从认识到实践的历史性、战略性和全局性转变，开创我国绿色发展的新局面，提供了强大的理论支撑和实践指导。

一　习近平生态文明思想的提出背景及理论渊源

（一）习近平生态文明思想的提出背景

纵观世界发展史，发达国家的环境问题是在 200 多年前工业化发展过程中逐步出现，并分时期解决的。以大气污染为例，20 世纪 50—60 年代主要解决煤烟型污染造成的酸雨问题，70 年代侧重于解决机动车尾气排放问题，2000 年至今则重点关注 $PM_{2.5}$ 和地面臭氧问题。在人类迄今为止 200 多年的现代化进程中，已经实现工业化的国家不超过 30 个，总人口不到 10 亿。② 相比这些国家，我国是在较低的收入水平基础上解决更加复杂的环境问题。我国很多环境问题都是在现阶段短期内集中凸显，且人口问题与环境问题互相交织，使解决环境问题的压力日益增大。另外，随着我国综合国力的增强，国际社会特别是西方发达国家要求我国承担更多环境责任的压力加大。

从总体上看，目前我国的环境保护仍滞后于经济社会发展需要，且伴随经济下行压力增大，发展与保护的矛盾更为突出。原环境保护部部长陈吉宁在"展望十三五"报告会中指出，多阶段、多领域、多类型问题的长期累积叠加，导致我国的环境承载能力已经达到或接近上限，突出问题是生态受损大、环境污染重、环境风险高，生态环境趋于恶化的态势没有根本扭转。此外，我国工

---

① 恩格斯. 自然辩证法［M］. 于光远，等译. 北京：人民出版社，1984：28.
② 习近平在亚太经合组织工商领导人峰会上的书面演讲［EB/OL］. 中华人民共和国商务部网站，2022 - 11 - 18.

业化、城镇化、农业现代化的任务尚未完成，因此在人均资源占有量和庞大经济存量这一特殊国情制约下，我国正以历史上最脆弱的生态环境，承担着历史上规模最大的经济活动。

从区域发展看，我国独特的地理环境加剧了地区间的不平衡，区域环境分化趋势显现，例如"胡焕庸线"下的东部"生态环境压力巨大"、西部"生态系统非常脆弱"。尽管我国东部某些地区已经进入工业化后期，环境质量趋于好转，但是中西部地区的发展正处在重工业集聚发展阶段，在很大程度上仍是复制东部地区过往的发展模式，重复东部某些地区污染严重、生态受损的状况。因此，如何在经济发展与生态环境保护之间找到平衡，从而实现双赢，是实践中亟待破解的难题。新时代任何以牺牲生态环境为代价的现代化发展都是不可持续且不值得追求的；相反，不断改善的生态环境是我国国家安全和综合竞争力的重要体现。

党的十八大以来，以习近平同志为核心的党中央高度重视社会主义生态文明建设，坚持把生态文明建设作为统筹推进"五位一体"总体布局和协调推进"四个全面"战略布局的重要内容，坚持节约资源和保护环境的基本国策，坚持绿色发展，把生态文明建设融入经济建设、政治建设、文化建设、社会建设各方面和全过程，加大生态环境保护建设力度，推动生态文明建设在重点突破中实现整体推进。习近平同志关于社会主义生态文明建设的一系列重要论述，立意高远，内涵丰富，思想深刻，对于我们深刻认识生态文明建设的重大意义，坚持和贯彻新发展理念，正确处理好经济发展同生态环境保护的关系，坚定不移走生产发展、生活富裕、生态良好的文明发展道路，加快建设资源节约型、环境友好型社会，推动形成绿色发展方式和生活方式，推进美丽中国建设，实现中华民族永续发展，夺取全面建成小康社会决胜阶段的伟大胜利，实现"两个一百年"奋斗目标，实现中华民族伟大复兴的中国梦，具有十分重要的指导意义。

2012 年 11 月，党的十八大从新的历史起点出发，做出了大力推进生态文明建设的战略决策。党的十八大报告论述了生态文明建设的重要地位、重大意义、严峻形势、思想理念、本质特征、政策方针、途径方式、重要目标、战略任务和根本目的，完整描绘了今后相当长一个时期我国生态文明建设的宏伟蓝图。党的十八大报告在"大力推进生态文明建设"中提出了优（优化国土空间开发格局）、节（全面促进资源节约）、保（加大自然生态系统和环境保护力度）、建（加强生态文明制度建设）四大战略，确定了"加强生态文明制度建设"的战略思想。

2013 年 5 月，习近平总书记在主持中共中央政治局第六次集体学习时指出，生态环境保护是功在当代、利在千秋的事业；要清醒认识保护生态环境、治理环境污染的紧迫性和艰巨性，清醒认识加强生态文明建设的重要性和必要性，以对人民群众、对子孙后代高度负责的态度和责任，真正下决心把环境污染治理好、把生态环境建设好。习近平总书记强调，要正确处理好经济发展与生态环境保护的关系，更加自觉地推动绿色发展、循环发展、低碳发展，决不以牺牲环境为代价去换取一时的经济增长；只有实行最严格的制度、最严密的法治，才能为生态文明建设提供可靠保障。

2013 年 11 月，党的十八届三中全会是全面深化改革的重要里程碑，就我国经济体制、政治体制、文化体制、社会体制、生态文明体制和党的制度建设做出举世瞩目的重大部署。会上通过的《中共中央关于全面深化改革若干重大问题的决定》，首次系统阐释了生态文明制度体系，提出用制度保护生态环境，深刻反映了以习近平同志为核心的党中央着眼维护广大人民最根本的利益，维护中华民族的长久利益，致力于生态文明建设的决心。这是党中央在明晰世界经济社会发展规律的基础上，站在实现"两个一百年"奋斗目标的战略高度上，做出的具有全局性、战略性、开创性意义的新部署。

2015 年 4 月，《中共中央　国务院关于加快推进生态文明建设的意见》发布，要求充分认识加快推进生态文明建设的重要性和紧迫性，切实增强责任感和使命感，牢固树立尊重自然、顺应自然、保护自然的理念，坚持"绿水青山就是金山银山"，动员全党、全社会积极行动，深入持久地推进生态文明建设，加快形成人与自然和谐发展的现代化建设新格局，开创社会主义生态文明新时代。《中共中央　国务院关于加快推进生态文明建设的意见》在指导思想中强调"以健全生态文明制度体系为重点"，并具体阐明加快建立系统完整的生态文明制度体系，引导、规范和约束各类开发、利用、保护自然资源的行为，用制度保护生态环境。

2015 年 9 月，中共中央和国务院印发《生态文明体制改革总体方案》，围绕"加快建立系统完整的生态文明制度体系，加快推进生态文明建设，增强生态文明体制改革的系统性、整体性、协同性"指导思想，确定了生态文明体制改革的目标：到 2020 年，构建起产权清晰、多元参与、激励约束并重、系统完整的生态文明制度体系，推进生态文明领域国家治理体系和治理能力现代化。

2015 年 10 月，党的十八届五中全会审议通过的《中共中央关于制定国民经济和社会发展第十三个五年规划的建议》提出，实现"十三五"时期发展目标，破解发展难题，厚植发展优势，必须牢固树立创新、协调、绿色、开放、共享的新发展理念。生态文明建设首次被写入国家五年规划，绿色发展上升为党和国家的意志，正式成为党和国家的执政理念。"坚持绿色发展，着力改善生态环境"需要建设一系列生态文明制度。

（二） 习近平生态文明思想的理论渊源

习近平生态文明思想是以马克思主义生态文明观为理论指导，汲取中国传统文化精髓，融合新时代中国特色社会主义时代特征的最新成果，是站在人类发展命运的立场上做出的战略判断和总体部署，体现了炽热的民生情怀。

1. 以马克思主义生态文明观为理论指导

马克思主义生态文明观较早地揭示了生态文明的根本属性、内在本质及基本特质，指出生态文明作为现代工业高度发展阶段的产物，不仅是一个生态问题，更是一个发展问题。因此，生态文明目标的实现必须基于一定的社会关系来认识人与自然的关系，而人与自然的和谐应是生态文明制度建设的基本价值观。

人与自然这一有机统一体受到生产实践影响，应基于生产实践辩证地思考二者的关系。马克思主义围绕"人与自然的辩证关系为基石""生产方式的根源性调整为核心""人与自然、社会的和谐发展为根本"的主线对生态文明进行了总体勾勒。

首先是人与自然的关系。马克思主义认为，人是自然界发展到一定阶段的产物，人同自然万物自始至终都是有机的统一体。自然界是人存在和发展的前提，是人类生命延续的必要支撑。"被抽象地理解的、自为的、被确定为与人分隔开来的自然界，对人来说也是无。"[1] 人与自然的区别在于自然作为有规律的客观存在具有客观性，人对自然具有依赖性，而劳动造成了人与自然的二元对立，并通过主观能动性改造自然。

其次是劳动的二重性。马克思主义认为，不合理的生产方式是环境问题频发的根源，人类受利益的驱动不断向自然索取，在造成自然失衡的同时也损害了自身。"人靠自然界生活"，因此，"我们不要过分陶醉于我们对自然界的胜利。对于每一次这样的胜利，自然界都报复了我们"。[2] 生态环境是人类生存和发展的根基，生态环境变化直接影响文明兴衰演替。恩格斯在《自然辩证法》中这样写道：美索不达米亚、希腊、小亚细亚以及其他各地的居民，为了得到耕地，毁灭了森林，但是他们做梦也想不到，这些地方今天竟因此而成为不毛之地，因为他们使这些地方失去了森林，也就失去了水分的积聚中心和贮藏库。阿尔卑斯山的意大利人，当他们在山南坡把那些在山北坡得到精心保护的枞树林砍光用尽时，没有预料到，这样一来，他们把本地区的高山畜牧业的根基毁掉了；他们更没有预料到，他们这样做，竟使大部分山泉在一年的时间内枯竭

---

① 马克思. 1844 年经济学哲学手稿［M］. 中共中央马克思恩格斯列宁斯大林著作编译局，编译. 北京：人民出版社，2014：114.

② 马克思，恩格斯. 马克思恩格斯全集：第 4 卷［M］. 中共中央马克思恩格斯列宁斯大林著作编译局，编译. 北京：中国人民大学出版社，1958：383.

了，同时在雨季又使更加凶猛的洪水倾泻到平原上。

最后是人与自然的和谐发展。马克思主义认为，人与自然的和谐关系是生态文明建设的基本价值观。生态文明是人与社会、自然统筹兼顾、和谐发展的必然，是人与自然平衡关系维系的根本纽带。人类的社会活动和经济行为需遵循自然、经济、社会和人类自身的发展规律，在社会活动和经济行为中积极协调人与自然的关系，改善人与人的关系，优化人与社会的关系。因此，生态文明是指人类遵循人与自然、人与社会和谐发展的客观规律而获得物质和精神成果的总和，是一种积极、良性的文明形态。

2. 以中国传统生态思想为文化底蕴

以史为鉴，可以知兴替。中华民族向来尊重自然、热爱自然，绵延 5 000 多年的中华文明孕育着丰富的生态文化。我国传统政治、法律、社会思想文化是传统生态思想文化的有机组成部分，为习近平生态文明思想的形成奠定了丰厚的文化底蕴。

在中国古代思想体系中，"天人合一"的基本内涵就是人与自然和谐共生。儒家思想肯定人与自然的有机统一，提出"仁，爱人以及物""与天地万物为一体"的命题，倡导人们要爱惜自然万物、重视保护自然。儒家还主张"顺应天常""制天命而用之"，即人们应在尊重自然规律的基础上，合理开发和利用自然。《中庸》中提到："中也者，天下之大本也；和也者，天下之达道也。致中和，天地位焉，万物育焉。""中和之道"就是根本的生态规律，"致中和"则是根本的生态方法论，意指应维护生态环境的平衡运转、促进自然万物的繁育生长。崇尚勤俭节约，反对暴殄天物，是中国重要的传统道德规范，在儒家传统生态文明思想上则体现为一种对物质享受的节制和对自然资源的珍惜与爱护，强调"取之有度""用之有节"。习近平总书记曾在讲话中引用《荀子》中的话，强调继承古人对自然取之以时、取之有度的思想，着力解决好人与自然和谐共生的问题。

道家主张道法自然，提出"人法地，地法天，天法道，道法自然"，强调人以尊重自然为最高准则，且要达到"天地与我并生，而万物与我为一"的崇高境界。但这种境界实则过于理想化，且道家提倡的"自然无为"，反对通过人为活动改造自然，具有一定的消极倾向。尽管如此，就人与自然的关系，道家又提出"无以人灭天"的观点，强调要顺导和尊重万物天性，实现"天""人"之间的和谐、均衡、统一。道家这种尊重自然、保护自然的理念，与当下生态文明建设的主张是一致的，要求人们在改造自然的过程中不能无视自然之理，不能偏离自然本性，应尊重生物习惯，这对于化解天人对立的矛盾、维持生态系统平衡，有其不可忽视的重要意义。

宋明时期的哲学家认为，应以"万物一体"作为仁学思想的核心内涵。张载提出"民胞物与"的观点。程颢认为，"仁者，以天地万物为一体，莫非己也"。此外，《齐民要术》中也有"顺天时，量地利，则用力少而成功多"的记述。这些观念都强调要把天地人统一起来、把自然生态同人类文明联系起来，按照大自然规律活动，取之有时、用之有度，表现了我们的先人对处理人与自然关系的重要认识。

同时，我国古代很早就把关于自然生态的观念上升为国家管理制度。《周礼》记载，设立"山虞掌山林之政令，物为之厉而为之守禁"，"林衡掌巡林麓之禁令，而平其守"。这就是我国古代的虞衡制度，设置专门的政府机构来保护自然资源和生态环境，同时配合虞衡职司制定惩罚法令。《伐崇令》规定："毋坏室，毋填井，毋伐树木，毋动六畜。有不如令者，死无赦。"虞衡制度一直延续到清代，持续了 3 000 来年，乃世界罕见。

（三）生态文明思想的历史演进

1. 中国共产党领导人的生态文明实践探索

新中国成立后，中国共产党人在领导社会主义建设实践中，对生态文明建设有了初步认识，并开始了不断探索的过程。从改革之初的"粗放转向集约"，到党的十四届五中全会提出的"转变经济增长方式"，再到当前的习近平生态文明思想，中国生态之路与经济社会发展的时代特征密切相关。历代中国共产党人的生态文明思想集中反映了马克思主义生态文明观在新中国不同时期的时代特点，是马克思主义与中国实际相结合的时代产物。

以毛泽东为代表的第一代领导集体认识到生态保护是必要的，在社会主义建设中提出了保护生态环境的思想，在实践中采取了许多行之有效的措施，表明我们党在生态建设意识上已经形成了初步的认识。毛泽东是中国共产党人推行生态文明和绿色发展的奠基人和先行者，面对国家贫穷落后的境况，他高度重视环境问题，强调绿化事业发展。早期，毛泽东虽然没有明确提出生态文明的概念，但是在社会主义的具体实践中，把生态环境保护工作当作一件重要的事情提上日程，多次就消灭荒地、加强林业建设、绿化祖国等问题发表讲话、做出批示，形成了很多关于生态环境保护的思想观念。1955 年 12 月 21 日，毛泽东在《征询对农业十七条的意见》中要求："在十二年内，基本上消灭荒地荒山，在一切宅旁、村旁、路旁、水旁，以及荒地上荒山上，即在一切可能的地方，均要按规格种起树来，实行绿化。"1956 年 3 月 1 日，毛泽东在《中共中央致五省（自治区）青年造林大会的贺电》中向全国发出"植树造林，绿化祖国"的伟大号召。1958 年，在北戴河会议期间，毛泽东指出："要使我们祖国的河山全都绿起来，要达到园林化，到处都很美丽，自然面貌要改变过来。"为了加强环境建设，1973 年召开了第一次全国环境保护大会，会上首次提出了环境保护的总方针。这一方针不仅提出了环境保护的目标和依靠主体，还指出了环境保护的总体思路和实施路径，对我国的环境保护建设起到了重要作用。

根据我国国情，以邓小平为核心的党的第二代领导人，也始终强调生态环境保护的重要性，形成了独特的生态思想。改革开放时期，邓小平坚持实事求是，提倡以因地制宜、统筹兼顾等方式促进生态文明建设。他指出："经济发展是关键，但经济发展不是不惜代价的发展，要从辩证的角度看待经济发展和生态环境之间的关系，用统筹兼顾的原则来调节各种利益冲突，必须尊重客观规律，因地制宜，统筹生态和民生的协调发展。"① 1981 年 12 月 13 日，第五届全国人民代表大会第四次会议通过了《关于开展全民义务植树运动的决议》，这是新中国成立以来国家最高权力机关就生态文明建设做出的第一个重大决议。邓小平还提倡使用清洁能源，以减少环境污染，实现可持续发展。1983 年 3 月，邓小平在参加植树活动时指出：植树造林，绿化祖国，是建设社会主义，造福子孙后代的伟大事业，要坚持 20 年，坚持 100 年，坚持 1 000 年，要一代一代永远传下去。自 1982 年起，我国相继制定并出台了关于海洋、森林、大气等一系列生态相关的法律法规，整个生态法治体系从此更加健全，为环境保护提供了重要法律依据，生态环境建设也得到了法律和政策的有力支持。

以江泽民为核心的党的第三代领导集体，不断总结和完善以往的生态文明思想，顺应时代的变化，提出了许多有见解的生态文明理论。1997 年 8 月，江泽民对《关于陕北地区治理水土流失，建设生态农业的调查报告》做出重要批示："历史遗留下来的这种恶劣的生态环境，要靠我们发挥社会主义制度的优越性，发扬艰苦创业的精神，齐心协力地大抓植树造林，绿化荒漠，建设生态农业去加以根本的改观。经过一代又一代人长期地、持续地奋斗，再造一个山川秀美的西北地区，应该是可以实现的。"

党的十六届三中全会以来，以胡锦涛为领导核心的中国共产党人，提出了一系列生态环境建设思想，推动生态文明建设获得了新的发展。2003 年 10 月，胡锦涛在党的十六届三中全会中提出，树立全面、协调、可持续的发展观，统筹人与自然和谐发展。科学发展观确立了经济建设中人与自然的关系，被列入中国共产党的指导思想。2012 年 11 月，党的十八大从新的历史起点出发，做出了大力推进生态文明建设的战略决策。胡锦涛在党的十八大报告中指出："建设生态文明，是关系人民福祉、关乎民族未来的长远大计。"

总之，党的几代领导人对我国的生态问题都十分关心，大力支持，积极实践，做出了一系列重要指示，出台了一系列方针政策，采取了一系列重大措施，

---

① 邓小平. 邓小平文选：第 2 卷［M］. 北京：人民出版社，1994.

并身体力行地加以推进，有力地促进了我国植树造林和绿化工作，为社会主义建设提供了宝贵经验，也为新时代的生态文明发展提供了理论依据和实践指导。

2. 以习近平同志为核心的生态文明思想

以习近平同志为核心的生态文明思想的形成历经了一个从实践到认识的总结、探索和升华的漫长过程，与经济社会发展的时代特征息息相关。党的十八大以来，以习近平同志为核心的党中央承袭了马克思主义生态文明观，以及新中国历代共产党人的生态文明思想，丰富和拓展了马克思主义生态文明观的内核与外延。习近平从正定时期开始就将他的生态观付诸实践，后来到福建、浙江、上海等地仍在努力践行，并最终形成系统化的理论思想，为国家生态问题乃至全球生态治理提供了中国方案和中国智慧。

以习近平同志为核心的党中央统筹推进"五位一体"的战略布局和发展思路，将生态文明与经济、政治、文化、社会相结合。党的十八届三中全会后，生态文明建设成为中国共产党的重要工作纲领之一。党的十八届五中全会审议通过了《中共中央关于制定国民经济和社会发展第十三个五年规划的建议》，提出欲实现"十三五"时期发展目标，必须牢固树立创新、协调、绿色、开放、共享五大发展理念。生态文明建设首度被写入国家五年规划，绿色发展上升为党和国家的意志，正式成为党和国家的执政理念。

党的十九大报告全景式地勾勒出新时代中国特色社会主义生态文明建设的理论和实践全貌，沿用并高度重视党的十八大报告中首次出现的"建设美丽中国"提法，并将"美丽"与"富强、民主、文明、和谐"并列，共同成为新时代中国特色社会主义现代化强国建设的五大奋斗目标。这不仅体现了习近平生态文明思想的延续性，更赋予了"建设美丽中国"新的内涵。生态文明建设创造性地为现代化添加了"生态标签"，以"美丽"作为现代化强国建设目标之一，不仅是对现代化理论的重大突破，也是对经济发展观的深刻变革，更是生态文明建设的重大理论创新，是实现中国千年发展大计的重要内涵，充分体现了中国共产党对推动生态文明建设的历史担当，为中国坚决打好污染防治的攻坚战提供了重要的理论保障。

党的二十大报告中，习近平总书记明确指出，中国式现代化是人与自然和谐共生的现代化，尊重自然、顺应自然、保护自然是全面建设社会主义现代化国家的内在要求，必须牢固树立和践行"绿水青山就是金山银山"的理念，站在人与自然和谐共生的高度谋划发展。报告明确了我国新时代生态文明建设的战略任务，总基调是推动绿色发展，促进人与自然和谐共生。报告在充分肯定生态文明建设成就的基础上，从统筹产业结构调整、污染治理、生态保护、应对气候变化等多元角度，全面系统阐述了我国持续推动生态文明建设的战略思路与方法，并对未来生态环境保护提出一系列新观点、新要求、新方向和新部署，这将是中国生态文明建设的一个新起点。

尽管不同的时代背景决定了中国生态文明建设发展的理论与政策存在差异，但中国共产党始终坚持马克思列宁主义、毛泽东思想和中国特色社会主义理论体系，紧紧围绕建设中国特色社会主义的历史使命，坚持不懈地推进生态文明建设。以习近平同志为核心的生态文明思想中的新主张、新论断、新要求，与马克思主义生态文明观一脉相承，是对马克思主义生态文明观和中国共产党人生态文明建设思想的创造性发展和升华，是马克思主义生态文明观在新时代中国特色社会主义建设中的实践和应用，进一步丰富和拓展了中国特色社会主义生态文明建设理论。

二 习近平生态文明思想的主要内容及基本特征

（一）习近平生态文明思想的主要内容

党的十八大报告对生态文明制度建设做出了明确部署："保护生态环境必须依靠制度。要把资源消耗、环境损害、生态效益纳入经济社会发展评价体系，建立体现生态文明要求的目标体系、考核办法、奖惩机制。建立国土空间开发保护制度，完善最严格的耕地保护制度、水资源管理制度、环境保护制度。深化资源性产品价格和税费改革，建立反映市场供求和资源稀缺程度、体现生态价值和代际补偿的资源有偿使用制度和生态补偿制度。积极开展节能量、碳排放权、排污权、水权交易试点。加强环境监管，健全生态环境保护责任追究制度和环境损害赔偿制度。加强生态文明宣传教育，增强全民节约意识、环保意识、生态意识，形成合理消费的社会风尚，营造爱护生态环境的良好风气。"

中共中央、国务院印发的《生态文明体制改革总体方案》中，将构建生态文明制度体系作为生态文明体制改革的总体目标，将党的十八大确定的生态文明制度建设细化为八项具体任务："到 2020 年，构建起由自然资源资产产权制度、国土空间开发保护制度、空间规划体系、资源总量管理和全面节约制度、资源有偿使用和生态补偿制度、环境治理体系、环境治理和生态保护市场体系、生态文明绩效评价考核和责任追究制度等八项制度构成的产权清晰、多元参与、激励约束并重、系统完整的生态文明制度体系，推进生态文明领域国家治理体系和治理能力现代化，努力走向社会主义生态文明新时代。"

（二）习近平生态文明思想的基本特征

任何一个时代的伟大思想，都是当时社会生活和精神的写照，也必然体现了当时的时代精神和实践特征，习近平生态文明思想也不例外。习近平生态文明思想扎根新时代生态文明建设的具体实践，构建起内容丰富、逻辑严密的科学理论体系。特征是事物区别于他物的显著标志，是事物特性的抽象结果。有学者认为"强调生态适应性、强调长远规划、注重科技、强调法治"是邓小平生态环境思想的特点。有学者认为"生态权益"是马克思恩格斯生态文明思想的最大亮点。通过研究，系统性、整体性、协同性是习近平生态文明思想的特征，这些特征是在习近平生态文明思想与其他文明思想的比较研究中得出来的，为我们全面把握其思想提供了依据。

习近平生态文明思想依从生态系统的系统性，实践了"尊重自然、顺应自然、保护自然"的生态文明理念。生态文明制度建设统筹考虑自然生态各要素、山上山下、地上地下、陆地海洋以及流域上下游，坚持节约优先、保护优先、自然恢复为主的基本方针，既要保护现有资源、增强生态系统能力，又要修复受损环境、治理环境污染，以维护生态系统平衡，实现中华民族永续发展。

习近平生态文明思想实现了将生态文明建设融入经济建设、政治建设、文化建设、社会建设，完成"五位一体"的整体布局。生态文明制度建设坚持"绿水青山就是金山银山"，通过资源有偿使用和生态补偿、环境治理和生态保护市场体系等制度推进绿色发展、循环发展、低碳发展；生态文明绩效评价考核和责任追究制度对领导干部的任期生态文明建设进行考核及问责，并对领导干部实行环境责任离任审计，从根本上转变唯 GDP 的政绩观；全面节约制度和资源有偿使用制度有助于弘扬生态文化、倡导绿色生活、鼓励公众积极参与环境保护，加快建设美丽中国。

习近平生态文明思想树立的目标是：构建产权清晰、多元参与、激励约束并重、系统完整的生态文明制度体系；秉承的原则是：健全市场机制，更好地发挥政府的主导和监管作用、发挥企业的积极性和自我约束作用、发挥社会组织和公众的参与和监督作用。生态文明制度建设的目标和原则充分体现了由政府、企业、公众三方主体参与，运用公共政策和市场机制两大路径，借助行政和经济两种手段，实现生态文明建设蓝图的协同观。

三 ▏习近平生态文明思想的价值

党的十八大以来，以习近平同志为核心的党中央高度重视生态文明建设，坚持把生态文明建设作为统筹推进"五位一体"总体布局和协调推进"四个全面"战略布局的重要内容，推动生态文明建设在重点突破中实现了整体推进，在新时代生态文明建设伟大实践中形成了习近平生态文明思想。习近平生态文明思想是习近平新时代中国特色社会主义思想的重要组成部分，是建设美丽中国的行动指南，具有重大的理论和实践意义。

（一）习近平生态文明思想的重大理论价值

习近平生态文明思想是经过长时间的实践检验形成的科学理论，具有丰富的理论基础和实践经验。习近平总书记历来重视生态文明建设，从"知青岁月"，到河北、福建，到浙江、上海，到党中央，重视一以贯之、理念一以贯之、工作一以贯之、要求一以贯之。党的十八大以来，习近平总书记关于生态环境保护的重要讲话、论述、指示、批示达三百余次。马克思主义自然观中对人与自然辩证关系的诠释为习近平生态文明思想构筑了坚实的理论基础，中华优秀传统文化中的生态思想为习近平生态文明思想提供了丰厚的理论滋养，改革开放以来马克思主义中国化进程中所积累的生态文明建设实践经验为习近平生态文明思想奠定了实践基础。习近平生态文明思想弘扬了中华文明生态思想的时代价值，拓展了全球生态环境治理的可持续发展理念，是新时代中国共产党人创造性地回答人与自然关系、经济发展与环境保护关系问题取得的原创性理论成果。

习近平生态文明思想是 21 世纪马克思主义自然观。马克思主义向来重视人与自然的关系。恩格斯在《自然辩证法》里多次阐述要正确处理人与自然的关系，深刻指出："我们不要过分陶醉于我们对自然界的胜利。对于每一次这样的胜利，自然界都报复了我们，每一次胜利，在第一步都确定取得了我们预期的结果，但是第二步和第三步却有了完全不同的、出乎预料的影响，常常抵消了第一个结果。"[①] 习近平总书记在马克思主义发展史及经典作家的论述基础上，结合社会主义现代化实践，提出了人与自然是生命共同体、人不能凌驾于自然之上、要顺应自然等思想。习近平总书记关于人与自然关系的论述在马克思主义自然观方面实现了重大发展，确立了环境在生产力构成中的基础地位，丰富了马克思主义生产力的内涵和外延。

习近平生态文明思想是当代中国马克思主义生态观。中国的现代化，是社会主义现代化，在人类历史上是绝无仅有、史无前例、空前伟大的，不能走资本主义的老路。生态文明是人类社会进步的重大成果，是工业文明发展到一定阶段的产物。中国要实现工业化、城镇化、信息化、农业现代化，必须走社会主义发展道路。习近平总书记站在中国共产党历史发展的纵深，特别是总结我们进行的世界上最大规模的社会主义实践，集中国化马克思主义生态思想之大成，提

---

① 马克思，恩格斯. 马克思恩格斯全集：第 4 卷 ［M］. 中共中央马克思恩格斯列宁斯大林著作编译局，编译. 北京：中国人民大学出版社，1958：383.

出生态文明建设是关乎中华民族永续发展的根本大计，保护生态环境就是保护生产力，改善生态环境就是发展生产力，决不以牺牲环境为代价换取一时的经济增长，必须坚持"绿水青山就是金山银山"的理念，坚持山水林田湖草沙一体化保护和系统治理，像保护眼睛一样保护生态环境，像对待生命一样对待生态环境，更加自觉地推进绿色发展、循环发展、低碳发展，坚持走生产发展、生活富裕、生态良好的文明发展道路等新理念、新思想、新观点，把中国马克思主义的生态文明思想推进到一个新的阶段，标志着我们对中国特色社会主义规律认识的深化。

习近平生态文明思想发展了世界现代化思想。从世界现代化思想史来看，如何处理现代化过程中的经济发展与环境保护关系，是全人类到现在仍然面临的难题。西方国家现代化走了一条先发展后治理的道路。习近平总书记指出："在人类发展史上特别是工业化进程中，曾发生过大量破坏自然环境和生态环境的事件，酿成惨痛教训。"① 世界现代化史说明了人类可以利用自然、改造自然，但归根结底，人类是自然的一部分，必须呵护自然，不能凌驾于自然之上，要解决工业文明带来的矛盾，以人与自然和谐相处为目标，实现世界的可持续发展和人的全面发展。保护生态环境，是全球面临的共同挑战。建设生态文明关乎人类未来。习近平总书记指出："正确处理好生态环境保护和发展的关系，也就是绿水青山和金山银山的关系，是实现可持续发展的内在要求，也是我们推进现代化建设的重大原则。"② "国际社会应该携手同行，共谋全球生态文明建设之路，牢固树立尊重自然、顺应自然、保护自然的意识，坚持走绿色、低碳、循环、可持续发展之路。"③ 习近平生态文明思想在世界现代化思想史基础上，摒弃了西方以资本为中心的现代化、两极分化的现代化、物质主义膨胀的现代化、对外扩张的现代化老路，在破解经济发展与环境保护的难题方面做出了重大贡献，丰富了世界现代化思想，发展了社会主义现代化理论，走出了中国式现代化道路，拓展了发展中国家走向现代化的途径。

总之，习近平生态文明思想立意高远、内涵丰富、思想深刻，是生态价值观、认识论、实践论和方法论的总集成，是指导生态文明建设的总方针、总依据和总要求。习近平生态文明思想对于深刻认识生态文明建设的重大意义，正确处理好世界现代化过程中经济发展同生态环境保护的关系，坚定不移走生产发展、生活富裕、生态良好的绿色文明发展道路，加快建设资源节约型、环境友好型社会，推动形成绿色发展方式和生活方式，推进美丽中国建设，实现中

---

① 引自习近平《在青海省考察工作结束时的讲话（节选）》（2016 年 8 月 24 日）。
② 引自 2014 年 3 月 7 日习近平在参加全国人大贵州代表团审议时的讲话。
③ 引自 2015 年 9 月 28 日习近平在第七十届联合国大会一般性辩论上的讲话。

华民族永续发展和人类持续发展，全面建成社会主义现代化强国、实现中华民族伟大复兴的中国梦、推动人类进步，具有重大指导意义。

（二） 习近平生态文明思想的重大实践价值

理论是行动的向导。习近平生态文明思想是新时代中国生态文明建设的根本遵循，推动新时代中国生态文明建设取得了历史性成就，美丽中国建设迈出了重大一步，我国生态环境保护发生历史性、转折性、全局性变化，开创了社会主义生态文明新时代。

矫正了我国改革开放以来在生态文明建设中存在的问题。改革开放以后，中国共产党日益重视生态环境保护。同时，生态文明建设仍然是一个短板，资源环境约束趋紧、生态系统退化等问题越来越突出，特别是各类环境污染、生态破坏问题呈高发态势，成为国土之伤、民生之痛。如果不抓紧扭转生态环境恶化趋势，必将付出极其沉重的代价。习近平总书记指出："现在，我们已到了必须加大生态环境保护建设力度的时候了，也到了有能力做好这件事情的时候了。"[①] 习近平生态文明思想从根本上改变了我们过去在生态文明建设上存在的一些问题，有力地扭转了我国生态环境恶化的趋势。

指导了新时代生态文明建设。党的十八大以来，以习近平同志为核心的党中央以前所未有的力度建设生态文明，全党全国推动绿色发展的自觉性和主动性显著增强。坚持节约资源和保护环境的基本国策，坚持绿色发展，把生态文明建设融入经济建设、政治建设、文化建设、社会建设各方面和全过程，加大生态环境保护和建设力度。"从思想、法律、体制、组织、作风上全面发力，全方位、全地域、全过程加强生态环境保护，推动划定生态保护红线、环境质量底线、资源利用上线，开展一系列根本性、开创性、长远性工作。组织实施主体功能区战略，建立健全自然资源资产产权制度、国土空间开发保护制度、生态文明建设目标评价考核制度和责任追究制度、生态补偿制度、河湖长制、林长制、环境保护'党政同责''一岗双责'等制度，制定修订相关法律法规。优化国土空间开发保护格局，建立以国家公园为主体的自然保护地体系，持续开展大规模国土绿化行动，加强大江大河和重要湖泊湿地及海岸带生态保护和系统治理，加大生态系统保护和修复力度，加强生物多样性保护，推动形成节约资源和保护环境的空间格局、产业结构、生产方式、生活方式。党中央领导着力打赢污染防治攻坚战，深入实施大气、水、土壤污染防治三大行动计划，打好蓝天、碧水、净土保卫战，开展农村人居环境整治，全面禁止进口'洋垃

---

① 建设美丽中国，努力走向生态文明新时代：学习《习近平关于社会主义生态文明建设论述摘编》[EB/OL]. https://www.gov.cn / xinwen / 2017－09－30 / content_5228710.htm.

圾'。开展中央生态环境保护督察，坚决查处一批破坏生态环境的重大典型案件、解决一批人民群众反映强烈的突出环境问题。积极参与全球环境与气候治理，做出力争2030年前实现碳达峰、2060年前实现碳中和的庄严承诺，体现了负责任大国的担当。"[①] 习近平生态文明思想大大提升了人民对美好生活需要的满足感，增强了人民在这个方面的幸福感、获得感、安全感。

生态文明建设是关系到中华民族永续发展、世界可持续发展的根本大计，是中国发展史和世界发展史上的一场深刻变革。在新征程上，要把深入学习贯彻习近平生态文明思想作为重要政治任务和理论任务，做到学思用贯通、知信行统一，不断增强学习宣传贯彻的政治自觉、思想自觉、行动自觉，勇做习近平生态文明思想的坚定信仰者、忠实实践者和不懈奋斗者。

党的十八大以来，我国生态环境保护历史性成就的取得，根本原因在于以习近平同志为核心的党中央的坚强领导、在于习近平生态文明思想的科学指引。习近平生态文明思想是党领导人民推进生态文明建设取得的标志性、创新性、战略性重大理论成果，是习近平新时代中国特色社会主义思想的重要组成部分。随着生态文明建设实践的不断丰富、理论研究的不断深入、制度创新的不断拓展，习近平生态文明思想的内涵在不断深化。

锦绣中华大地，是中华民族赖以生存和发展的家园，孕育了中华民族5 000多年的灿烂文明，造就了中华民族天人合一的崇高追求。现在，生态文明建设已被纳入我国国家发展总体布局，"建设美丽中国"已经成为中国人民心向往之的奋斗目标，我国生态文明建设进入了快车道，天更蓝、山更绿、水更清的美丽图景不断展现在世人面前。在全面建设社会主义现代化国家新征程上，我们要更加紧密团结在以习近平同志为核心的党中央周围，以习近平新时代中国特色社会主义思想尤其是习近平生态文明思想为指导，保持战略定力，坚持稳中求进，大力推进生态文明建设和生态环境保护，为建设人与自然和谐共生的现代化而努力奋斗。

参考文献

[1] 马克思, 恩格斯. 马克思恩格斯文集：第9卷［M］. 中共中央马克思恩格斯列宁斯大林著作编译局, 编译. 北京：人民出版社, 2009.

---

① 引自《中共中央关于党的百年奋斗重大成就和历史经验的决议》（2021年11月中国共产党第十九届中央委员会第六次全体会议通过）。

［2］杜秀娟. 马克思主义生态哲学思想历史发展研究［M］. 北京：北京师范大学出版社，2011.

［3］胡洪彬. 邓小平生态环境思想论纲［C］//江苏省社会科学界联合会. 光辉历程　伟大创举：纪念建党85周年、纪念红军长征胜利70周年学术研讨会论文集. 北京：中共党史出版社，2007.

［4］方世南. 美丽中国生态梦：一个学者的生态情怀［M］. 上海：上海三联书店，2014.

［5］龚云. 习近平生态文明思想的重大理论和实践意义［N］. 中国环境报，2022－02－15.

第二讲

我国『双碳』战略解读

◎ 主讲人 沈洪涛

沈洪涛

暨南大学管理学院教授、博士生导师，暨南大学人与自然生命共同体重点实验室研究员。财政部首批会计学术领军人才、财政部会计名家、"全国高校黄大年式教师团队"主要成员。获广东省教育教学成果奖一等奖，获暨南大学"十佳"授课教师称号。研究领域为企业可持续发展、环境会计与低碳管理，在 Journal of Accounting and Economics 及《经济研究》《会计研究》等国内外权威期刊发表论文数十篇，主持国家社会科学基金重点项目、国家自然科学基金面上项目多项，主持教育部首批来华留学英语品牌课程。兼任财政部首届可持续披露准则咨询专家、全国会计专业学位研究生教育指导委员会委员、中国会计学会理事、中国资源环境会计专业委员会委员等，同时担任多家学术期刊编委。为国务院国资委、中国注册会计师协会等部门和企事业单位提供咨询服务，多次在广州市图书馆举办公益讲座。

随着近年来全球台风、冰雹等极端天气频发，洪涝等自然灾害强度增加，全球变暖正在加速，这是当前全人类共同面临的重大难题。造成这一问题的重要原因之一，是人类活动产生了大量的二氧化碳等温室气体，引发的温室效应使全球气温不断升高。人类发展的脚步不能停止，当前找出兼顾发展和减排的办法是全人类的当务之急。面对这个问题，我国在 2020 年向全世界表态：二氧化碳排放力争于 2030 年前达到峰值，努力争取在 2060 年前实现碳中和。我国生态文明建设自此进入了以降碳为重点战略方向、推动减污降碳协同增效、促进经济社会发展全面绿色转型、实现生态环境质量改善由量变到质变的关键时期。

一 我国的 "双碳" 目标

（一） 我国 "双碳" 目标的提出背景

中国作为碳排放量最大的国家，在全球气候治理中的作用举足轻重。当前中国已经成为推动全球气候治理进程的重要力量，是全球应对气候变化的参与者和引领者。

1992 年，中国成为最早签署《联合国气候变化框架公约》的缔约方之一。之后，中国不仅成立了国家气候变化对策协调机构，还根据国家可持续发展战略的要求，采取了一系列与应对气候变化相关的政策措施，为减缓和适应气候变化做出了积极贡献。在应对气候变化问题上，中国坚持"共同但有区别的责任"原则、公平原则和各自能力原则，坚决捍卫包括中国在内的广大发展中国家的权利。中国于 1998 年 5 月签署并于 2002 年 8 月核准成为《京都议定书》缔约方。2007 年，中国政府制定了《中国应对气候变化国家方案》，明确到 2010 年应对气候变化的具体目标、基本原则、重点领域及政策措施，要求 2010 年单位 GDP 能耗比 2005 年下降 20%。同年，科学技术部、国家发展和改革委员会等 14 个部门共同制定和发布了《中国应对气候变化科技专项行动》，提出到 2020 年应对气候变化领域科技发展和自主创新能力提升的目标、重点任务和保障措施。

2013 年 11 月，中国发布第一部专门针对适应气候变化的战略规划——《国家适应气候变化战略》，使应对气候变化的各项制度、政策更加系统化。2015 年 6 月，中国向《联合国气候变化框架公约》秘书处提交了《强化应对气候变化行动——中国国家自主贡献》文件，确定了到 2030 年的自主行动目标：二氧化碳排放 2030 年左右达到峰值并争取尽早达峰；单位国内生产总值二氧化碳排放比 2005 年下降 60%～65%，非化石能源占一次能源消费比重达到 20% 左右，森林蓄积量比 2005 年增加 45 亿立方米左右。同时，中国表示将继续主动适应气候变化，在抵御风险、预测预警、防灾减灾等领域向更高水平迈进。世界自然基金会等 18 个非政府组织发布的报告指出，中国的气候变化行动目标已超过其"公平份额"。

在中国的积极推动下，世界各国在 2015 年达成了应对气候变化的《巴黎协定》。2016 年，中国率先签署《巴黎协定》并积极推动落实。2017 年，美国特朗普政府宣布退出《巴黎协定》之后，中国第一时间宣布将继续全面履行《巴黎协定》。到 2019 年底，中国提前超额完成 2020 年气候行动目标，树立了信守承诺的大国形象。通过积极发展绿色低碳能源，中国的风能、光伏和电动车产业迅速发展壮大，为全球提供了性价比最高的可再生能源产品，让人类看到可再生能源大规模应用的"未来已来"，从根本上提振了全球实现能源绿色低碳发展和应对气候变化的信心。

2020 年 9 月 22 日，国家主席习近平在第七十五届联合国大会一般性辩论上提出"中国将提高国家自主贡献力度，采取更加有力的政策和措施，二氧化碳排放力争于 2030 年前达到峰值，努力争取在 2060 年前实现碳中和"，正式确立了"双碳"目标，向世界递交中国减排路线的时间表。中国的这一庄严承诺，在全球引起巨大反响，赢得国际社会的广泛积极评价。在此后的多个重大国际场合，习近平主席重申了中国的"双碳"目标，并强调要坚决落实。

在 2020 年 12 月 12 日举行的气候雄心峰会上，习近平主席进一步宣布，到 2030 年，中国单位国内生产总值二氧化碳排放将比 2005 年下降 65% 以上，非化石能源占一次能源消费比重将达到 25% 左右，森林蓄积量将比 2005 年增加 60 亿立方米，风电、太阳能发电总装机容量将达到 12 亿千瓦以上。习近平主席还强调，中国历来重信守诺，将以新发展理念为引领，在推动高质量发展中促进经济社会发展全面绿色转型，脚踏实地落实上述目标，为全球应对气候变化做出更大贡献。

中国提出"双碳"目标，对提升全球气候治理的话语权有重要意义。这一积极行动不仅有助于把握国际舆论和博弈的主动权，也有助于树立负责任大国的积极形象，为国内经济社会发展营造良好的国际环境。"双碳"目标随后被写入"十四五"规划和 2035 年远景目标纲要，正式上升到国家战略层面。推动碳排放尽早达峰是我国履行国家自主贡献承诺、赢得全球气候治理主动权的重要手段，也是我国建设生态文明、践行绿色发展理念的核心内容和内在要求。

（二） 我国 "双碳" 目标的含义

《联合国气候变化框架公约》定义的气候变化是"除在类似时期内所观测的

气候的自然变异之外，由于直接或间接的人类活动改变了大气的组成而造成的气候变化"，强调的是人类活动的影响。《联合国气候变化框架公约》规定，所有缔约方都有义务"用缔约方大会确定的可比方法编制、定期更新、公布并向缔约方大会提供所有温室气体的各种源的人为排放和各种汇的国家清单"。《京都议定书》中给出了《联合国气候变化框架公约》管控的 7 种温室气体，包括二氧化碳（CO_2）、甲烷（CH_4）、氧化亚氮（N_2O）、氢氟碳化物（HFCs）、全氟化碳（PFCs）、六氟化硫（SF_6）和三氟化氮（NF_3）。

碳达峰是指某个地区、行业或企业的年度二氧化碳排放量达到历史最高值后，经历平台期进入持续下降的过程（见图 2 – 1），是碳排放由增转降的历史拐点，标志着经济社会发展与二氧化碳排放实现相对脱钩。[①]

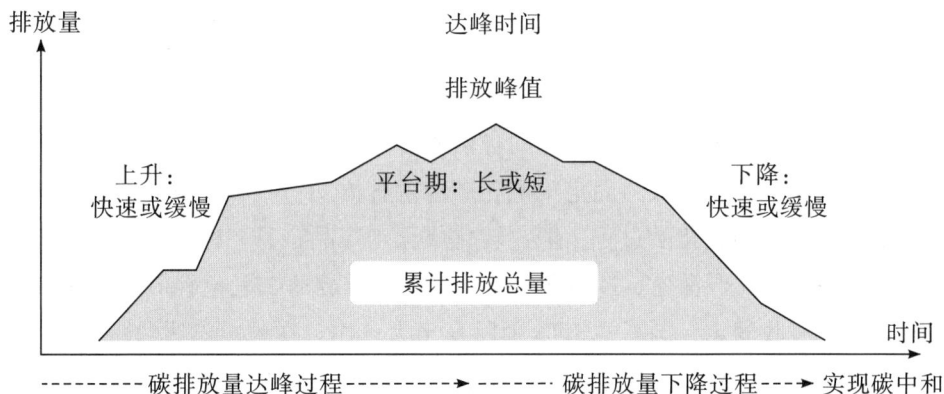

图 2 – 1 碳达峰示意图

资料来源：《2030 年前碳达峰行动方案》（国务院，2021 年）。

"碳中和（carbon-neutral）"概念出现于 1997 年，由来自英国伦敦的未来森林公司（后更名为"碳中和公司"）首次提出。1999 年，苏·霍尔（Sue Hall）在俄勒冈州创立名为"碳中和网络"的非营利性组织，旨在呼吁企业通过碳中和的方式实现潜在的成本节约和环境可持续发展，并与美国环境保护署、自然保护协会等机构共同开发"碳中和认证"和"气候降温"品牌。经历数年的推广，"碳中和"概念逐渐大众化，"carbon-neutral"一词在 2006 年被《新牛津美语词典》评为年度词汇。2015 年 12 月 12 日，联合国 197 个成员国在 2015 年《联合国气候变化框架公约》第 21 次缔约方大会上通过《巴黎协定》，取代《京都议定书》。[②]《巴黎协定》要求各成员国努力将全球平均气温升幅控制在较工业化前不超过 2℃、争取控制在 1.5℃以内，并在 2050—2100 年实现全球碳中和

---

① 引自《2030 年前碳达峰行动方案》（国务院，2021 年）。

② https：//www.un.org / zh / climatechange / paris – agreement。

目标。自此，碳中和作为一项国家层面的发展理念，在世界范围内得到广泛接纳。

根据 Net Zero Tracker 网站数据，截至 2022 年 6 月 18 日，全球已有 132 个国家、115 个地区、235 个主要城市和 703 家顶尖企业制定了碳中和目标，碳中和目标已覆盖全球 88% 的温室气体排放、90% 的世界经济体量和 85% 的世界人口。①

碳中和应从碳排放（碳源）和碳固定（碳汇）两个方面来理解：①碳排放既可以由人为过程产生，又可以由自然过程产生。人为过程主要来自两部分：一是化石燃料的燃烧形成二氧化碳（CO_2）向大气圈释放，二是土地利用变化（最典型的是森林被砍伐后土壤中的碳被氧化成二氧化碳释放到大气中）。自然界也有多种过程可向大气中释放二氧化碳，如火山喷发、煤炭的地下自燃等。但近一个多世纪以来，相较于人为碳排放，自然界的碳排放对大气二氧化碳浓度变化的影响几乎可以忽略不计。②碳固定可以分为自然固定和人为固定两大类，并且以自然固定为主。最主要的自然固碳过程来自陆地生态系统，其中又以森林生态系统为主。人为固定二氧化碳有两种方式：一种是把二氧化碳收集起来后，通过生物或化学过程，把它转化成化工产品；另一种是把二氧化碳封存到地下深处和海洋深处。过去几十年中，人为排放的二氧化碳中约有 54% 被自然过程所吸收固定，剩下的 46% 则留存于大气中。在被自然吸收的 54% 中，23% 由海洋完成，31% 由陆地生态系统完成。例如，最近几年全球每年的碳排放量大约为 400 亿吨二氧化碳，其中的 86% 来自化石燃料燃烧，14% 由土地利用变化造成。这 400 亿吨二氧化碳中的 184 亿吨（46%）进入大气，导致大气二氧化碳浓度增加大约 2ppm。②

碳中和就是要使大气二氧化碳浓度不再增加。经济社会运作体系即使到有能力实现碳中和的阶段，一定还会存在一部分不得不排放的二氧化碳。对于这部分二氧化碳，有 54% 左右可以通过自然过程固碳，余下的则需要通过生态系统固碳，以及人为地将二氧化碳转化成化工产品或封存到地下、海洋等方式来消除。当排放量与固定量相等时，才算实现了碳中和。由此可见，碳中和与零碳排放是两个不同的概念，碳中和以大气二氧化碳浓度不再增加为标志。

---

① https://zerotracker.net／。

② 丁仲礼. 深入理解碳中和的基本逻辑和技术需求［J］. 时事报告（党委中心组学习），2022（4）.

（三） 我国 "双碳" 目标的意义

1. 应对全球气候变化的大国担当

"双碳"目标的提出，彰显了中国积极应对气候变化、走绿色低碳发展道路、推动构建人类命运共同体的坚定决心，为国际社会全面有效落实《巴黎协定》注入强大动力。这向全世界展示了应对气候变化的中国雄心和大国担当，使我国从应对气候变化的积极参与者、努力贡献者，逐步成为关键引领者。

当前，中国已经成为推动全球气候治理进程的重要力量，是全球应对气候变化的参与者和引领者。在《巴黎协定》制定的过程中，中美两国元首连续五次发表联合声明，为《巴黎协定》确定了基本原则和框架，为其达成、签署和生效发挥了关键作用。在 2017 年美国特朗普政府宣布退出《巴黎协定》之后，中国第一时间宣布，将继续全面履行《巴黎协定》，稳定了全球应对气候变化的大局。2020 年，中国宣布了提高国家自主贡献的力度与实现碳中和的国家目标，为推动全球迈向碳中和做出了重要贡献。中国提出"双碳"目标，对于提升全球气候治理的话语权有重要意义。这一积极行动不仅有助于把握国际舆论和博弈的主动权，也有助于树立负责任大国的积极形象，为国内经济社会发展营造良好的国际环境。

2. 推进生态文明建设的有力抓手

生态文明建设是关乎中华民族永续发展的根本大计。习近平总书记对生态文明建设倾注巨大心血，亲自擘画、亲自部署、亲自推动，从秦岭深处到祁连山脉，从洱海之畔到三江之源，从南疆绿洲到林海雪原，习近平总书记走到哪里就把建设生态文明的观念带到哪里，深刻回答了为什么建设生态文明、建设什么样的生态文明、怎样建设生态文明等重大理论和实践问题，形成了习近平生态文明思想。生态文明建设在党和国家事业发展全局中的地位显著提升，在"五位一体"总体布局中，生态文明建设是其中一"位"；在新时代坚持和发展中国特色社会主义的基本方略中，坚持人与自然和谐共生是其中一条；在新发展理念中，绿色是其中一项；在三大攻坚战中，污染防治是其中一"战"；在到 21 世纪中叶建成社会主义现代化强国目标中，美丽中国是其中一个目标。党的十八大以来，全党全国推动绿色发展的自觉性和主动性显著增强，"美丽中国"和"绿水青山就是金山银山"的可持续发展理念贯穿政策始终。

2021 年 3 月 15 日，习近平总书记在中央财经委员会第九次会议上强调，实现碳达峰、碳中和是一场广泛而深刻的经济社会系统性变革，要把碳达峰、碳中和纳入生态文明建设整体布局，拿出抓铁有痕的劲头，如期实现 2030 年前碳达峰、2060 年前碳中和的目标。这是习近平生态文明思想指导我国生态文明建设的最新要求，体现了我国走绿色低碳发展道路的内在逻辑。习近平总书记将"双碳"目标纳入生态文明建设的整体布局，足见政治定位之高、决心之大。"双碳"目标意味着未来的发展将逐渐与碳排放脱钩，倒逼新一轮能源革命与产业结构升级，提高发展的质量，这与我们的绿色发展理念相契合。从根本上看，"双碳"目标本身就是生态文明建设的重要内容之一，是实现美丽中国的必由之路。

3. 推动绿色低碳发展的内在要求

"双碳"目标对我国绿色低碳发展具有引领性，可以带来环境质量改善和产业发展的多重效应。绿色低碳发展不仅是国际减缓气候变化的客观需要，更是立足国内、以自身发展需求为主，着力解决资源环境约束突出问题、实现经济发展方式转变的必然选择。中国过去几十年的发展历程，由于工业化与城镇化的发展，围绕基础设施、建筑及工业设备形成了大量的固定资产投资，对拉动经济增长起到重要作用，但随着我国基础设施的日益完善，城镇化率增速放缓，固定投资需求也趋于减少，依赖粗放投资拉动经济增长的模式越来越难以为继。"双碳"目标的提出源于我国经济社会的深刻变化。随着工业化进程的深入，我国产业结构已经发生了深刻变化，第一产业和第二产业占 GDP 比重近年来开始持续下降。根据国家统计局发布的《2021 年国民经济和社会发展统计公报》，我国第一、二、三产业占 GDP 的比重分别为 7.3%、39.4% 和 53.3%，对 GDP 增长的贡献率分别为 6.7%、38.4% 和 54.9%，较上年变化 −3.7、−4.9 和 8.6 个百分点，第三产业已经超越第二产业成为经济发展的主力。按照发达国家的发展规律，一般进入工业化后期或者后工业化阶段，以服务业为主的第三产业将成为经济的支柱产业，整个社会对能源消费的依赖将会相对降低，碳排放强度亦将逐步降低。中国当前产业结构的发展趋势处于工业化后期向后工业化过渡的阶段，已经具备了低碳发展的潜力。

"双碳"目标的提出，着眼于绿色低碳发展，有利于推动经济结构绿色转型，加快形成绿色生产方式，助推高质量发展。同时，"双碳"目标加快了碳减排步伐，有利于引导绿色技术创新，加快绿色低碳产业发展，在可再生能源、绿色制造、碳捕集与利用等领域形成新增长点，提高产业和经济的全球竞争力。从长远看，实现"双碳"目标，有利于通过全球共同努力减缓气候变化带来的不利影响，改变我国的产业结构和经济增长方式，减少对经济社会造成的损失，使人与自然回归和平与安宁。

4. 保障国家能源安全的根本途径

能源安全是关系国家经济社会发展的全局性、战略性问题，对国家繁荣发展、人民生活改善、社会长治久安至关重要。我国是世界上最大的油气进口国，面临油气供给受制于人的突出问题。根据国家统计局发布的数据，从 2001 年起，中国的原油进口量连涨 20 年，2017 年中国首次超过美国成为世界上最大的原油进口国。中国石油新闻中心指出，2021 年中国原油对外依存度仍超 70%，天然气对外依存度高达 46%。

实现"双碳"目标，将倒逼能源系统低碳转型，有力推动以自主开发的清洁电能替代进口石油、天然气，从根本上破解对进口化石能源的过度依赖问题，增强国家对能源供应体系和能源资源的宏观调控力，切实提高我国能源供应安全性，为经济社会发展提供充足、经济、稳定、可靠的能源供应保障。

二　气候变化与国际应对

（一）气候变化的科学证据

联合国政府间气候变化专门委员会（IPCC）是世界气象组织（WMO）及联合国环境规划署（UNEP）于 1988 年联合建立的政府间机构，其主要任务是对气候变化科学知识的现状，气候变化对社会、经济的潜在影响以及如何适应和减缓气候变化的可能对策进行评估。截至 2023 年，IPCC 已发布了六次正式的评估报告，评估报告由三个工作组完成，发布的报告包括《气候变化：自然科学基础》《气候变化：影响、适应和脆弱性》《气候变化：减缓气候变化》。其中，第二工作组发布的《气候变化：影响、适应和脆弱性》报告，为"气候变化是导致自然和人类社会系统不利影响和关键风险的主要原因"这一观点提供了科学证据。

1. 温室气体的概念

温室气体（Greenhouse Gas，GHG）又称温室效应气体，是指大气中那些吸收和重新放出红外辐射的自然和人为的气态成分，包括对太阳短波辐射透明（吸收极少）、对长波辐射有强烈吸收作用的二氧化碳、甲烷、一氧化碳、氟氯烃及臭氧等 30 余种气体。《京都议定书》中规定限排的 7 种温室气体包括：二氧化碳（CO_2）、甲烷（CH_4）、氧化亚氮（N_2O）、氢氟碳化物（HFCs）、全氟化碳（PFCs）、六氟化硫（SF_6）、三氟化氮（NF_3）。

2. 全球变暖的科学证据

根据世界气象组织发布的《2020 年全球气候状况》报告，全球平均气温较工业化前水平（1850—1900 年平均值）高出 1.2℃，2011—2020 年是 1850 年以来最暖的 10 年。

2013 年，IPCC 第五次评估报告全面评估了过去几十年的海平面上升情况及其原因，还估计了自前工业化时代以来二氧化碳的累积排放量，并制定了未来二氧化碳排放控制预算，以期将气温升幅控制在2℃以内。IPCC第五次评估报告强调，自1880年至2012年，全球平均气温已上升了0.85℃；全球海洋在变暖，冰雪量在减少，海平面在上升；生态系统和地球气候系统可能已经达到甚至突破了重要的临界点，可能导致不可逆转的变化。亚马逊雨林和北极苔原等多样化的生态系统可能因气候变暖和干旱而发生巨大的变化。高山冰川正在迅速消失，在最干旱的月份里，供水减少对下游造成的影响会波及很多世代。①

2018年，IPCC第48次全会审议通过了《全球1.5℃增暖特别报告》，为未来应对气候变化提供了新的参考。该报告指出，人类活动导致全球地表气温较工业化前水平升高1℃，按目前的排放速度，在2030年至2052年之间将升温1.5℃，如果排放的温室气体并没有大幅度减少，那么在21世纪末期，整个地球的气温将会升高3℃左右。该报告曾警告，升温超过1.5℃，将给全球带来巨大灾难。

2021年8月，中国气象局气候变化中心发布的《中国气候变化蓝皮书(2021)》也明确指出，全球变暖趋势仍在持续。2020年，全球平均气温较工业化前水平（1850—1900年平均值）高出1.2℃，是有完整气象观测记录以来的3个最暖年份之一；2011—2020年，是1850年以来最暖的10年。2020年，亚洲陆地表面平均气温比常年值（此报告使用1981—2010年气候基准期）偏高1.06℃，是20世纪初以来最暖的年份。中国是全球气候变化的敏感区和影响显著区，升温速率明显高于同期全球平均水平。1951—2020年，中国地表年平均气温呈显著上升趋势，升温速率为0.26℃／10年。近20年是20世纪初以来的最暖时期，1901年以来的10个最暖年份中，除1998年外，其余9个均出现在21世纪。

3. 气候变化的危害

气候变暖对全球自然生态系统和人类生产生活造成严重威胁。

在生态系统方面，气候变化包括极端气候事件已经对全球范围内的陆地、淡水和海洋生态系统造成了广泛破坏，包括生态系统结构、物种地理范围和物候（见图2-2）。主要影响包括：极端事件发生的频率、强度和持续时间的增加导致大量生物死亡和数百起当地物种灭绝；人为因素导致热带气旋、海平面上升和强降雨强度增大；气候变化造成的某些损失在一个世纪的时间尺度上已经不可逆转，例如，极地冰盖消失，作为生态系统和山区主要水源的冰川退缩；全球被研究陆地植物、动物和海洋物种中大约一半正向极地迁移，或者向更高海拔地区迁移。

---

① 引自《京都议定书》第二十五条第一款。

在人类系统方面，气候变化对水安全和粮食生产，健康和福祉，城市、居住地和基础设施等产生了各种不利影响（见图2-3）。气候变化降低了水、能源和粮食安全性，阻碍了零饥饿、水和能源安全等可持续发展目标的实现，如气候变暖、热浪和干旱等极端事件的加剧，使数以百万计的人口，特别是在非洲、亚洲、中南美洲和小岛屿地区的人口，面临严重的粮食和水短缺问题。在世界每个区域，气候变化都影响到人类的健康，如气候变暖、降雨增加和洪水泛滥导致疾病增加；热浪、干旱、洪水和风暴造成的创伤对人们的心理健康产生了负面影响；洪水等极端事件影响了卫生服务。全球半数以上人口的健康、生活和生计，以及交通系统和水电等基本服务，都受到气候变化的影响。气候变化的影响在城市中被放大，例如，热浪会与城市热岛效应和空气污染相结合。气候变化对脆弱人群的影响更严重，例如，居住在非正式定居点的人群受气候变化的影响更大。气候变化使人们的生计受到不利影响，农业、林业、渔业、能源和旅游业等的损失阻碍了经济增长；粮食产量下降、健康和粮食安全受到影响、住房和基础设施损失以及收入损失，都影响到人们的生计。气候变化还助长了非洲、亚洲和中南美洲的人道主义危机，加剧了应对气候变化的脆弱性。

2018年IPCC《全球1.5℃增暖特别报告》指出，全球升温1.5℃将对陆地海洋生态、人类健康、食品安全、经济社会发展等产生诸多风险，如果全球升温2℃，风险将更大。2022年2月IPCC发布的第六次评估报告第二工作组报告《气候变化2022：影响、适应和脆弱性》是对气候变化影响、脆弱性、适应选项及其限制的最全面全球评估。该报告明确指出，气候影响已经比预期的更加广泛和严重。

（二）应对气候变化的国际合作

1.《联合国气候变化框架公约》

《联合国气候变化框架公约》（United Nations Framework Convention on Climate Change，UNFCCC），是1992年5月9日联合国政府间谈判委员会就气候变化问题达成的公约，于1992年6月4日在巴西里约热内卢举行的联合国环境与发展大会（地球首脑会议）上获得通过。《联合国气候变化框架公约》是世界上第一部为全面控制二氧化碳等温室气体排放，以应对全球气候变暖给人类经济和社会带来不利影响的国际公约，也是国际社会在全球气候变化问题上进行国际合作的一个基本框架。

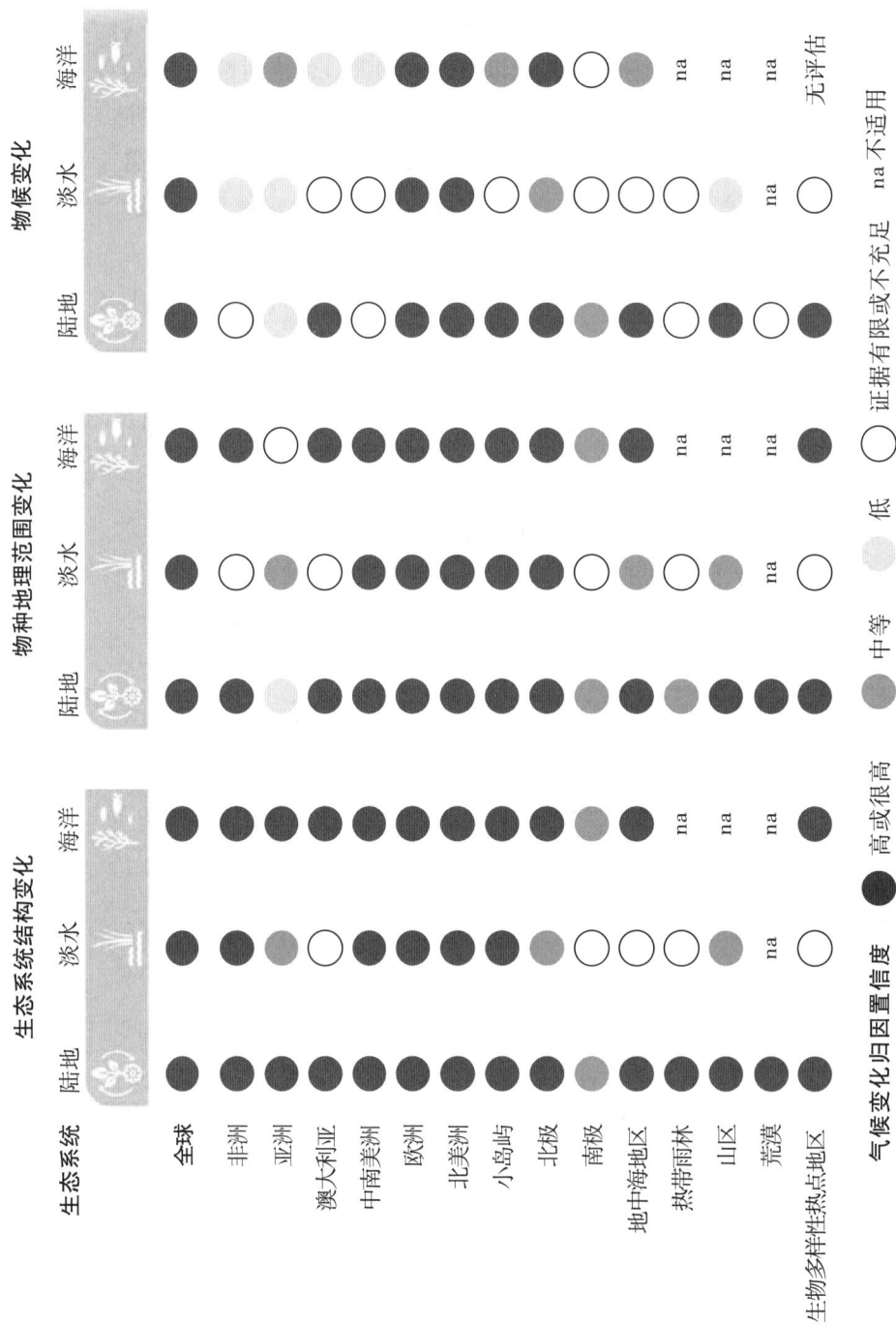

图 2-2 观测到的气候变化对生态系统的全球和区域影响

资料来源：IPCC《气候变化 2022：影响、适应和脆弱性》报告。

对城市、居住地和基础设施的影响

对主要经济部门的损害	对基础设施的损害	海岸带洪水/风暴损害	内陆洪水和相关的损害

对健康和福祉的影响

迁移	精神健康	高温、营养不良和其他	传染性疾病

对水安全和粮食生产的影响

渔业产量和水产养殖生产	动物的健康与生产	农业/作物生产	水资源短缺

人类系统：
全球
非洲
亚洲
澳大利亚
中南美洲
欧洲
北美洲
小岛屿
北极
沿海城市
地中海地区
山区

无评估　na

气候变化归因置信度
对人类系统的损害

● 高或很高　● 中等　● 低　○ 证据有限或不充足
— 增加的不利影响　± 增加的有利和不利影响
na 不适用

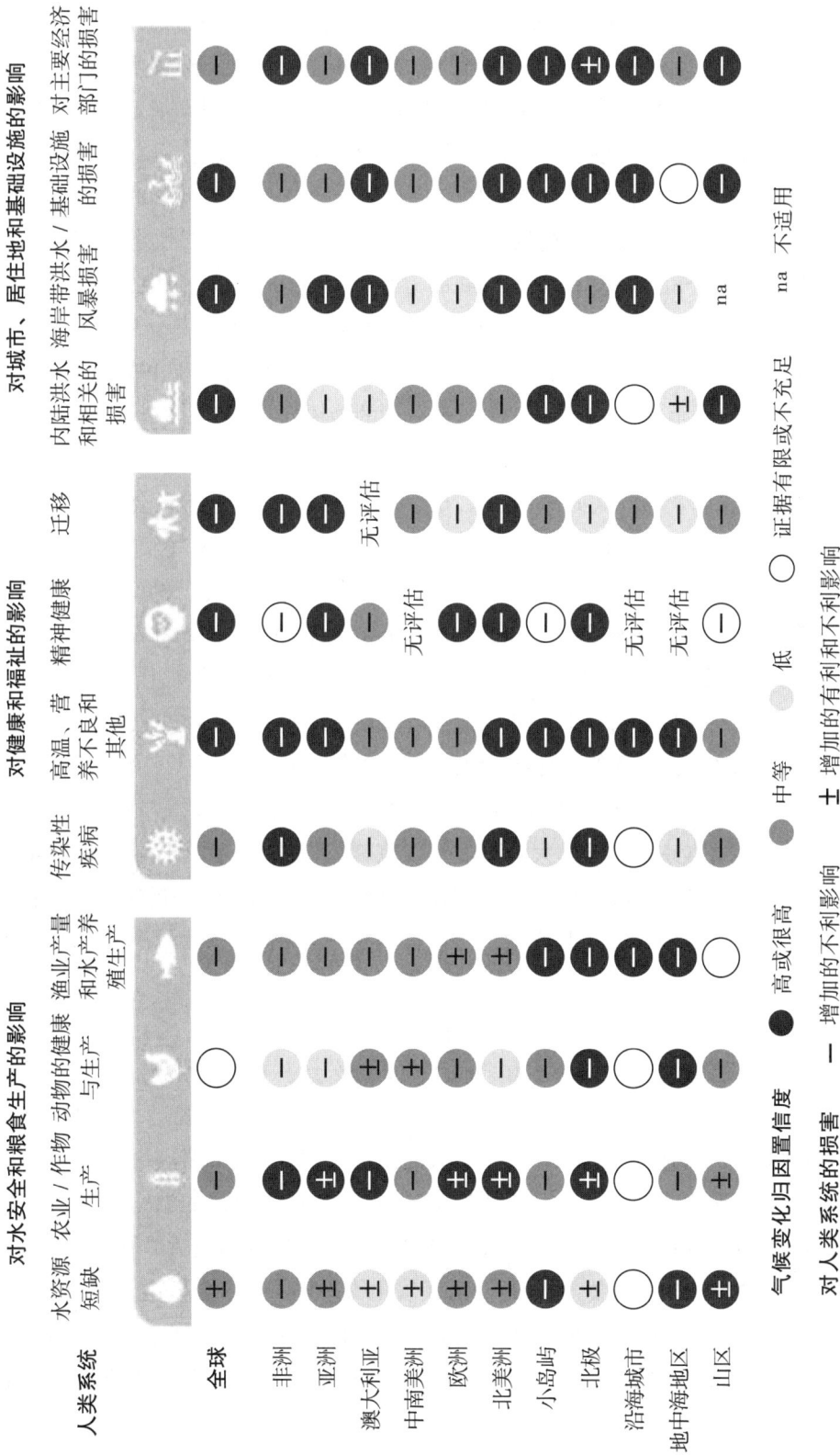

图 2-3　观测到的气候变化对人类系统的全球和区域影响

资料来源：IPCC《气候变化 2022：影响、适应和脆弱性》报告。

《联合国气候变化框架公约》的目标是将大气温室气体浓度维持在一个稳定的水平，在该水平上，人类活动对气候系统的危险干扰不会发生。该公约确立了"共同但有区别的责任"原则，对发达国家和发展中国家规定的义务以及履行义务的程序有所区别，要求发达国家作为温室气体排放大国，采取具体措施限制温室气体排放，并向发展中国家提供资金以支付其履行公约义务所需的费用。而发展中国家只承担提供温室气体源与汇的国家清单的义务，制订并执行含有关于温室气体源与汇方面措施的方案，不承担有法律约束力的限控义务。《联合国气候变化框架公约》建立了一个向发展中国家提供资金和技术，使其能够履行公约义务的资金机制。《联合国气候变化框架公约》于 1994 年 3 月 21 日正式生效，截至 2023 年 7 月，加入该公约的缔约方共有 198 个。

历年召开的气候变化大会谈论的气候问题，都以这个公约为基础，而且该公约具有法律效力。从 1995 年起，全球每年举行一次缔约方大会。

中国积极参与全球气候治理。1990 年，中国设立国家气候变化协调小组，并派出代表团参与《联合国气候变化框架公约》起草谈判。1992 年，中国正式签署了《联合国气候变化框架公约》，也是最早的 10 个缔约方之一。中国对《联合国气候变化框架公约》的谈判及生效起到了重要的推动作用。从 1995 年到 1997 年，中国参加了京都会议前的 8 次正式谈判以及多次非正式磋商。

2. 《联合国气候变化框架公约》第三次缔约方大会

1997 年 12 月，《联合国气候变化框架公约》第三次缔约方大会（UNFCCC COP3）在日本京都召开。大会通过了《京都议定书》，旨在限制发达国家温室气体排放，以抑制全球变暖。《京都议定书》首次以国际性法规的形式限制温室气体排放，于 2005 年 2 月生效。《京都议定书》的第一个承诺期是 2008 年至 2012 年，第二个承诺期是 2013 年至 2020 年。截至 2023 年 7 月，《京都议定书》有 192 个缔约方。

《京都议定书》是《联合国气候变化框架公约》的补充条款，其中提及不少于 55 个参与国签署该条约且温室气体排放量达到附件 I 的规定，签署国在达到 1990 年总排放量 55% 后的第 90 天开始生效。① 《京都议定书》的目标是在 2008 年至 2012 年的第一个承诺期，将主要工业发达国家的温室气体排放量在 1990 年的基础上平均减少 5.2%，其要求减排的温室气体包括二氧化碳（CO_2）、甲烷（CH_4）、氧化亚氮（N_2O）、氢氟碳化物（HFCs）、全氟化碳（PFCs）、六氟化硫（SF_6）。其中，欧盟削减 8%、美国削减 7%、日本削减 6%、加拿大削减 6%、东欧各国削减 5% ~ 8%。新西兰、俄罗斯和乌克兰可将排放量稳定在

---

① 引自《京都议定书》第二十五条第一款。

1990 年水平上。《京都议定书》允许爱尔兰、澳大利亚和挪威的排放量比 1990 年分别增加 10%、8% 和 1%。《京都议定书》对包括中国在内的发展中国家并没有规定具体的减排义务。《京都议定书》建立了三种旨在减排温室气体的灵活合作机制——国际排放贸易机制（International Emissions Trading，IET）、联合履约机制（Joint Implementation，JI）和清洁发展机制（Clean Deve-lopment Mecha-nism，CDM）。其中，IET、JI 两种机制是发达国家之间实行的减排合作机制，CDM 是发达国家与发展中国家之间实行的减排合作机制，主要是由发达国家向发展中国家提供额外的资金或技术，帮助其实现温室气体减排。

尽管《京都议定书》并没有给中国规定具有约束性的减排目标和时间，但作为一个负责任的缔约方，中国尽自己所能积极履行与自身相关的措施和承诺，主动接受了编制、提交国家信息通报和国家清单的任务，并着手制订中国应对全球气候问题的国家方案。

3.《联合国气候变化框架公约》第十三次缔约方大会

2007 年 12 月，《联合国气候变化框架公约》第十三次缔约方大会（UNFCCC COP13）暨《京都议定书》第三次缔约方大会（MOP3）在印度尼西亚巴厘岛举行。大会通过的"巴厘岛路线图"对达成新的全球气候协议具有关键作用，成为应对气候变化历史中的一座新里程碑。

"巴厘岛路线图"首次将美国纳入减缓全球变暖的未来新协议的谈判进程，要求所有发达国家都必须履行可测量、可报告、可核实的温室气体减排责任。"巴厘岛路线图"中的"巴厘行动计划"，决定开启一个综合进程，通过长期的合作行动，在 2007 年、2012 年以及 2012 年之后，全面、有效、可持续地实施《联合国气候变化框架公约》。[1] "巴厘岛路线图"包含减缓、适应、技术转让和资金援助四个支柱，并设立了《联合国气候变化框架公约》下的长期合作特设工作组，与《京都议定书》下的特设工作组的工作同步进行。[2]

"巴厘岛路线图"的重要性在于，开启了一个涵盖全世界所有国家（包括对联合国气候谈判议程袖手旁观七年之久的美国），能够取代京都体制的全球气候谈判议程。作为最大的发展中国家，中国在助推"巴厘岛路线图"过程中的贡献得到了国际社会的认可。中国接受了"可持续发展框架下的国家自主减排行

---

[1] Report of the Conference of the Parties on its thirteenth session, held in Bali from 3 to 15 December 2007, part two: action taken by the Conference of the Parties at its thirteenth session, UNFCCC, http://unfccc.int / resource / docs / 2007 / cop13 / eng / 06a01.pdf.

[2] Bali Climate Change Conference-December 2007, UNFCCC, https://unfccc.int / process-and-meetings / conferences / past-conferences / bali-climate-change-conference-december－2007 / bali-climate-change-conference-december－2007－0.

动"的概念，条件是发达国家可测量、可报告、可核实的资金援助和技术转让，对"巴厘岛路线图"的达成发挥了建设性作用。[①]此外，中国提出的一些倡议也在"巴厘岛路线图"中，包括：在 2009 年前确定发达国家的减排目标；确保在《联合国气候变化框架公约》和《京都议定书》约束下发达国家对发展中国家的资金援助和技术转让得到有效实施。

4.《联合国气候变化框架公约》第二十一次缔约方大会

2015 年 12 月，《联合国气候变化框架公约》第二十一次缔约方大会（UNFCCC COP21）在法国巴黎召开。大会通过了《巴黎协定》。《巴黎协定》是继《联合国气候变化框架公约》和《京都议定书》之后具有里程碑意义的气候变化国际公约，开创了全球气候治理的新局面。截至 2023 年 7 月，已有 195 个国家加入了《巴黎协定》。《巴黎协定》正式生效后，成为《联合国气候变化框架公约》下继《京都议定书》后第二个具有法律约束力的协定。

《巴黎协定》共 29 条，涵盖了减缓、适应、资金、技术、能力建设、透明度等全球应对气候变化的关键要素。《巴黎协定》指出：各缔约方将加强针对气候变化威胁的全球应对，把全球平均气温较工业化前水平升高幅度控制在 2℃ 之内，并为把升温控制在 1.5℃ 之内而努力；全球将尽快达到温室气体排放峰值，在 21 世纪下半叶实现温室气体净零排放目标。根据《巴黎协定》，各方将以"自主贡献"的方式参与全球应对气候变化行动。发达国家将继续带头减排，并加强对发展中国家的资金、技术和能力建设支持，帮助其减缓和适应气候变化。从 2023 年开始，每 5 年对全球行动总体进展进行一次盘点，以帮助各国提高力度、加强国际合作，实现全球应对气候变化长期目标。与《京都议定书》相比，《巴黎协定》的目标更加长远，原则更为灵活，减排方式更具可操作性。

中国对于《巴黎协定》的通过发挥了至关重要的作用。2016 年 9 月，中国政府批准加入《巴黎协定》，中国也是较早加入《巴黎协定》的国家之一。英国脱欧与美国退出《巴黎协定》改变了全球气候治理的格局，加剧了全球气候治理的困境。在这种情况下，中国作为全球气候治理"引领者"的角色开始逐渐突出。作为全球治理重要组成部分的气候治理，与"命运共同体"存在天然的契合，人类命运共同体理念也成为新形势下中国参与全球气候治理的重要支撑。

5.《联合国气候变化框架公约》第二十六次缔约方大会

2021 年 10 月至 11 月，《联合国气候变化框架公约》第二十六次缔约方大会

---

① Report of the Conference of the Parties on its thirteenth session, held in Bali from 3 to 15 December 2007, part two: action taken by the Conference of the Parties at its thirteenth session, UNFCCC, http://unfccc.int / resource / docs / 2007 / cop13 / eng / 06a01.pdf.

（UNFCCC COP26）在英国格拉斯哥召开，这是《巴黎协定》进入实施阶段后召开的首次缔约方大会。大会达成了《巴黎协定》实施细则，为落实《巴黎协定》奠定了良好基础。大会还通过了《关于森林和土地利用的格拉斯哥领导人宣言》等多个文件。此外，各方同意将长期资金的议程延续至2027年，发达国家在2025年前将继续承担现有义务，并在2024年完成2025年后新的资金安排。大会决定建立并立刻启动"格拉斯哥—沙姆沙伊赫全球适应目标两年工作计划"，以落实《巴黎协定》关于全球适应目标的要求，并增进各方关于全球适应目标的理解。

中国也为本次大会贡献了中国智慧和中国方案。大会开幕前，中国发布了《关于完整准确全面贯彻新发展理念做好碳达峰碳中和工作的意见》和《2030年前碳达峰行动方案》。在大会开幕后举办的世界领导人峰会上，中国就如何应对气候变化、推动世界经济复苏，提出维护多边共识、聚焦务实行动、加速绿色转型三点建议，赢得国际社会广泛赞誉。

6.《联合国气候变化框架公约》第二十七次缔约方大会

2022年11月，《联合国气候变化框架公约》第二十七次缔约方大会（UNFCCC COP27）在埃及沙姆沙伊赫召开，这是联合国关于如何应对气候变化的新一轮艰难谈判。在复杂的地缘政治背景下，大会重申各国将全球气温上升限制在高于工业化前水平1.5℃以内的承诺，还加强各国采取的行动要求，以减少温室气体排放和适应不可避免的气候变化影响，同时加强对发展中国家所需资金、技术和能力建设的支持。11月20日，近200国的谈判代表在大会上达成"沙姆沙伊赫实施计划"协议，同意设立一个基金机制，以补偿因气候变化引发的灾害导致的损害。各国政府还同意设立一个"过渡委员会"，以在2023年的第28届联合国气候变化大会上就新的融资安排和基金的运作方式提出建议。大会对各国承诺的到2020年每年联合调动1 000亿美元的目标尚未达成表示严重关切，敦促发达国家实现此目标，并呼吁多边开发银行和国际金融机构调动气候融资。

中国全面深入参与UNFCCC COP27近百项议题的谈判磋商，坚定维护发展中国家共同利益，为大会取得一揽子积极成果做出了重要贡献。中国在大会期间向《联合国气候变化框架公约》秘书处正式提交《中国落实国家自主贡献目标进展报告（2022）》，展现了中国推动绿色低碳发展、积极应对全球气候变化的决心和成果。中国代表团表示将一如既往维护多边主义，继续积极参与应对气候变化全球治理，在力所能及范围内与其他发展中国家持续深化应对气候变化南南合作，在公平原则、"共同但有区别的责任"原则和各自能力原则指导下，与国际社会一道推动《巴黎协定》全面、平衡、有效地落实，推动构建公平合理、合作共赢的全球气候治理体系，共建人与自然生命共同体。

（三）　代表性国家和组织的气候政策

根据 2023 年 9 月清华大学在 UNFCCC COP28 中国角"气候投融资"边会上正式发布的《2023 全球碳中和年度进展报告》，已有 150 多个国家做出了碳中和承诺。[①] 其中，许多国家和组织已经将达标时间和措施具体化，如欧盟、英国、德国、法国和瑞典；大多数温室气体净零排放承诺国已通过政策宣示，但缺乏具体实施的政策文件；小部分国家和地区采用立法方式，如英国、日本、欧盟、韩国、美国加州通过了应对气候变化的专项法律，但法律实施力度尚未明了。

1. 欧盟及欧洲主要国家

欧盟

2019 年 12 月，欧洲委员会发布《欧洲绿色新政》，提出欧盟到 2050 年实现温室气体净零排放的目标。[②]《欧洲绿色新政》设计了欧洲绿色发展战略的总框架，行动路线图涵盖了诸多领域的转型发展，包括能源、建筑、交通及农业等领域。

2021 年 6 月，欧盟理事会通过了《欧洲气候法》，以立法的形式确保达成到 2050 年实现气候中和的愿景，并建立法律框架帮助成员国实现 2050 年气候中和目标。[③] 此目标具有法律约束力，所有欧盟机构和成员国集体承诺在欧盟和国家层面采取必要措施以实现此目标。

英国

2008 年 11 月，英国国会通过了《气候变化法案》，承诺英国 2050 年温室气体排放量在 1990 年基础上减少 80%，并确定了此后五年的"碳预算"。该法案使英国成为全球首个为温室气体减排设计出具有法律约束力措施体系的国家。2019 年，英国颁布了修订后的《气候变化法案》，正式确立 2050 年实现温室气体净零排放的目标，明确了气候治理路线图，设立了基于公民的信用碳排放账户。2020 年，英国发起涵盖新一代核能研发等 10 个技术领域的"绿色工业革命"计划，带动 120 亿英镑的政府投资和 25 万个新增就业岗位。英国正式脱欧后，通过气候变化外交提升国际地位，并在世界领导人气候行动峰会上提出 2035 年碳排放水平较 1990 年降低 78% 的发达国家"最大幅度减排目标"。

---

① https://www.env.tsinghua.edu.cn / info / 1129 / 8533.htm。

② https://www.eeas.europa.eu / delegations / china。《欧洲绿色新政》：2050 年前使欧洲成为第一个气候中和的大洲，促进经济发展，改善人们的健康和生活质量，关爱大自然，并且不让任何人掉队。

③ http://eu.mofcom.gov.cn / article / jmxw / 202107 / 20210703171713.shtml。

德国

2019 年 9 月，德国政府通过《气候行动计划 2030》，将减排目标在建筑和住房、运输、农业、林业、能源、工业以及其他领域进行了目标分解，明确了各个产业部门在 2020 年至 2030 年的刚性年度减排目标，规定了部门减排措施、减排目标调整、减排效果定期评估的法律机制。2019 年 11 月，德国通过了《气候保护法》，首次以法律形式确定德国中长期温室气体减排目标，包括到 2030 年实现温室气体排放总量较 1990 年至少减少 55%，到 2050 年实现净零排放的中长期减排目标。2019 年 9 月，德国出台《气候保护计划 2030》，构建了包括减排目标、措施、效果评估在内的法律机制，并确立了六大重点领域的减排目标。2021 年，德国修订了《气候保护法》，提出了更加严苛的排放目标，将实现温室气体净零排放目标的时间点提前到 2045 年，同时将 2030 年温室气体减排目标提高到 65%。

法国

2015 年，法国首次提出《国家低碳战略》，颁布《绿色增长能源转型法》，公布了绿色增长与能源转型计划。法国是最早采用"碳预算"的国家之一，通过明确温室气体排放上限确保减排进展的成效。2020 年，法国颁布《国家低碳战略》法令，明确提出 2050 年实现温室气体净零排放的目标，并先后出台建筑、农林业、废弃物等领域若干配套政策措施，为产业结构调整、高耗能材料替代、能源循环利用等低碳目标保驾护航。此外，《多年能源规划》《国家空气污染物减排规划纲要》等政策，也为法国实现节能减排、促进绿色增长提供了有力保障。

瑞典

2018 年 1 月，瑞典《气候新法》正式生效，为瑞典温室气体减排确立了长期目标，即在 2030 年前实现交通运输部门减排 70%，在 2045 年前实现温室气体净零排放；并从法律层面规定每届政府的义务，即必须着眼于瑞典气候变化总体目标来制定相关政策。

2. 北美洲主要国家

美国

长期以来，美国国内还未形成应对气候变化的政治共识，其气候治理实践一直因两党之争未能持续推进，进而影响全球气候治理氛围。2020 年 11 月，美国正式退出《巴黎协定》，成为迄今为止唯一退出《巴黎协定》的缔约方；2021 年 2 月，美国又重返《巴黎协定》。拜登政府在延续奥巴马时期气候政策的基础上提出了新的气候和能源计划，计划在 2050 年前实现 100% 清洁能源经济，达成净零排放的目标。但美国在气候合作领域的反复态度对全球应对气候变化的合作无疑造成了负面影响。

加拿大

2020 年 11 月，加拿大通过了《净零排放问责法案》，明确加拿大将在 2050 年前实现温室气体净零排放。此外，加拿大政府还承诺将在 2030 年前实现温室气体排放量比 2005 年减少 40%～45%。2020 年 12 月，加拿大政府发布了增强版气候计划——"健康的环境和健康的经济"（A Healthy Environment and a Healthy Economy），旨在通过大力发展低碳转型产业推动经济复苏，同时争取到 2030 年将温室气体排放量降到 2005 年水平的 32%～40%，并在 2050 年实现净零排放。

3. 亚太地区主要国家

澳大利亚

澳大利亚作为世界上最大的煤炭和液化天然气出口国，长期以来一直被视为气候承诺的"落后者"。澳大利亚政府直到 2007 年才签署《京都议定书》。自 2018 年 8 月澳大利亚自由党执政后的气候政策主要包括：一是废除《能源保障计划》，标志着澳大利亚寻求改革能源市场以减少温室气体排放的尝试以失败告终；二是 2019 年 2 月发布《气候解决方案》，计划投资 35 亿澳元来兑现澳大利亚在《巴黎协定》中做出的 2030 年温室气体减排承诺；三是实行倾向于传统能源产业的政策，在新能源产业上投入不足。澳大利亚政府对于国际气候治理责任存在逃避倾向，例如，不愿继续承担在气候合作中的发达国家责任，企图用"结转信用"来抵消其于《巴黎协定》中做出的部分减排承诺，不愿为 2030 年后的减排目标做出更多承诺。2022 年 6 月 16 日，澳大利亚工党执政的新政府正式签署了《巴黎协定》下的最新气候承诺，即到 2030 年将碳排放量在 2005 年的水平上降低 43%。澳大利亚政府表示将改变 10 年来缓慢的气候变化行动，并正式向联合国承诺将追求一个更加雄心勃勃的减排目标。

日本

日本国会参议院于 2021 年 5 月正式通过《全球变暖对策推进法》，以立法的形式明确了到 2050 年实现温室气体净零排放的目标。这是日本首次将温室气体减排目标写进法律。国际能源署数据表明，日本是 2017 年全球温室气体排放占比第六大国。自 2011 年福岛灾难以来，日本在节能技术上有所努力，但仍对化石能源有依赖性。为应对气候变化，日本政府于 2020 年 12 月 25 日公布"绿色增长战略"，确认了到 2050 年实现净零排放的目标，日本将在海上风力发电、电动车、氢能源、航运业、航空业、住宅建筑等 14 个重点领域推进温室气体减排，旨在通过技术创新和绿色投资的方式加速向低碳社会转型。

韩国

2020 年 7 月，韩国政府为实现温室气体净零排放目标推出了《韩国新政综合计划》，首次提出"绿色新政"概念，并将之确立为国家战略，旨在加快向低碳和环保经济转型。2021 年 8 月，韩国国民议会通过了《碳中和与绿色增长框架法》，使韩国成为全球第 14 个将 2050 年温室气体净零排放愿景及其实施机制纳入法律的国家。《碳中和与绿色增长框架法》要求韩国到 2030 年的温室气体排放量比 2018 年的水平减少 35% 以上，并规定了在气候影响评估、气候应对基金和公正转型等方面的政策措施。2022 年 3 月，韩国政府颁布的《应对气候危机碳中和绿色发展基本法》正式生效，通过法律形式确立温室气体净零排放执行体系，保障落实温室气体净零排放要求。《应对气候危机碳中和绿色发展基本法》包括 2030 年温室气体减排国家自主贡献目标提升至 40%、制订国家温室气体净零排放基本计划等内容。

参考文献

［1］ 安永碳中和课题组. 一本书读懂碳中和［M］. 北京：机械工业出版社，2021.

［2］ 丁仲礼. 深入理解碳中和的基本逻辑和技术需求［J］. 时事报告（党委中心组学习），2022（4）.

［3］ 高世楫，俞敏. 中国提出"双碳"目标的历史背景、重大意义和变革路径［J］. 新经济导刊，2021（2）.

［4］ 姜彤，翟建青，罗勇，等. 气候变化影响适应和脆弱性评估报告进展：IPCC AR5 到 AR6 的新认知［J］. 大气科学学报，2022（4）.

［5］ 刘长松. 碳中和的科学内涵、建设路径与政策措施［J］. 阅江学刊，2021（2）.

［6］ 刘贞晔. 中国参与全球治理的历程与国家利益分析［J］. 学习与探索，2015（9）.

［7］ 中国气象局气候变化中心. 中国气候变化蓝皮书：2021［M］. 北京：科学出版社，2021.

［8］ Carbon Neutral：Oxford Word of the Year［N］. *OUPblog*，2006 – 11 – 13.

［9］ Ellison，Katherine. Burn oil，then help a school out；it all evens out［N］. *CNN Money*，2002 – 07 – 08.

［10］ Environment and Climate Change Canada. A healthy environment and a healthy economy［EB/OL］. https：//www. canada. ca/en/environmentclimate-change/news/2020/12/a-healthy-environment-anda-healthy-economy. html，2021 – 03 – 08.

［11］ IPCC. *Climate Change* 2013： *The Physical Science Basis* ［M］. Cambridge： Cambridge University Press，2013.

［12］ IPCC. *Special Report on Global Warming of 1. 5℃* ［M］. Cambridge：Cambridge University Press，2018.

第三讲

气候变化的伦理与正义

◎ 主讲人 史军

史 军

　　暨南大学马克思主义学院／社会科学部教授、博士生导师，暨南大学人与自然生命共同体重点实验室研究员。曾在美国宾夕法尼亚州立大学哲学系访问学习。研究领域为气候变化伦理与政策、环境伦理与生态文明等。主持国家社会科学基金重点项目、重大项目子课题、青年项目等省部级以上课题13项，发表论文90余篇，出版著／译作15部。现任中国气象经济学会副主任委员、江苏高校哲学社会科学重点研究基地"气候变化与公共政策研究院"特聘研究员、中华文化发展湖北省协同创新中心特聘研究员、江苏省中国特色社会主义理论体系重点研究基地特聘研究员等。

从表面上看，气候变化问题是人类大规模的工业化过程和自由市场经济模式运行的直接后果。但从更深层次来看，则是人的贪婪本性在自由主义推动下的结果。从这个意义上看，气候变化问题本质上就是一个伦理问题，它折射出的是人的价值观念和行为方式的困境。如果人类的政治体制、价值体系和行为方式等才是引发气候危机的根源，那么应对气候变化最根本的途径可能就不是科学技术的不断革新，而是需要对气候变化问题做出深刻的伦理反思。在气候变化引发危机的时代，或许只有从价值观念和行为方式上改造人类自身的道德体系，我们才有可能建构出一个合理的社会制度，以更好地同自然和谐相处。气候变化绝不仅仅是一个纯粹的科学问题，因为大多数对气候问题的解答和分析都隐含着某种伦理道德前提。气候变化问题背后所蕴含的是大量伦理问题，如我们应当如何生活和消费、企业应当生产什么和如何生产、我们应当如何对待后代、减排责任应当如何认定、应对气候变化的成本和收益如何在不同的国家与人群之间实现正义分配等。如果这些更为本源性的人类自身和人类社会的问题得不到解决，那么任何先进的科学技术都难以从根本上解决气候危机。因此，为了真正理解和解决气候变化及其造成的气候危机，就不能仅仅将气候变化看成一个科学问题，还要将它看成一个伦理问题。

一 | 气候变化：从科学到伦理

气候变化及其引发的危机不仅是自然科学问题，还应当是伦理学关注的对象，因为它涉及我们应当如何生活，以及我们应当如何对待他人和自然。气候变化起因在于人类自身，因此，从根本上说，这一问题的解决也就依赖于人类自身。大气中温室气体浓度与温度上升的关系是科学问题，但人类应当如何生活、全球长期减排目标的确定和减排义务的分担则是伦理问题，涉及对人类生活方式的深刻反思，以及公平地在世界各国间分配应对气候变化的责任和义务。自然科学或许可以告诉我们如何高效地实现我们的目标，但它不能告诉我们应当设定什么样的目标，甚至不能告诉我们是否应当关注高效地实现这些目标。我们在面对气候变化时应当做什么是一个伦理问题，而非一个价值中立的问题。全球气候变化所造成的附加伦理问题需要一个适当的理论基础，以获得政治的可接受性，并最终形成全面的基于伦理的全球气候变化政策。

气候变化及其影响告诉人们这样一个事实：全球气候变暖是人类活动，尤其是大规模工业化的直接结果；如果人类不立即行动起来应对气候变化，世界将面临毁灭性灾难。气候变化及其影响是事实问题，而应当如何应对气候变化则是价值问题。人们往往关注世界"如何运转"的实践性问题，却常常忽略世界"应当怎样运转"的规范性问题。前者是自然科学、经济学等关注的对象，后者则是伦理学关注的对象。实践性问题是价值中立的事实问题，如温室气体的历史排放量与减排总量的计算问题；规范性问题则是与伦理价值相关的问题，如温室气体历史排放责任的认定与减排总量在不同国家与人群之间的分配原则问题。[1]

气候变化正引起深刻而重大的伦理问题。究其原因，它有三大特性：其一，气候变化影响的全球非均衡性。在这个相互依存的世界上，没有一个国家不会受到气候变化的影响，但最脆弱、最贫穷的国家和人民会首先受到影响，而且程度最深，即便其在引发气候变化方面的作用力最小。其二，责任者与受害者之间的错位性。气候变化的挑战具有全球性，一国排放温室气体却造成另一国的气候变化问题。其三，时间上的滞后性，往往是前人排放，后人遭罪。[2]

《联合国气候变化框架公约》第二条规定："本公约以及缔约方大会可能通过的任何相关法律文书的最终目标是：根据本公约的各项有关规定，将大气中温室气体的浓度稳定在防止气候系统受到危险的人为干扰的水平上。"这一目标涉及两个主要问题：怎样才算对气候系统的危险干扰？我们应当如何应对气候变化？这两个问题不仅涉及自然科学研究与经济学计算，更涉及人类的价值判断与利益取舍。自然科学帮助我们理解温室气体排放如何转变为气候变化，并产生对生态系统、人类和自然环境的实质影响，但是迄今为止的气候变化科学只是发现危险随温室气体浓度的上升而增加，却并未在安全与危险的温室气体浓度之间设定一个明确的阈值。因而，确定什么样的危险是可以忍受的，就是一个需要人类做出价值判断的问题。同时，由于世界上存在着十分广泛而不同的利益和立场，从而可能存在应对（或不应对）气候变化的多种方式与可能性。对各种应对气候变化措施的过程和结果进行评判也离不开伦理道德的参与。虽然我们确定了总体的减排量，但是减缓气候变化的行动及其负担如何可能在不同的国家之间与代际进行合理的分配？如果当前的温室气体排放会影响尚未出生的未来人的生活质量，那么当前世代对未来世代负有什么道德义务？分配给当代人的剩余排放空间又如何在国家之间和国家之内进行分配？对于那些不成比例地遭受气候变化伤害的人，气候变化的主要制造者或受益者是否应当向他们提供补偿？这些问题都涉及对全球变暖之后果（负担与收益）在当今和未来生活在地球上的人们之间进行分配的伦理道德判断。[3]

---

[1] 史军. 自然与道德：气候变化的伦理追问 [M]. 北京：科学出版社，2014：8.

[2] 李春林. 气候变化与气候正义 [J]. 福州大学学报（哲学社会科学版），2010（6）：46.

[3] 史军. 自然与道德：气候变化的伦理追问 [M]. 北京：科学出版社，2014：8-9.

气候变化的后果是灾难性的，气候变化所造成的干旱、洪水、饥荒等都会对人类的权利造成严重伤害，而且气候变化会对弱势群体的权利造成更大的伤害，例如，气候变化对穷人、儿童、老人、少数群体、残疾人等的健康威胁更大。气候变化还会影响许多不同类型的价值，例如文化价值与社会价值、动物福利，以及许多学者认为自然界所拥有的内在价值。人类福利是一种重要的价值，但很难说是唯一的价值。因此，我们应对气候变化就不仅仅是在维护人类的生存与发展，也是在保护自然与社会价值。①

气候变化的科学事实会引发我们对这样一些价值问题的思考：

（1）既然气候变化是由于人类大量生产、大量消费所排放的温室气体造成的，那么，我们人类自身不断膨胀的消费欲望是否应当受到限制？穷人为生存而排放的温室气体也应当受到限制吗？每个人应当得到多少温室气体排放权？地球上一部分人的奢侈排放引起了气候变化，却对另一部分人造成了伤害，无辜的受害者是否应当得到补偿？

（2）既然气候变化是人类工业化进程的结果，那么，发达国家还是发展中国家应当承担更多的减排责任？减排责任应当根据什么原则进行分配？发展中国家是否有权利过上与发达国家相同的高排放生活？

（3）既然温室气体排放是人类经济发展过程中一个必然的副产品，并且地球吸收温室气体的能力有限，那么，对于所剩不多的排放空间，我们如何分配这一极度稀缺的资源才是公正的？发达国家是否要对解决气候变化问题负有更大的责任？

（4）既然人类的工业化进程也是一个资本主义自由市场的实践过程，那么，自由市场模式应该为气候变化负责吗？信奉自由市场的经济学家们是否有可能解决气候危机？气候经济学的成本效益分析是否存在伦理缺陷？

（5）既然气候变化与工业革命以来科学技术的广泛应用有着密不可分的联系，那么，我们是否能够完全依赖"以技术克服技术"的路径？为拯救地球于危难，充满风险与不确定性的气候地球工程是否值得一试？气候地球工程的可能性是否会成为阻碍我们减排的借口？

（6）既然最有可能受到气候变化影响的人可能还没出生，当代人所做出的气候决定可能会影响未来世代的生活，那么，当代人是否因温室气体排放而对后代负有责任？代际气候正义是否可能？当未来人的利益与当代人的利益发生冲突时，应当如何抉择？

这些"伦理价值问题"的凸显使得"科学事实问题"变成了次要问题，因

---

① 史军. 自然与道德：气候变化的伦理追问［M］. 北京：科学出版社，2014：9－10.

为盲目地使用科学技术和经济手段应对气候变化，不仅无助于气候问题的解决，反而会使问题变得更糟糕。例如，新能源技术可以降低汽车的单位里程能耗，财政补贴或税费优惠可以鼓励人们购买更节能的汽车，却不能降低汽车的拥有量、使用率、行驶里程等，反而可能促使人们更多地购买和使用汽车，使汽车的温室气体排放总量大幅增加。

人们不将气候变化作为伦理道德问题来理解，是因为个人和国家的行为方式虽然都是理性的，却对环境造成了破坏。个体自利的行为结果会损害公共利益。在气候变化问题上，并不存在孟德威尔在《蜜蜂的寓言》中所指出的"私恶即公利"的现象。每个人为了个人利益而排放温室气体的结果，并不会带来全球大气环境的福利。面对大气排放空间这一公共物品，如果没有伦理道德关系的制约，自利的"经济人"就必然会"搭便车"。① 最终结果是，每个人都不愿付出边际成本来改善这种能够使大家受益的气候，最终造成"没车可搭"的后果。

另外，在应对全球气候变化过程中，还存在一种"先上车者的道德悖论"："先上车"的发达工业化国家——曾在大气排放空间充足时大肆排放温室气体——谴责"后上车"的发展中国家大量排放温室气体是不道德的。但是，"先上车"的发达国家难道不应该承担更多的减排责任，并向"后上车"的发展中国家伸出援手吗？②

气候变化所凸显的这些问题，决定了必须将它作为一个伦理道德问题来理解。在某种意义上可以说，伦理道德问题几乎是所有与气候变化相关的政策的基础。大气中温室气体浓度与温度上升的关系是科学问题，但全球长期减排目标的确定和减排义务的分担则是伦理问题，涉及世界各国应如何公平地承担应对气候变化的责任和义务。以伦理视角审视气候变化有助于弱势群体的权利保护，有助于达成应对气候变化的全球伦理共识，从而推动合理气候政策的出台。

┃二┃ 应对气候变化的个体责任

大气排放空间属于一种公共物品，个人为了追求私人的享受和利益通过排放温室气体污染了它。这些排放物通常是有害的，对他人和对排放者自身一样有害。但每个排放者因其排放而获得的收益，要大于其导致的污染增多而不得不丧失的利益，于是，为了个人利益会继续排放。换言之，排放对个人而言较

---

① 史军. 自然与道德：气候变化的伦理追问［M］. 北京：科学出版社，2014：10.
② 史军. 自然与道德：气候变化的伦理追问［M］. 北京：科学出版社，2014：10.

大的可见收益，足以让其忽视排放对所有人造成的损害。当自利的"经济人"与公共物品相结合时，如果没有伦理关系的制约，那么必然会产生"搭便车"的现象。没有一个消费者会因为大气空间是一种公共物品而愿意为恢复或维持它进行个人支付，就像国防与其他公益一样。虽然每个人都需要一个适度的清洁环境，这是全人类健康的需要，但是，因为个人与其他人一样不可能阻止自己以外的人对清洁环境的拥有，所以它就不是任何人的私有财产，也就没有一个人愿意付出代价。人人都想做"搭便车者"。不可避免的事实是，没有人为它付出，它不再被生产出来。

人们面对气候变化时存在一个悖论：既然全球气候变暖所带来的危害在人们的日常生活中不是具体的、直接的和可见的，那么，不管它实际上有多么可怕，大部分人就依然袖手旁观，不做任何具体的措施。但是，一旦情况变得具体和真实，并且迫使他们采取实质性行动时，一切又为时太晚。可见，气候变化是一个经典的"公地问题"，并会酿成"公地悲剧"。假如有一个对村子里所有牧民都开放的大草原，牧民们可以在这个草原上放牧、饲养家畜。每个牧民都会十分自然地寻求自己收益的最大化，这是个人主义的逻辑结果。在努力为自己获取最大利润的过程中，牧民们或多或少会有意识地考虑：自己多增加一头牲畜会带来什么样的效果。积极的效果就是因多增加一头牲畜而从中获利；消极的效果则是增加牲畜会导致过度放牧。然而，过度放牧的后果却是由所有牧民共同承担的，单个牧民仅仅承担总的后果的一部分。当积极效果与消极效果放在一起时，人们看到的就只有纯收益。每个牧民都感到自己被驱使着不加节制地增加牲畜数量，直到大草原因过度放牧而不能再为牧民所用为止。每个牧民都奔向毁灭草原的最终目标，大家都在一个信仰公众自由的社会中追求自己的最大利益。存在于公众中的自由将毁灭性后果带给了所有公众。

很多自然资源都是如此。海洋、空气和臭氧层对我们而言就像牧场对牧民一样重要，却没有人可以拥有它们。在追逐自己的快乐、收获或者更偏爱的生活方式时，只要不直接影响他人，每个人都可以自由自在地利用这些自然资源，从长远来看，每个人终将受到伤害。例如，每个人单独排放温室气体不会对气候产生什么影响，但如果全球大部分人都长期超量排放温室气体，大气排放空间这一公地资源就会被破坏，最终使所有人受害。在一个公地有限的世界里，每个人都陷入了一种无限度增加自己牲畜数量的境地。在一个信仰公地自由的社会中，每个人都追求自身的最大利益，而所有人都在奔向的目的地就是毁灭。公地自由给所有人带来毁灭。

有些人认为，个人对气候变化是不负有责任的，因为单独的个体行为不会导致气候变化，只有个人与他人的行为结合到一起才会造成伤害。个人对气候变化没有责任是因为个人对全球问题的影响是极小的，所以气候变化应该被理解为集体问题而不是个体问题。

如果每个个体都是自私的，气候变化这样的"公地悲剧"就迟早会出现，气候变化问题就是个体的排放积少成多造成的。全球变暖是人类活动，尤其是人类大规模工业化的结果。在个人层面，气候变化问题的出现是个人主义所鼓励的人对物质利益的贪婪追求造成的恶果。个人主义对自我利益的追逐会导致理性的新古典经济学行为人把自然资源利用到枯竭，如果所有的行为人都这样做，像海洋和大气层这样的公地就会退化。个人的自我利益能够导致集体的环境灾难。也就是说，在全球气候变化的背景下，个人主义理念与人类生存之间产生了激烈的矛盾。个人主义信奉新自由主义的核心设想，就是用放任经济增长和解除对商品贸易及货币市场的管制的方法拯救世界，让世界更"美好"，而这个设想和解救生态系统、应对气候变化是背道而驰的。个人主义者必然会追求能使个体功利总量最大化的个体功利原则。依据个体功利原则，温室气体排放量的分配应当能使受到影响的人们获得最大的幸福，而这种最大的幸福的关键在于满足每个人对"美好"生活的追求。在目前人类短期内无法从根本上改变其生产方式的情况下，占用更多的温室气体排放空间是实现每个人"美好"生活的前提条件。但这种功利主义的问题在于：只关心个人偏好的满足，却不反思偏好本身是否合理。如果一个社会仅仅满足个人无论是否合理的偏好，那么这种制度安排就很可能蕴含着集体的恶。当前人类面临的严峻的生态危机，在某种意义上讲，正是这种集体的恶的具体体现。况且，功利主义得以完全满足的前提是我们拥有无限的自然资源，很不幸的是，气候问题的出现再一次告诉我们这样的前提并不存在。

全球气候合作之所以举步维艰，关键在于冲突各方的价值观和利益的多元化，而各方为自身利益辩护的价值基础就是对个人权利的捍卫。从这个意义上讲，如果人类社会仍然在个人主义和现有发展模式的框架下讨论气候问题，那么必将导致集体行动的失败和"公地悲剧"的发生。因此，在正当与善之间保持必要的张力是构建应对气候变化制度设计的必要前提。

如果个人需要对气候变化负责，那么，个人具体应当负有多少责任？负有哪些责任？应如何负责？温室气体排放会伤害他人，这是否意味着我们所有排放温室气体的行为都是不道德的？虽然我们要对个人的温室气体排放负责，但也只是有限责任。原因在于，我们无须为自己的所有温室气体排放行为承担责任，而只需为那些超过我们个人公平份额的排放负责。我们究竟可以排放多少温室气体是伦理学家无法精确回答的问题，因为将个人在减少温室气体排放上的责任进行量化，具有相当大的复杂性。虽然很难明确要求我们排放多少，但可以对那些超过其公平份额的高排放者予以强烈的伦理谴责。

按照能力原则，可以用社会经济地位来衡量某一个体在应对气候变化时所应负的责任程度。一般来说，一个人的社会经济地位越高，其越可以在没有重大私人损失的情况下更大程度地减少对环境造成的负担。人们越富裕，就消费得越多。因此，在其他方面同等的情况下，个人在一个国家中的社会经济地位越高，其给予环境的负担就越重，并且从环境不公正中获益越多。因此，一个生活在发达国家的中等收入者应当承担更多的责任，理由在于：他比一个生活在欠发达国家的中等收入者有更多的应对能力——能力原则；他的生活是过去与现在世界上不公正行为的既得利益——受益者付费原则；他所购买的商品之所以更为廉价，是因为工厂被转移到第三世界国家，从而避免了高额的排放成本、污染成本和商品制造中消除有毒化学物质的成本——污染者付费原则；他的食物之所以廉价，是因为运用了那些劫掠地球并将隐藏成本传递到后代无辜成员身上的耕作方法——历史责任原则。

要防止整个气候系统的变化既不可能，也超出了我们个人能力的范围。应对整个气候系统变化的计划如此庞大与纷繁，如果让个人竭尽全力实现这个计划，就意味着要其将整个生命奉献给应对气候变化事业，弃绝所有不相关的活动、快乐、亲情和才艺，减少所有高排放属性的价值偏好，而这可能会使其生活变得悲惨。幸运的是，正义对我们个人的要求并没有这么多，它仅仅要求我们做力所能及的事情。

那么，在我们的能力范围内，我们有没有责任去做些什么以防止气候变化呢？尽管很难精确地确定个人的温室气体排放限额，却很容易指出个人的哪些温室气体排放行为可能存在伦理负担。例如，购买多套住房、家庭过度装修、不断购买最新款手机、食用遥远产地的食物、使用一次性用品、过于频繁地清洗汽车等行为，都可能造成不必要的浪费性排放，因而都存在气候伦理问题。个人有责任减少浪费性消费行为，以减少温室气体排放。例如，温室气体排放超过其公平份额的人，不应该购买需要消耗大量化石燃料的汽车或卡车。同样，个人不应该购买并不迫切需要的会消耗大量化石能源的大房子。

我们确实有义务去做这些事情，我们的生活也确实需要改变。我们不能以一种方式保护环境，却以另一种方式破坏环境，例如，以大量浪费水资源的方式去种树。我们不能只谴责他人是气候变化问题的制造者，却拒绝承认自己的责任。我们应当改变自己舒适的物质生活，更少地消费——个人的消费还常常因不公正的国际贸易而包含了对更穷国家中穷人的气候不公正，更多地从精神与道德的层面寻找生活的乐趣。积极承担应对气候变化的个体责任在许多情况下对个人和气候而言是双赢的，我们的健康、钱袋与环境之间存在着一种相互增进的关系：如果我们步行或骑自行车去工作，可以在减少温室气体排放的同时，节省金钱并且获得极好的锻炼。减少消费不仅节省了我们自己的金钱，也拯救了地球，在这个意义上，地球就掌控在我们的钱袋之中。

三 气候变化与全球正义

大气中温室气体浓度与温度上升的关系是科学问题，但全球长期减排目标的确定和减排义务的分担则是全球正义问题，涉及世界各国应如何公平地承担应对气候变化的责任和义务。当前发生的大多数气候变化都是由生活在富裕国家的人们造成的，他们从能源的使用中受益，同时也因使用能源而造成了气候变化。然而，气候变化的许多负面影响却是由那些生活在贫穷国家的人们承受的。富国受益，却对穷国造成了伤害，这是不正义的。

从全球正义的层面来看，那些享受工业化以及增加温室气体排放益处的人往往并不是受气候变化负面影响最大的人。发达国家对很大比例的历史排放负有责任，而这些排放所产生的成本却不成比例地由欠发达国家承担。气候危机可以视为发达的资本主义国家占用发展中国家及被边缘化的国家的生态空间。发达国家历史上过高的人均排放量，已过多占用全球所允许的碳排放空间。由于发达国家的过度占用，世界各国已不可能重新按公平原则划分和使用碳排放空间，发展中国家将永久失去按公平原则使用碳排放空间的机会，也失去了和发达国家一样利用大气空间公平发展的机会。当前的问题是，发展中国家的碳排放空间继续被大量挤占，未来发展空间严重不足，在气候变化负面影响日益强烈的情况下，发展中国家如何实现可持续发展？可见，气候变化背景下全球正义问题的实质是平等与发展，因为气候变化利益与负担的分配直接关系到发展中国家人民的生存权和发展权。①

全球变暖问题的主要肇因是发达国家的累积排放，因此发达国家应当在承担气候变化的责任上起主要作用，并允许欠发达国家在可预知的将来增加排放。这类似于一种历史原则，即要求一个人"收拾自己的烂摊子"：工业化国家应当为其过去的错误行为负责。另一种路径是将地球吸收人为碳排放的能力视作一种"公共资源或公共水池"。既然地球吸收碳排放的能力有限，那么就必须考虑如何正义地分配这种能力。由于发达国家在工业化的过程中极大地消耗了这种能力，并使其他国家使用自己份额的机会减少，因此，正义原则要求发达国家为其过度使用份额而补偿欠发达国家。换言之，如果你夺取了一种对我的生存

---

① 史军. 自然与道德：气候变化的伦理追问 [M]. 北京：科学出版社，2014：147.

非常重要的资源份额，那么你就有义务帮助我，即使你当时完全不知道自己在干什么；当你的过度使用剥夺了我使用自己的份额以摆脱你所造成的困境的可能性时，尤其应该如此。①

正义原则的一条要求是，我们不应为了自己的利益而伤害他人。当对他人的伤害无法避免时，则需要做出补偿，这就是补偿正义。罗尔斯认为，只有当社会和经济上的不平等能够为所有人带来利益补偿，尤其是为社会中的弱势群体带来利益补偿时，才是正当的："为了平等地对待所有人，提供真正同等的机会，社会必须更多地注意那些天赋较低和出生于较不利的社会地位的人们。这个观念就是要按平等的方向补偿由偶然因素造成的倾斜。遵循这一原则，较多的资源可能要花费在智力较低而非较高的人们身上。"② 也就是说，正义的一个重要作用就是对个体造成的不正义进行矫正，而矫正的一个重要途径就是补偿。补偿正义原则要求使受到破坏的不平等情况尽可能恢复到最初的平等状态。如果社会成员的权利和利益受到了侵犯，那么补偿正义就要求偿还属于受害者的东西或对其损失进行补偿。

如果气候变化对穷国造成的伤害很严重，并且穷国缺乏保护自己的手段而富国能够相对容易地提供援助，那么认为富国没有义务提供帮助就是一种谬论。根据正义原则，富国对解决气候变化问题负有特殊的义务，应当对遭受伤害的穷国予以帮助和补偿。所以，发达国家有义务在将来减少温室气体的排放，并因其过去排放所造成的伤害而对受害国家予以补偿。同时，发达国家也有更大的能力处理全球气候变化所造成的危害。

"共同但有区别的责任"是国际环境法的一项基本原则。该原则认为，世界各国都共同负有保护和改善环境的义务，但出于历史、经济、发展等原因，各国所承担的义务应该有所区别，发达国家在现阶段应当对全球气候变化承担更多的责任。"共同但有区别的责任"原则包含着两方面的含义：首先，强调的是责任的共同性。由于大气系统具有很强的整体性、关联性，要求世界上各个国家不分大小、贫富、强弱，都应当对保护大气环境承担共同的责任。其次，共同的责任并不意味着"平均主义"。虽然每一个国家不分大小、贫富、强弱，都对保护大气环境负有共同的不可推卸的责任，但出于全球气候变化问题形成的历史和现实原因，发达国家应当比发展中国家承担更大或者主要责任。

然而，许多发达国家却将这项原则弱化为"对发展中国家的优惠待遇"。

---

① 史军. 自然与道德：气候变化的伦理追问 ［M］. 北京：科学出版社，2014：91 – 92.

② 罗尔斯. 正义论 ［M］. 何怀宏，何包钢，廖申白，译. 北京：中国社会科学出版社，1988：101.

"共同但有区别的责任"与"对发展中国家的优惠待遇"之间有着质的差别：尽管两者在实现形式上都表现为发达国家为发展中国家提供资金、技术等援助，但它们有着完全不同的伦理价值基础。"对发展中国家的优惠待遇"是建立在南北国家发展不平衡的现实基础上的。发达国家给予发展中国家种种优惠的内在动因是出于道义、国家形象和国际战略等方面考虑，并常常以人权或民主等文化和意识形态输出作为经济援助的前提条件。而气候变化领域"共同但有区别的责任"原则的基础是对过错负责、污染者付费原则和公平原则，是为了维护发展中国家及其人民的基本生存权和发展权，其内在动因是发达国家为自己过去的行为负责，而不是高高在上的仁慈或施舍。因此，资金、技术和能力建设支持的主导权不应掌握在发达国家手中，更不能附加任何条件。发达国家承担主要责任是对其自身过错的弥补，而不是对发展中国家的善行或施舍。人类社会每个成员都有改善和提高自身福利水平的权利，也都有平等享受大气空间资源的权利。

技术转让与合作是解决气候变化中全球正义问题的关键。对正处于工业化、城镇化快速发展阶段的发展中国家来说，能早一步使用气候友好技术意味着可以早日减少国家发展过程中累积排放的温室气体，从而有可能步入一条不同于发达国家牺牲气候换取经济发展的新轨道。《联合国气候变化框架公约》及其议定书也明确了发达国家有义务以优惠条件向发展中国家转让气候友好技术。发展中国家的低碳发展需要发达国家在资金、技术和能力建设等方面的有效支持。发展中国家既面临着越来越严重的气候变化的不利影响，更面临着贫困、饥饿、健康、教育等诸多挑战。发展中国家应对气候变化要协调减排和发展之间的关系，要有助于实现可持续发展和脱贫的目标，而技术水平落后、资金短缺是应对气候变化、实现低碳发展的障碍和瓶颈。若发达国家不能及时有效地向发展中国家进行大规模的技术转让，发展中国家当前社会发展的高排放特征就会长期存在。未来全球长期减排的目标越紧迫，可接受的全球温室气体排放量就越小，发达国家挤占发展中国家排放空间的份额就越大，为发展中国家保留的发展空间就越小，发达国家提供资金和转让技术的责任也就越大。

要使全球气候正义成为可能，发达国家就必须放弃"以邻为壑"的固有观念，将正义共同体扩展到全球范围，承认地球上所有人在气候变化利益和负担分配中的成员资格。换言之，使全球气候正义有意义的唯一方式，就是将全体人类看作一个正义的政治共同体。

将正义共同体扩展到全球范围还存在着一些文化心理上的阻碍。我们为什么把本国公民的利益放在远高于其他国家公民的地位上？我们为什么对自己的民族同胞有着更强的认同感与"队友之情"？我们之所以认为在民族同胞与国家公民之间存在着特殊的义务，主要是情感因素在起作用。追根溯源，从根本上说，这体现出人们的一种偏爱"同类人"心态，也类似于儒家"亲亲及仁"的道德扩展主义。

从全球气候正义的角度来看，这种偏爱的心态同样是扩展全球正义共同体范围的大敌。如果人们关心他人的范围止步于国家的边界，那么他们会想当然地认为国家的边界具有道德上的重要性，认为让自己的同胞处于气候变化利益和负担分配不正义的状态比让别国公民处于这种状态更糟。这表明，人们不但倾向于在国家共同体内部分配气候变化的利益，而且倾向于让国家共同体之外的陌生人来承担气候变化的后果。发达国家和跨国公司通过自由贸易把大量高排放、污染密集型工业转移到第三世界国家，就是这一倾向的典型例子。

可见，气候变化对全球正义共同体提出了深刻的要求。如果仅仅将共同体的边界限定为国家，那么发展中国家将打着全球分配正义的旗号重复发达国家高排放的工业化发展模式，而发达国家也不愿降低自己高排放的"现代化"生活方式，最终等待我们的可能是气候灾难。因此，人类必须跳出狭隘的权利与正义的观念，建构一种更具包容精神的全球正义共同体观念。

四 | 气候变化与代际正义

气候变化与其他问题的区别不仅在于其影响的全球性，也因为它主要是一个关乎未来的问题。如果当代人只顾眼前利益，为满足自身欲望过量排放温室气体，对大气环境造成了不可挽回的损失，就构成了对后代人的伤害，就是对后代的犯罪。当代人必须代表后代人做出决定。如果由人类活动所造成的气候变化会威胁到未来世代的福利，那么正义理论必须对此做出解释，这就是代际气候正义问题，即当前世代如何可能对遥远的未来世代负有气候正义的义务。

无论我们如何减少温室气体的排放并适应气候变化的影响，气候变化都将改变跨时间与空间的利益与负担分配。因此，我们可以预见，气候变化不仅加大了发达国家与发展中国家之间的不平等，还损害了未来世代的福利。换言之，气候变化不仅改变了当代人之间利益与负担的分配，同时也改变了当前世代与未来世代之间利益与负担的分配。当代人之间的分配问题属于代内正义的范畴，不同世代人之间的分配问题属于代际正义的范畴。一般来说，代际关系探讨中提及的"未来世代"，是指其生活与当代人没有任何时间重合点的人。

气候变化与代际正义理论相关性的基础在于：最有可能受到气候变化影响的人可能还没有出生，当代人所做出的气候决定可能会影响未来世代的生活。对于那些还没有来到世上的人来说，他们有相同的权利吗？如果我们确信后代人真的会存在，就很难想出他们拥有的权利为何会比我们少的论据。如果我们不考虑代际气候正义这个重要问题，对公平正义的解释就是不完全的，因为任何具有说服力的正义理论都不能忽略人们出生和死亡这一事实，而且我们的行为可能会对那些还未出生的人们的利益产生严重的影响。如果正义理论不能认识到对遥远未来世代的义务，那么这个理论在其最重要的本质方面就是不充分的，这一理论在处理气候变化问题时也是存在不足的。但是，代际气候正义理论不应该仅仅满足于这样一种对正义的描述，而必须追问它能够为气候变化利益和负担在当前世代和未来世代之间的分配提供怎样令人信服的指导说明。

许多正义理论家可能会认为，代际气候正义的背景中缺乏正义关系的一个重要前提，即相互性，因为未来世代既不会带给我们伤害，也不会使我们受益。罗尔斯这样描述这一困境："各代……之间的实际交换仅仅按一个方向发生，这是一个自然的事实。我们可以为后代做事，但后代不能为我们做事。这种状况是不可改变的。"[①] 但当代共同体主义者艾维纳·德夏里特通过对共同体构成要素的重新界定，为当前世代与未来世代之间的代际正义提供了一条可能途径。他认为，"对于一群人而言，符合主要条件的三分之一就可以算作一个共同体。这些条件包括人们日常生活、文化交流与道德相似性之间的互动"[②]。德夏里特指出，虽然第一个条件即日常生活的互动在代与代之间无法实现，但是后两个条件在代际相互承继和重叠的意义上能够得到满足。例如，当代思想家与未来的思想家之间就存在着文化的互动。可见，他通过代与代之间持续的文化和道德相似性观念，肯定了"现实的跨代共同体"之间存在代际正义的可能性。

另一种反对代际气候正义的观点认为，未来世代缺少拥有权利的必要条件，即存在性。他们的存在取决于我们的选择，什么样的人会存在取决于我们现在的所作所为。查尔斯·托利弗指出，要想拥有权利，首先必须存在。我们怎么会受到这样一种选择的伤害——如果没有这种选择，我们根本就不会存在？克拉克·沃尔夫称这种选择为"决定身份的选择"，因为"我们做不同的选择就会出现不同的人"。埃德温·德拉特也认为，存在自身应该被视为其他权利的先决条件。诺顿进而得出结论，向可能的未来世代分配生命权，不仅在理论上不连贯，还在实践上有弄巧成拙之嫌。按照这些推理，未来世代不能声称他们的利益受到了过去行为的侵犯——如果没有过去的那些行为，他们根本就不会出生。因此，我们目前对大气环境所做的任何事情都不可能会对尚不存在的遥远未来世代造成不正义。

---

① 罗尔斯. 正义论 [M]. 何怀宏，何包钢，廖申白，译. 北京：中国社会科学出版社，1988：281.

② 罗尔斯. 正义论 [M]. 何怀宏，何包钢，廖申白，译. 北京：中国社会科学出版社，1988：281.

　　有学者从利益的视角出发，对这种"不存在"即不拥有权利的观点进行了反驳。其认为，拥有权利的前提条件并非存在自身，而是对利益的占有。为什么岩石存在却不拥有权利，而人类却拥有权利呢？"能够拥有权利的存在物，就是那些具有（或者能够具有）利益的存在物。……由于未来世代拥有生活空间、肥沃的土壤、清新的空气诸如此类的利益，因此他们有实现这些利益的权利。"①未来的人无法对现存的人提出要求，但这不意味着他们就没有这项权利。如果某人有一项权利，那就意味着其他人有相关的义务，却并不意味着权利持有者有能力强迫其他人履行这些义务。因此，从未来的人无法提出他们的要求这一事实，并不能直接得出他们没有权利，或者在我们与遥远的未来世代之间没有"正义的义务"。我们当前的行为会决定未来世代的生存环境，我们的选择也会对他们生活的好坏产生深刻的影响。如果我们的行为使他们的处境更糟，这意味着我们已经伤害了他们的权利，或者说我们的行为是不正义的。

　　还有人从经济学的角度反对当代人对未来世代所负的气候义务。其认为，随着经济的增长，未来世代将比当前世代富裕。通过削减当前贫困世代的消费来提升未来富裕世代的消费，是一种倒退。从当前世代拿一元钱转移给未来世代，就像是从一个穷人那里拿一元钱交给一个富人一样，是对当前世代的不正义。另外，当前世代的高消费，也会造成高投资，并传递给未来世代，就像太平洋上的瑙鲁国一样。瑙鲁岛是太平洋上的一个小岛，由鸟粪所造成的珊瑚礁组成。这些鸟粪是很值钱的肥料，瑙鲁的居民一直在开采这种自然资源。鸟粪的销售收入被投资于澳大利亚的房地产和其他资产，以期在这唯一的资源耗尽时，为居民提供未来的收入与消费。让瑙鲁的居民竭力维持不幸的生活，以使他们的珊瑚礁自然储备原封不动地移交给未来世代，这是十分荒谬的。然而，这个例子正反映了代际气候正义问题与一般代际环境正义问题之间存在的差异：一旦最不幸的全球变暖真的发生，将没有可供选择的其他大气环境供人类生存，就像如果所有的陆地都被海水淹没，瑙鲁的居民将无处安身一样。

　　虽然代际正义包括了"过去人欠当代人什么"及"当代人欠未来人什么"这两个层面，但在实际讨论中，代际正义主要或仅仅指"当代人欠未来人什么"。因此，国际气候谈判在应对气候变化问题上不断强调代际气候正义，实际上是要求所有当代人抛开历史责任，不计前嫌，为了未来人而共同减少排放。其中可能隐藏着发达国家的一个"阴谋"：放弃自己的历史责任。按照代际正义，当前世代对未来世代负有正义的义务，要求当前世代为了尚未出生的后代

---

　　① Feinberg, Joel. The rights of animals and unborn generations [C] //E. Patridge, ed. *Responsibilities to Future Generations*. New York：Prometheus Books，1981：143.

人的利益而大量减排，以保护未来世代的基本权利。但是，是否当前所有人，无论贫富，都负有对未来世代相同的减排义务呢？如果当代人要为此付出巨大的成本，例如，大量减排可能会使当代人大量饿死或冻死（从而直接影响未来人的存在），那么这种减排是否可行？让极度贫困的当代人为了尚未出生的后代人减排是十分值得怀疑的。许多人认为，当前世代有足够的能力为了未来世代减排，换言之，当前世代减排的成本在可承受的合理范围之内。但问题在于，并非所有当前国家与人群的减排能力都相同，整个当前世代有能力为了未来世代减排，但是这种能力在国家与人群之间存在着不平等分配。因此，解决代际正义的关键仍在于代内正义，代内正义是解决代际正义的前提。可见，当前西方学者大量探讨代际气候正义，而对气候变化的历史责任则有意回避。一味强调难以预知的未来，其背后隐藏的动机可能是对其历史错误的逃避。之前的犯错者希望既往不咎，与之前的清白者共同承担对未来人的相同责任。为什么只为未来人改正错误，却不为当代人改正错误？最需要补偿的不是遥远的未来人，而是当前的受害者。历史上没有犯错的发展中国家是否可以申请"犯错权"，从而使双方站在相同的起点去承担对未来人的责任？当然，发达国家会说，它们过去的排放属于"无意"犯错，即当时人们并不知道温室气体排放会使全球变暖，并产生严重的负面影响，因而是可以"宽恕"的排放；但发展中国家当前的排放则属于"明知故犯"，是得不到道德支撑的"有意"犯错。可是问题在于，作为落后者，发展中国家是否有别的选择？或许它们也只有经过"犯错"才能成为发达国家。或许落后者总会"犯错"，因为所谓的"错误"总是由先行者试探出来的。那么，谁来让发展中国家不落后？发达国家是否可以通过资金与技术的援助使发展中国家不走它们曾经走过的"错误道路"？因此，算清历史账是讨论未来责任的前提，换言之，代际气候正义问题的真正解决必须以代内正义的实现为基础。如果当代人之间都无法就分配问题达成一致，又如何能期望人们有能力去考虑遥远未来世代的利益？搁置当代人之间的代内正义问题而大量讨论与未来世代之间的代际正义问题，这难道不是对解决代内正义问题的无能与有意回避？[①]

五 ▎气候地球工程的伦理反思

在气候变化及其影响日益严重而全球减排遭遇巨大阻力以及国际气候谈判陷入僵局的情况下，人们自然而然地希望能够借助某种"医学技术手段"快速

---

① 史军，卢愿清，郝晓雅. 代际气候正义的陷阱［J］. 阅江学刊，2013（3）.

治愈这颗变得过热的星球，将人类从气候危机中拯救出来。气候地球工程就是有可能快速阻止气候变化的一剂"猛药"，是能够拯救人类的最后一根"救命稻草"，因而获得了国际社会越来越多的关注。

气候地球工程是减缓和适应之外应对气候变化的第三种方式，又被称为应对气候变化的"B计划"（"A计划"指通过减缓与适应、节能、发展可再生能源等传统途径实现温室气体的减排）。减缓（mitigation）的目的是减少全球的人为温室气体排放，适应（adaptation）的目的是尽量减少气候变化的负面影响，而气候地球工程的目的则是调解大气中二氧化碳浓度升高的不利影响。如果把气候变化比喻成地球的疾病，那么减缓是通过温室气体减排手段预防最严重的气候疾病出现，适应是通过"身体锻炼"增强对气候疾病的抵抗能力，而气候地球工程则是通过各类"医学手段"对气候疾病进行治疗。

气候地球工程措施与减缓措施之间不是完全排斥的，在一些情况下，它们之间存在共同之处。例如，在增加碳汇上，气候地球工程就与减缓有重叠之处。IPCC将减缓定义为实施减少温室气体和增加碳汇的政策，而人工造林既可被看成一种气候地球工程措施，也可被看成一种减缓措施。另外，碳捕获与碳封存技术也是如此。捕获化石能源的电厂所排放的二氧化碳既可被视为一种减缓措施，也可被视为一种气候地球工程措施。不同机构对一些措施的分类也是不同的，例如，美国国家科学院将再造林措施和碳捕获与碳封存措施归类为气候地球工程（National Academy of Sciences，1992），但IPCC将其归类为减缓措施（IPCC，2007）。为便于区分，可规定"减缓"特指减少人为二氧化碳排放的措施，例如，避免砍伐森林和降低能源供给的碳密度。于是，能源供给中的碳捕获与碳封存技术就可归类为减缓措施，而从大气中消除二氧化碳则是一种气候地球工程措施（二氧化碳移除）。

气候地球工程试图通过以下途径校正当前的辐射不平衡：①增加流出的长波辐射，主要是通过移除大气中的二氧化碳并将其长期隔离封存（二氧化碳移除）；②减少射入的太阳辐射（太阳辐射管理）。气候地球工程包含的原理有：提高海洋或植物对二氧化碳的吸收率或封存率，折射或反射大气层中的阳光，以及将使用能源所产生的二氧化碳封存在水库中（世界银行，2010）。

从广义上看，气候地球工程可以分为两类：

第一类为太阳辐射管理（Solar Radiation Management，SRM）或太阳地球工程（Solar Geo-engineering），即通过工程技术手段减少地球对太阳辐射的吸收，将一小部分太阳辐射能量送回太空，减少到达地球表面的太阳光，从而抵消大气中温室气体导致的气候变暖。太阳辐射管理的主要方法包括：太空"散热"（如在太空2 000千米处放置25万平方千米的"太阳伞"，可以减少太阳辐射

1%～2%）、往平流层注入气溶胶（如在平流层中喷射气溶胶，增加大气的反射率）、云层反射（如在海洋覆盖白色泡沫，往海洋上空注入海盐气溶胶）、改变地表反照率、使卷云变薄等等。

第二类为二氧化碳移除（Carbon Dioxide Reduction，CDR），即通过大规模的技术或工程手段减少大气中的温室气体含量，从而有效抑制地球增温。二氧化碳移除方法主要包括：直接捕获二氧化碳（如直接从空气中提取出二氧化碳并将其封存在地壳或海洋中）、化学反应捕获二氧化碳（如通过二氧化碳与岩石、矿物进行化学反应，减少大气中的二氧化碳）、改变土地用途（如通过增加森林覆盖率以吸收更多的二氧化碳）、海洋施肥等等。

气候地球工程被提上议事日程的原因可归结为以下五点：①全球减排目标无法实现，未来的排放仍将大幅增长，IPCC所假设的未来单位GDP能耗与排放下降幅度或许过于乐观；②即使减排目标能够实现，也可能无法阻止危险的气候变化，甚至可能加剧全球变暖，因为在减少二氧化碳排放的同时，能够阻挡和反射太阳光的硫酸盐气溶胶排放也会减少，从而抵消减排所减缓的变暖；③一些气候地球工程措施似乎有可能在不减少温室气体排放的情况下稳定气候，或可为减排争取时间；④一些人认为气候地球工程比减排更廉价；⑤在气候地球工程的研究、建设和运行等方面都潜藏着巨大的商业利益，可以创新商机，吸引企业的投资兴趣。

然而，以上理由都是存在问题的。尽管气候地球工程可能是人类的最后一根"救命稻草"，气候地球工程的实施可以起到减缓温室效应和气候变暖的作用，并在技术上有一定的可行性，但是，在其有效性、成本和环境影响方面还存在很大的不确定性。科学家和决策者也需要从政治与伦理层面重新思考气候地球工程。气候地球工程技术只是在减缓气候变化方面提供了一种可能的选择，但在实施之前还需要做大量的评估工作。如果仅仅从气候变化方面理解气候地球工程则过于狭隘，需要从更深的层面、更广的范围理解气候地球工程的研究及其产生的影响。在研究和实施气候地球工程之前，我们也必须分析其可能造成的生态、政治、军事、健康等方面的影响。对于气候地球工程的接受，不仅取决于技术可行性因素，还取决于社会、法律、政治和伦理领域的接受程度。需要从哲学、伦理学层面进行反思，探讨气候地球工程的研究和实施是否能够得到道德辩护，提出指导气候地球工程研究和实施的伦理原则。

用工程技术手段"扭转"人类活动对气候系统的负面影响，是否比用减缓与适应措施"阻止"气候变暖在技术上更便捷、在经济上更廉价、在生态上更安全、在政治上阻力更小、在伦理上更容易被接受？由于气候系统和气候地球工程的复杂性、规模的庞大性和技术的不确定性，人们无法对气候地球工程的潜在影响和可能造成的风险进行精确的预测和量化。在实际应用之前不可能在全球范围内进行大规模的气候地球工程实验，而只能依据计算机模型对其风险进行评估，而这种计算机模型也可能存在很大的局限性。因此，气候地球工程可能引发的无法预见的后果引起了人们的关注和担忧。气候地球工程在带来希望的同时也引发了巨大的争议。反对者和怀疑者以不安的眼光注视着气候地球工程可能带来的意想不到的后果。如果我们要安全持久地栖息在地球上，就需要气候系统保持安全稳定。气候地球工程在生态、政治、经济、社会、法律与伦理等方面所面临的挑战与技术方面一样大。气候科学、工程学、法学、经济学、政治学与伦理学等诸多学科的研究都是理解与应对气候地球工程挑战所必需的，气候地球工程的可接受性不仅取决于科学与技术因素，也取决于社会、法律、政治与伦理因素。我们每花一元钱了解如何真正实施气候地球工程计划，就需要再花十元钱来了解它将产生哪些冲击。如果我们无法承受气候系统的突发性、不可逆性、灾难性影响，我们在研究和实施气候地球工程之前，就必须充分考虑各类气候地球工程选项的潜在影响，评估其可能引发的风险，并从生态学、政治学、经济学、公共健康学、伦理学等层面对其潜在的影响进行全面的考查。

气候地球工程与风险社会之间也存在紧密的联系：以全球变暖为代表的自然环境变化增加了我们所面临的风险，而以气候地球工程为代表的技术又强化了这些风险。由于人类知识的有限性、气候系统的混沌性、气候变化及其影响的不确定性，我们无法准确预知地球系统（以及社会系统）的复杂相互作用以及可能产生的影响，因此，气候地球工程选项可能会打开"潘多拉魔盒"，产生意想不到的"无意识后果"，给地球生态系统和人类社会系统带来新的困境和灾难。什么会造成气候地球工程突然中止？人类文明面临的其他风险如流行病、战争或地磁风暴会使这类工程的维持变得更难。气候地球工程最严重的风险可能是气候灾难与人类灾难的联结。当生物圈变得依赖于人类基础设施的稳定性时，我们可能会在气候危机与其他危机之中不断受折磨（气候危机解决了，其他危机又来了）。

气候地球工程还会造成两个方面的道德风险。一方面，气候地球工程会阻碍减排：如果人类过多地依赖气候地球工程，但它未能在最后关头取得成功，那么人类就不可能再通过那时的加速减缓和适应来拯救自己。另一方面，气候地球工程会鼓励狂妄与自大：如果气候地球工程能够成功，就会鼓励人类的狂妄与自大，从而可能将人类置于新的、更大的环境挑战中，并使人类更不情愿通过政治、文化与伦理路径解决不正义和不可持续问题。

支持者将气候地球工程视为一种"未来技术"，认为它可以在未来把人类从最糟糕的气候危机中拯救出来。其逻辑结论是：新技术会造福世界，减少我们的碳足迹没有好处；面对气候变化，我们现在什么都不需要做，因为我们终将找到所有问题的技术解答方案，气候地球工程会终止地球系统的任何变化，使气温恢复到前工业化时期的稳定状态；减排无利于创造财富、无利于消除贫困；减排是对资源的不当利用。通常，更富裕的人、社会地位更高的人和掌握权力的人由于个人排放量更大，减排成本更高，从而更希望气候地球工程能够成为他们继续高排放生活方式的借口，即在他们身上出现道德风险的可能性更大。气候变化怀疑论者也不担心气候地球工程会将人们的精力从其他气候问题上转移过来。毕竟，如果一个人根本就不相信气候变化，也不认为要采取任何措施来应对气候变化，那么他当然也就不会认为气候地球工程所带来的道德风险是一种风险。

另一种支持气候地球工程的理由是将其视为拯救人类的"救世主"或最后一根"救命稻草"，以作为继续推迟减缓的借口。这一逻辑类似"死马当活马医"：对于最坏的处境抱有一线希望，做最后的尝试，以积极挽救。通常，更富裕的人更倾向于同意这样一种表述：知道气候地球工程是一种可能性，会使我们更不愿意改变自己的行为以应对气候变化。富人的碳足迹通常更多。碳足迹更多的人更愿意使用气候地球工程这一借口来避免个人行为的改变。对于那些碳足迹大或不愿减排的人来说，与其说气候地球工程的前景是"道德风险"，不如说是他们一切照旧的"道德许可"。另外，一旦气候地球工程进入政治家的视线，他们也可能会阻碍减排。

还有人认为，相比气候变化的风险，气候地球工程所造成的风险更小，因此是一种"较小的恶"。造成"较小的恶"的气候地球工程所遵循的是一种伦理上的"最小伤害"原则：首先考虑无伤害的减缓与适应选项，当无伤害的减缓与适应选项不能充分实现目标时，再考虑伤害性稍大的选项，以此类推。这种"最小伤害"是一种"必要的恶"。生活中最艰难的选择往往不是在"好与坏"之间做选择，而是在"坏与更坏"之间做选择。无论我们做何选择，总会牺牲某些重要的东西。无论我们选择什么，总会有人受到伤害。最糟糕的是，我们必须做出选择。我们无法等待更多的信息或建议再做出选择，而必须现在就做决定。这就像存在主义的选择焦虑：选择是人类存在的核心，即使选择不选择也是一种选择，选择没有好与坏之分，只有更好或更坏之分，完全自由的选择会导致痛苦或死亡，死亡是终极选择。

气候地球工程的道德风险在于，由于气候地球工程被视为解决气候变化问题的可靠方案，那么，通过温室气体减排应对气候变化就不应是首选项。或许只要人们采取更加积极的减缓与适应措施，就永远不需要气候地球工程。因此，气候地球工程的研发与推广可能会促进公众对气候地球工程的关注，并将气候地球工程视作减排的替代选项，从而阻碍减缓气候变化的努力。气候地球工程所反映的是全世界精英群体对穷人和弱势群体的掌控，正是由于掌握权力的精英群体不愿意减排，人们才会寄希望于气候地球工程。气候地球工程的成本如此高昂，而减少我们个人的碳足迹是如此廉价。西方国家从不正义的全球体系中获益，但其难以理解这种不正义，并且不愿意改变自己的行为和减少消费，却转而寻求新奇的争议性技术与适应措施来代替减缓。在这个意义上，所有对气候地球工程的讨论都意味着人类集体道德的失败，即未能在气候减缓上做出充分的努力。

气候地球工程可能是人类掌握的最强大的技术之一。它不仅给予了人类改变世界的能力，也认可、鼓励和强化了人类的狂妄与自大，造成道德滑坡。即使气候地球工程是成功的，它也会在环境道德意识上产生坏的影响：强化人类的狂妄与自大，鼓励人类对自然的进一步干预、控制、支配与征服，从而引发更大的灾难。例如，更高效的家电、节能灯、节能汽车并没有减少能源消耗量，反而使能源消耗量继续攀升——因为它们鼓励人们更浪费地使用能源。如果可以免费地整天四处开车游荡而不产生环境影响，我们是否应当这样做？气候地球工程会让人们认为二氧化碳问题已经解决了，就像安全措施可能会使危险行为增加：戴上安全头盔的摩托车手会以更危险的方式骑行；戴上更坚硬头盔的运动员可能会更多地用头进攻。

气候地球工程把人类与自然的气候分离和对立起来，从人类的主体视角分析、研究和征服气候；将地球的大气系统看作一台精确运行的机器，人类可以通过科学知识完整地了解这台机器，用工程技术手段完美地控制这台机器；认为气候地球工程与其他科学技术手段一样是无所不能的，科学技术能够解决包括气候变化在内的一切问题。这种建立在人类中心主义价值观、主客二分的认识论和机械论的自然观基础上的气候地球工程注定是征服性科技，然而人类运用科技征服自然愈烈，则自然对人类的惩罚愈烈；为了能过有意义的、幸福的生活，人类无需征服力越来越强的科技。

气候地球工程要恢复或重构的是稳定的或平衡的——与人类需要相平衡——气候，但实际上，需要恢复或重构的不是气候自身，而是人类与自然的关系，因为正是我们与地球不和谐、不平衡的剥削性、工具性关系引发了严重的气候危机。要重构人类与自然的和谐关系，就需要抛弃人类中心主义、消费主义和技术主义，抛弃人类的狂妄与自大，与自然和解。建立和谐的人类与自然关系，是人类生存和发展的前提和基础，也是解决气候危机的根本。实际上，人类社会的发展史本质上就是一个不断解决人类与自然矛盾的过程。现代社会生命的复杂程度与快速的生活步调让我们在迈向不确定的未来时，更注重寻求生命的意义与价值。气候变化的挑战也为解构与重建人类与自然的和谐关系提供了一个契机——但气候地球工程犯了方向性错误，为人类社会的蜕变与飞跃创造了新的可能。

参考文献

［1］贝林格. 气候的文明史：从冰川时代到全球变暖［M］. 史军，译. 北京：社会科学文献出版社，2012.

［2］波斯纳，韦斯巴赫. 气候变化的正义［M］. 李智，张键，译. 北京：社会科学文献出版社，2011.

［3］曹荣湘. 全球大变暖：气候经济、政治与伦理［M］. 北京：社会科学文献出版社，2010.

［4］德斯勒，帕尔森. 气候变化：科学还是政治？［M］. 李淑琴，等译. 北京：中国环境科学出版社，2012.

［5］赫尔德，赫维，西罗斯. 气候变化的治理：科学、经济学、政治学与伦理学［M］. 谢来辉，等译. 北京：社会科学文献出版社，2012.

［6］吉登斯. 气候变化的政治［M］. 曹荣湘，译. 北京：社会科学文献出版社，2009.

［7］诺斯科特. 气候伦理［M］. 左高山，唐艳枚，龙运杰，译. 北京：社会科学文献出版社，2010.

［8］史军，柳琴，董京奇. 地球工程的哲学反思［J］. 中州学刊，2014（2）.

［9］史军，卢愿清，郝晓雅. 地球工程的"道德风险"［J］. 自然辩证法研究，2013，29（12）.

［10］史军. 气候变化科学不确定性的伦理解析［J］. 科学对社会的影响，2010（4）.

［11］希尔曼，史密斯. 气候变化的挑战与民主的失灵［M］. 武锡申，李楠，译. 北京：社会科学文献出版社，2009.

［12］李春林. 气候变化与气候正义［J］. 福州大学学报（哲学社会科学版），2010（6）.

［13］史军. 自然与道德：气候变化的伦理追问［M］. 北京：科学出版社，2014.

［14］史军，卢愿清，郝晓雅. 代际气候正义的陷阱［J］. 阅江学刊，2013（3）.

［15］Brown, Donald. *American Heat：Ethical Problems with the United States' Response to Global Warming*［M］. Lanham, Md.：Rowman & Littlefield, 2002.

［16］Catriona, M. *Climate Change and Future Justice：Precaution, Compensation and Triage*［M］. London, New York：Routledge, 2012.

[17] Dominic Roser, Christian Seidel. *Climate Justice: An Introduction* [M]. Translated by Ciaran Cronin. London, New York: Routledge, 2017.

[18] Naomi Klein. *This Changes Everything: Capitalism vs. the Climate* [M]. New York: Simon & Schuster, 2014.

[19] Stephen, M. Gardiner. *A Perfect Moral Storm: The Ethical Tragedy of Climate Change* [M]. Oxford: Oxford University Press, 2011.

[20] National Academy of Sciences. *Policy Implications of Greenhouse Warming: Mitigation, Adaptation and the Science Base* [R]. Washington D. C. : National Academy Press, 1992.

[21] IPCC. *Climate Change 2007: Mitigation. Contribution of Working Group III to the Fourth Assessment Report of the Intergovernmental Panel on Climate Change* [R]. Cambridge: Cambridge University Press, 2007.

[22] Feinberg, Joel. The rights of animals and unborn generations [C] //E. Patridge, ed. *Responsibilities to Future Generations*. New York: Prometheus Books, 1981.

第四讲

大气与环境监测

◎ 主讲人　王伯光

王伯光

暨南大学环境与气候学院二级教授、博士生导师。国家自然科学基金委"创新群体项目"骨干人才、科技部"创新团队推进计划"人才、广东省高等学校"千百十工程"省级人才。曾在美国、澳大利亚访问学习和开展合作研究。研究领域为大气环境科学。主持省部级以上项目15项，承担地方科技项目和社会服务项目40多项，发表论文200余篇，出版专著2部，申请发明专利6项。现任广东省南岭森林大气环境与碳中和野外科学观测研究站站长、广东省空气质量科学与管理国际科技合作基地主任、生态环境部蒙特利尔协议中国履约专家及中国环境科学学会理事、中国环境科学学会挥发性有机物分会常务委员、中国环境科学学会臭氧污染控制分会常务委员等。获教育部科技进步奖一等奖、广东省环保科技奖二等奖等。

生活中的温室气体排放逐年增加，带来了全球气候变化问题；极端天气灾害频发，生物多样性损害严重，给人类社会带来了许多不利影响。目前，"碳达峰、碳中和"是我国的重大战略决策，也是推动绿色经济发展的强大动力。温室气体的排放可以采用"自上而下"（监测）或"自下而上"（核算）的方法来估算，这两种方法相辅相成。"自上而下"的方法通常试图根据大气观测得到的变化来估算碳源和碳汇，对于评估温室气体排放水平，推动温室气体减排具有重要意义，国际上很多国家都相继制定了温室气体测定的相关标准或法规。我国温室气体光谱学监测技术经过近四十年的发展取得了长足进步，探测手段、研发投入、应用产出等都有了较大提升，并逐渐形成了天地一体化监测体系，地基遥感探测和卫星遥感探测方面的一些研究成果还达到了国际先进水平。温室气体监测是研究温室气体浓度变化趋势以及源和汇构成、性质、强度等的基础，也是温室效应评价的依据和减排措施制定的标尺。温室气体监测技术是全面掌握温室气体排放及其环境、气候效应，预测其未来变化的重要保障。

一　温室气体人为排放与全球增温

温室气体指的是大气中能吸收地面反射的长波辐射，并重新发射辐射的一些气体，如水蒸气、二氧化碳、大部分制冷剂等。它们的作用是使地球表面变得更暖，类似于温室截留太阳辐射并加热温室内空气的作用。这种温室气体使地球变得更温暖的影响称为"温室效应"。水汽（H_2O）、二氧化碳（CO_2）、氧化亚氮（N_2O）、氟利昂、甲烷（CH_4）等是地球大气中主要的温室气体。从工业革命以来，人类主要通过燃烧化石能源等途径释放大量 CO_2、CH_4、N_2O 等温室气体，造成大气中温室气体浓度不断攀升，温室效应加剧，进而引起全球气温升高；这三种气体引发的温室效应占所有温室气体所引发温室效应的 80% 左右，它们对全球气候变暖的增温"贡献"比例分别是 60%、15% 和 5%。

过去百年，全球经历了以变暖为特征的气候变化。自 1970 年以来，全球地表平均温度的上升速度超过了过去 2 000 年甚至更长时间里的任何年份。随着全球变暖，大气、海洋、冰冻圈和生物圈已经发生了广泛而快速的变化，通过不同方式影响着全球各个区域。如果全球升温趋势不减，这种影响将在未来进一步增强，特别是小岛国和沿海地区，面临海平面上升带来的巨大影响。大致在距今 6 000 年前，全球地表平均温度比工业革命前高约 2℃，当时海平面比目前高约 2 米，这应该是科学界希望把升温幅度控制在 2℃ 之内的一个较为充分的理由。2015 年底，《联合国气候变化框架公约》近 200 个缔约方一致同意通过《巴黎协定》，明确把全球地表平均温度升幅控制在工业化前水平以上 2℃ 之内，并努力将气温升幅限制在工业化前水平以上 1.5℃ 之内，以降低气候变化所带来的风险与影响。因此，《巴黎协定》也就成为第一个使全球 2℃ 温控目标具有法律效力的国际条约。

（一） 温室气体与温室效应

地球所有能量的来源是太阳释放的短波辐射，能量到达地球后，一部分被地表（或大气层）反射（或散射）到宇宙中，一部分被地表吸收；然后，地表升温后会对外放出长波辐射，大气中的某些成分具有吸收地表向上发射的长波辐射并向下发射长波辐射的能力，因此地表放出的长波辐射一部分会直接散逸到太空中，另一部分则被大气层中的这些成分吸收，地表与低层大气的温度就升高了。因为这种作用类似于栽培农作物的温室，故称"温室效应"。温室效应由法国的物理学家、数学家让·巴普蒂斯·约瑟夫·傅里叶男爵于 1824 年首次发现，在求解热传导方程时，傅里叶发现任一函数可以分解成由三角函数构成的无穷级数，这就是在数学物理中应用极其广泛的傅里叶级数和傅里叶变换，凭此他被归功为温室效应的发现者；随后，瑞典气象学家尼尔斯·古斯塔夫·埃克霍尔姆在 1901 年正式提出"温室效应"的概念。

大气中对地面长波辐射具有强烈吸收作用的气体，被称为"温室气体"，主要有二氧化碳（CO_2）、甲烷（CH_4）、臭氧（O_3）、氧化亚氮（N_2O）、氟氯烃（CFCs）以及水汽（H_2O）等，它们几乎可吸收地面发出的所有长波辐射，其中只有一个很窄的区段吸收很少，被称为"窗区"。地球主要通过这个"窗区"把从太阳获得的热量中的 70% 又以长波辐射形式返还宇宙空间，从而维持地面温度不变。温室效应主要是因为人类活动增加了温室气体的数量和品种，使这个 70% 的数值下降，留下的余热使地球变暖。

温室效应阻挡了地表热量辐射到太空，起到调节地球气温的作用。地球的平均温度之所以长期保持在适宜生物生存和繁衍的水平，温室效应功不可没。根据估算，如果没有温室效应，地表平均温度就会下降到 -23℃，而实际地表平均温度为 15℃，这就是说，温室效应使地表温度提高 38℃。正因为有了适量的温室气体和温室效应，才有地球的宜居环境，才会有人类文明。不过，CO_2 等温室气体虽然吸收地面长波辐射的能力很强，但它们在大气中的数量极少。如果把压力为一个大气压、温度为 0℃ 的大气状态作为标准状态，那么把地球整个大气层压缩到这个标准状态，它的厚度是 8 000 米。大气中 CO_2 的含量是 355ppm，即百万分之 355，把它换算成标准状态，将是 2.8 米厚；CH_4 的含量是 1.7ppm，相应是 1.4 厘米厚。O_3 的浓度是 400ppb（ppb 为 ppm 的千分之一），换算后只有 3 毫米厚；N_2O 是 310ppb，2.5 毫米厚。CFCs 有许多种，但大气中含量最多的CFC - 12也只有400ppt（ppt 为 ppb 的千分之一），换算到标准状态只有 3 微米。由此可见大气中温室气体之少。然而，如果温室气体浓度过高，温室效应过强，就会产生严酷的环境。例如金星，和地球在大小、质量和密度上非常相似，但它的大气非常致密，96% 是 CO_2，温室效应强烈，导致其地表温度高达 464℃，极端高温不适合生物生长。

（二）　温室气体与全球增温

不同类型温室气体产生的增温效应存在较大差异。为了评价温室气体对气候变化影响的相对能力，学术界采用了一个名为"全球增温潜势"的参数。全球增温潜势是某一给定物质在一定时间积分范围内与 CO_2 相比而得到的相对辐射影响值，基于充分混合的温室气体辐射特性的一个指数，用于衡量相对于 CO_2，在所选定时间内进行积分的，当前大气中某个给定的充分混合的温室气体单位质量的辐射强迫。即在一定的时间框架内，某种温室气体的温室效应对应于相应的 CO_2 的质量，可简单理解为相对增温能力。之所以用 CO_2 作为参照气体，是因为其对全球变暖的影响最大，是温室效应的罪魁祸首，温室效应 60% 由其引发。《京都议定书》正是基于 100 年以上的时间跨度内脉动排放的全球增温潜势。在百年框架下，CH_4 的全球增温潜势是 29.8，N_2O 是 273，也就是说，这两种气体在百年尺度上的增温能力分别是 CO_2 的 29.8 倍和 273 倍。有些温室气体如氟氯烃，虽然增温能力很强，但由于含量很低，整体的增温效应有限。因此，学术界一般考虑的温室气体主要是 CO_2、CH_4 和 N_2O。

在工业革命前的几千年间，大气 CO_2 浓度保持在相对稳定的水平，即 280ppm 左右。但自工业化时代以来，人类活动已经引起全球大气 CO_2、CH_4 和 N_2O 浓度的显著上升，和 1750 年相比，温室气体排放总量增加了近 70%。2011 年全球大气 CO_2、CH_4 和 N_2O 浓度分别为 379ppm、1 803ppb 和 324ppb，分别比工业化前高了 40%、150% 和 20%。在地球历史上，2019 年大气 CO_2、CH_4 和 N_2O 浓度比有冰岩芯记录的过去至少 80 万年里任何年份都要高，温室气体浓度增速达到过去 2.2 万年来的最大值。

在过去百年，全球经历了以变暖为特征的气候变化。根据联合国政府间气候变化专门委员会（Intergovernmental Panel on Climate Change，IPCC）第六次评估报告（AR6）第一工作组报告，2011—2020 年全球地表平均温度要比 1850—1900 年高约 1.09℃，且陆地增温幅度（约 1.59℃）要大于海洋（约 0.88℃）。自 1970 年以来，全球地表平均温度的上升速度超过了过去 2 000 年来甚至更长时间里的任何年份。

根据上面的分析，我们了解到全球温度总体在升高，温室气体浓度也在增加，那么，两者之间是否存在因果关系呢？就全球增温而言，百年来全球大气温度呈波动式上升，即在整体上升趋势中表现为"暖—冷—暖"的波动。从20世纪80年代开始全球持续变暖，但在1998—2012年增温速率明显变缓，有学者称这种现象为"全球增温停滞"或者"全球变暖减缓"，但随后全球温度又有所上升。由此可知，全球大气温度并非稳定上升，而大气 CO_2 浓度则持续攀升，所以，全球变暖和大气 CO_2 浓度之间并非简单的线性相关关系。

度量温室气体浓度与增温关系的一个关键指标是气候敏感性。在 IPCC 报告中，以工业革命前的气候状态为参考标准，当大气 CO_2 浓度从280ppm 增加到560ppm，即为工业革命前浓度的两倍，气候系统完全响应并达到新的平衡态时，全球地表平均温度的增加幅度被称为"平衡态气候敏感性"，简称"气候敏感性"。气候敏感性用摄氏度来表示，它是预估在温室气体排放背景下全球增温幅度的关键参数，直接影响到未来温室气体减排方案的制订。气候敏感性越高，表明 CO_2 增加导致的可能增温越高，意味着在同等升温控制目标下大气 CO_2 浓度的剩余增长空间越小，人类社会面临的减排压力就越大。

对气候敏感性的评估是昂贵的，而且常被计算方法和计算资源的限制所束缚。现有的气候敏感性是通过避免平衡的要求而回避计算问题的一种相对度量，它是从模式结果来评价非平衡状态的演变，也是对在特定时间内反馈强度的一种测量，并随辐射强迫的历史或气候状态而改变。由于计算的限制，气候模式中平衡态气候敏感性通常通过运行一个与混合层海洋模式相耦合的大气环流模式进行估算，平衡态气候敏感性在很大程度上由大气过程所决定，可以运行具有动力学海洋的有效模式达到平衡态。

（三）全球温室气体排放

为了人类免受气候变暖的威胁，1997年12月，《联合国气候变化框架公约》在日本京都举行的第三次缔约方大会上提出了《京都议定书》。149个国家和地区的代表通过了旨在限制发达国家温室气体排放量以抑制全球变暖的《京都议定书》。《京都议定书》中规定各缔约方限排的6种温室气体分别为二氧化碳（CO_2）、甲烷（CH_4）、氧化亚氮（N_2O）、氢氟碳化物（HFCs）、全氟化碳（PFCs）和六氟化硫（SF_6）。2012年《京都议定书》第八次缔约方大会上增加了三氟化氮（NF_3）作为第七种限排的温室气体。工业革命以来，造成大气温室气体浓度增加的主要原因是人类活动。温室气体的排放涉及能源供应、交通运输、建筑、工业、农业、林业和废弃物等多个领域。其中，全球温室气体增长最快的领域是能源供应，自 1970 年至 2004 年增加了 145%。在此期间，交通运输温室气体排放量增长了 120%，工业增长了 65%，土地利用变化及林业增长了 40%。1970 年至 1990 年间，来自农业和建筑的直接温室气体排放分别增长了 27% 和 26%，但是建筑领域高用电量带来的这部分间接温室气体排放增速达 75%，高于行业本身的直接排放增加量。根据第二次国家通报，我国土地利用变化及林业是 CO_2 的吸收汇，在不考虑该项目的情况下，能源活动、工业生产过程、农业活动和废弃物处理的温室气体排放量分别为 57.69 亿、7.68 亿、8.20 亿和 1.11 亿吨 CO_2 当量，在排放总量中的比重分别为 77.27%、10.26%、10.97% 和 1.50%。2004 年 CO_2 排放量占全球人为温室气体排放总量的 77%，CO_2 的排放主要来源于能源供应和土地利用。1970 年至 2011 年间，化石燃料的使用及水泥行业总共排放了 3 650 亿吨碳，森林的减少以及其他土地利用变化排放了 1 800 亿吨碳。仅 2011 年，化石燃料燃烧就排放了 95 亿吨碳。陆地生态系统吸收了 1 500 亿吨碳，海洋系统吸收了 1 550 亿吨碳，剩余 2 400 亿吨碳全部存留在大气中。

非 CO_2 的温室气体（主要是 CH_4 和 N_2O）对增加的太阳辐射"贡献"量约为 40%，这些气体的释放源自各行各业，相比于 CO_2，其溯源工作更加复杂和困难。英国剑桥大学霍顿教授估计 1990 年人为释放的 CH_4 总量为 $375 \pm 75Mt$ CH_4，使用六组模型计算 1990 年人为源 CH_4 的释放范围为 $298 \sim 337Mt$ CH_4，经标准化校正后，CH_4 年均释放量设定为 $310Mt$ CH_4。生物过程是 CH_4 释放的最重要"贡献"者，主要包括农业（如牲畜肠道发酵、稻田和动物排泄物）、生物质燃烧和废弃物处理（如填埋和废水处理），但其释放量有很大的不确定性。约有四分之一的 CH_4 释放与化石燃料的开采（如煤矿挖掘和石油开采）、运输、泄漏和消耗（如不完全燃烧）相关。据估计，未来 CH_4 的释放水平有可能呈现上升的趋势，至 2050 年 CH_4 年释放量可达 $359 \sim 671Mt$ CH_4，至 2100 年该指标将进一步增加至 $236 \sim 1 069Mt$ CH_4。N_2O 对全球温室气体年排放总量的"贡献"比例为 7.9%，是仅次于 CO_2 和 CH_4 的第三大温室气体，同时也被认为是 21 世纪最主要的臭氧层破坏物质。N_2O 释放的四个主要人为源分别是耕地土壤、家畜饲养场、生物质燃烧和工业源，共计释放 $6.0 \sim 6.9Mt$ N，与霍顿教授提出的范围高值一致。使用六组模型计算 1990 年人为活动释放的 N_2O 总量为 $4.8 \sim 6.9$ Mt N，经标准化校正后，N_2O 年均释放量设定为 6.7Mt N。食物供给是决定未来 N_2O 释放量的关键因素，因此全球人口总量、年龄结构、分布范围、饮食习惯以及农业生产力的提高速率均影响着 N_2O 的释放趋势。N_2O 的总释放量预计在 2050 年达到最大值，随后将降低，2100 年 N_2O 年释放量为 $5 \sim 20Mt$ N。

二 碳源／汇立体监测技术体系

《巴黎协定》旨在大幅减少全球温室气体排放，将全球地表平均温度升幅控制在工业化前水平以上 2℃ 之内，并寻求将温度升幅限制在 1.5℃ 之内。《巴黎协定》为推动减排和构建气候适应能力提供了路线图，其核心任务是建立可测量、可报告、可核实的碳排放与碳固定管理机制。国际社会已经确定从 2023 年起，每 5 年定期开展《巴黎协定》履约情况的全球盘点，独立核查各国碳排放情况。过去对人为活动的温室气体排放的评估主要基于"自上而下"的方法，即清单法或通量法。2019 年 IPCC 增加了基于大气浓度观测数据的"自上而下"的核查方法，即直接利用大气浓度观测数据独立验证碳排放清单的可靠性。为此，欧美发达国家和地区已经开展基于大气观测和反演的监测、验证与支撑方法体系研究，并于 2023 年实现卫星遥感技术的碳监测业务化运行。

目前，中国已承诺两年一次的清单自报，并将建立人为碳排放和碳固定的核查评估技术体系列为当前紧迫的科技任务之一。习近平主席在第七十五届联合国大会一般性辩论上的讲话中提出"二氧化碳排放力争于 2030 年前达到峰值，努力争取 2060 年前实现碳中和"，指明我国面对气候变化问题要实现的"双碳"目标。"双碳"目标是我国基于推动构建人类命运共同体的责任担当和实现可持续发展的内在要求而做出的重大战略决策，彰显了我国积极应对气候变化、走绿色低碳发展道路、推动全人类共同发展的坚定决心。2021 年 1 月 11 日，生态环境部发布《关于统筹和加强应对气候变化与生态环境保护相关工作的指导意见》。该意见指出，以二氧化碳排放达峰目标与碳中和愿景为牵引，全面加强应对气候变化与生态环境保护相关工作统筹融合，增强应对气候变化整体合力，推进生态环境治理体系和治理能力现代化，推动生态文明建设实现新进步。

（一）碳源／汇立体监测与计算方法体系

陆地、海洋与大气圈的 CO_2、CH_4、N_2O 等温室气体交换和源汇关系是理解气候变化受自然生态过程及人为活动影响的科学基础。定量观测和测算温室气体交换通量的技术途径主要包括"自下而上"的升尺度和"自上而下"的降尺度。2019 年 IPCC 会议明确提出了利用大气温室气体浓度观测，基于"自上而下"的方法体系，校核国别排放清单，以支撑全球碳盘点。为此，国际卫星对地观测委员会提出到 2025 年形成温室气体星座组网业务化运行能力的计划，以支撑 2028 年开始的全球业务化的碳盘点。2020 年 6 月 21 日，生态环境部发布《生态环境监测规划纲要（2020—2035 年)》。该纲要指出，要拓展履约监测，增设大气温室气体监测点位，开展城市尺度的监测工作，将温室气体监测逐步纳入生态环境监测体系。2021 年 9 月 12 日，生态环境部印发《碳监测评估试点工作方案》，聚焦区域、城市和重点行业，开展碳监测评估试点，目标是到 2022 年探索建立碳监测评估的技术方法体系。2022 年 1 月 27 日，生态环境部党组书记孙金龙主持召开的党组会议也对碳监测提出要求："要推动减污降碳、协同增效，建立完善温室气体数据统计核算、数据管理及履约长效机制，继续实施碳监测评估试点，加强甲烷等非二氧化碳温室气体管控。"

2021 年 12 月 31 日，中国环境监测总站印发《城市大气温室气体监测点位布设技术指南》，提出试点开展地面大气温室气体浓度监测，探索"自上而下"的碳排放量反演方法，并初步形成指南，做好可推广、可应用、可示范的技术准备，服务支撑城市碳排放量核算校验。

"自下而上"技术途径是基于样地或站点尺度的精细观测，采用升尺度算法，评估区域或全球温室气体源汇通量现状。主要的观测研究方法包括地面调查法、涡度相关碳通量观测法、生态系统过程模型模拟法等。"自下而上"技术途径依赖对自然生态过程的理解、物质通量观测和升尺度模型的构建。但该方法体系受到观测样地及站点数量、过程模型模拟参数赋值的影响，会导致对区域及全球碳收支评估的不确定性。

"自上而下"技术途径是基于大气温室气体浓度观测计算交换通量及源汇关系的反演方法，即基于卫星、飞机、高塔、地面和航船等对大气温室气体浓度的观测数据，结合大气化学传输模式，反演区域及全球的温室气体交换通量。"自上而下"技术途径可以充分利用全球各种卫星遥感和地面直接观测数据资源，在对全球及不同国家或区域的温室气体人为排放源和自然碳汇开展核算或盘点方面，具有透明度高、全球一致性好的优势。

"自下而上"和"自上而下"两种技术各有优势和缺陷，两者可以相互校验、相互融合，应用于测算全球及不同国家、区域的碳排放和固定状况，评估区域间的输送和多圈层的相互影响。"自上而下"技术途径在长期的全球碳收支盘点评估和科学研究中不断地发展；集成各种观测技术优势，构建"地基—空基—天基"的协同观测研究体系，研发全球碳源汇监测方法和技术标准一直是各主要发达国家的工作重点。

化学寿命长的 CO_2 气体会随着大气运动在较大范围内进行输送和混合，其浓度变化携带了各种过程的综合信息。从排放与吸收的角度，CO_2 浓度变化包括人为化石燃料的排放、陆地生态系统和海洋碳吸收以及地表无机碳交换等多种过程。从大气物理学角度，局地 CO_2 浓度或其柱浓度变化携带着大气在水平与垂直两个方向扩散运动的特征信息，受到局地源汇变化和大气平流输送过程的综合影响。因此，充分利用大气浓度信息和碳排放与吸收的先验信息，即能分离出多过程的影响和"贡献"。

基于大气浓度观测的源汇同化反演系统包括大气观测数据、传输模式和同化方法三个组成部分。目前广泛使用的全球三维大气化学传输模式有示踪模型 TM5 和 GEOS-Chem 等，其同化方法主要是基于贝叶斯理论的四维变分同化算法和卡尔曼滤波算法等。国际上已经建立的碳同化反演系统主要包括：①将四维变分同化算法和 GEOS-Chem 模式结合的美国宇航局碳通量监测系统 CMS-Flux（Carbon Monitoring System Flux）；②将四维变分同化算法和 TM5 相结合的俄克拉荷马大学反演系统；③将变分同化算法和动力气象实验室（Laboratoire de Météorologie Dynamique Zoom，LMDZ）化学传输模式结合的哥白尼大气监测服务系统；④将卡尔曼滤波算法和 TM5 结合的美国国家海洋和大气管理局 Carbon Tracker（碳跟踪）系统。

利用不同类型的源汇同化反演系统得出的结果被认为是陆地与大气间 CO_2 净通量。目前采用"自上而下"方法反演陆地生态系统碳通量的普遍做法是从地表与大气的净交换通量中减去人为化石燃料 CO_2 排放和水泥生产 CO_2 排放。但更为准确的计算方法是：陆地生态系统碳通量还需扣除非 CO_2 的碳化物排放通量、粮食与木材贸易和河流输送等横向碳传输部分。此外，在反演过程中，还需对人为排放通量进行优化，同步计算和优化人为 CO_2 排放通量，这对于提升陆地生态系统碳汇评估精度至关重要。

（二） 地基涡度相关通量观测

基于微气象学理论的涡度相关通量观测实现了对生态系统尺度的生产力、能量平衡和温室气体交换等功能和过程的直接观测，特别是全球通量观测网络（FLUXNET）实现了从生态要素跨越到生态系统功能状态变化观测的重大突破。近年来，诸多区域及全球的网络化监测研究计划都以生态系统碳通量观测为核心技术体系，如全球关键带研究网络（Critical Zone Exploration Network，CZEN）、欧洲综合碳观测系统（Integrated Carbon Observation System，ICOS）、美国国家生态观测站网络（National Ecological Observation Network，NEON）、澳大利亚陆地生态系统研究网络（Terrestrial Ecosystem Research Network，TERN）、中国陆地生态系统通量观测研究网络（China FLUX）。

China FLUX 参照了国际通量观测标准，是 2001 年创建的国家尺度观测研究网络。到 2021 年 China FLUX 已经组织了 100 余个站点开展联合观测研究，为中国陆地生态系统碳氮水循环特征及过程机制研究提供了野外平台和数据储备。

全球范围的涡度相关通量观测已经积累了长时间、不同类型的生态系统观测数据，在全球碳收支研究中发挥了重要作用。其一，基于长期、高频连续观测数据，在多尺度方面，揭示了典型生态系统碳交换规律与生态过程及其环境响应机制。其二，汇集生产了标准化全球碳水通量数据产品（如 FLUXNET 2015），为生态遥感产品地面验证、生态过程模型模拟参数优化、模型机构完善、多模型比较提供了重要参考。其三，利用标准化的碳通量，揭示了区域和全球尺度生态系统碳源汇及其时空动态变化特征。例如，基于 China FLUX 首次定量了我国 54 个典型生态系统和东亚季风区碳汇能力，确认了我国碳汇功能区的地理分布。其四，集成机器学习方法，生成了全球时空连续的 FLUXCOM 数据产品，为评估全球／区域尺度生态系统固碳速率提供了新方法和基准数据。

（三）　地基／空基大气浓度监测

　　世界气象组织组建的全球大气观测（Global Atmosphere Watch，GAW）计划负责协调全球大气成分观测，包括温室气体和其他痕量气体的系统观测与分析。各个参与方将观测资料提交到 GAW 机构，由世界温室气体数据中心（World Data Centre for Greenhouse Gases，WDCGG）负责存储和发布。目前 WDCGG 数据库中的大部分数据是由美国国家海洋和大气管理局地球系统研究实验室提供的。该网络观测系统主要包括地面连续观测、离散的瓶采样观测、高塔观测、长管大气成分采样系统（AirCore）廓线观测、飞机观测等。我国自 20 世纪 90 年代开始就在青海瓦里关建设温室气体全球本底站（GAW 全球 31 个大气本底站之一），截至 2021 年，全国已经发展为拥有 1 个全球本底站、6 个区域本底站及 52 个省级观测站的网络体系。

　　总碳柱观测网络（Total Carbon Column Observing Network，TCCON）是一个以地基高分辨率傅里叶变换光谱仪为标志设备的地基观测网络，用于获取 CO_2、CH_4、N_2O 等气体柱浓度观测数据，应用于全球卫星定标。截至 2021 年，全球共有 30 个观测站点，包括中国的合肥观测站点（已连续观测 6 年）和华北地区香河观测站点（已累计 3 年数据），被用于遥感观测 CO_2、CH_4、N_2O、CO 和水汽等温室气体的大气柱总量。

　　空基的大气浓度观测包括探空气球、遥感飞机观测等。球载飞行试验和长管下投试验可以提供局地的 CO_2 垂直分布信息。中国科学院战略性先导科技专项"临近空间科学实验系统"（鸿鹄专项）在青藏高原进行了球载探测和 AirCore 长管下投试验，用于探测青藏高原温室气体垂直分布情况。日本的"客机示踪气体综合观测网络"（Comprehensive Observation Network for Trace Gases by Airliner，CONTRAIL）建于 1993 年，主要利用客机定期观测大气成分。欧盟的"空中巴士空气污染和气候研究观测计划"（Civil Aircraft for the Regular Investigation of the

Atmosphere Based on an Instrument Container，CARIBIC），是一项利用商用客机（最初与汉莎航空合作）搭载精密仪器集装箱，长期监测大气成分（如温室气体、气溶胶、臭氧等）的国际研究计划。这一计划开始于 1997 年，运行至 2002 年，后因技术升级需求暂停；2005 年左右重启为 CARIBIC II，采用更先进的仪器并扩展了观测参数。该计划通过民航航班的常规飞行，实现了对全球大气的系统性监测，为研究气候变化和空气污染提供了独特的高空数据。

（四） 天基卫星遥感监测

遥感技术是从地面到空间各种对地球、天体观测的综合性技术系统的总称。可从遥感技术平台获取卫星数据，由遥感仪器进行信息接收、处理与分析。主要的遥感平台有高空气球、飞机、火箭、人造卫星、载人宇宙飞船等。遥感器是远距离感测地球物理环境辐射或反射电磁波的仪器，除可见光摄影机、红外摄影机、紫外摄影机外，还有红外扫描仪、多光谱扫描仪、微波辐射和散射计、侧视雷达、专题成像仪、成像光谱仪等，遥感器正向多光谱、多极化、微型化和高分辨率的方向发展。卫星遥感具有大范围、长时间、连续性对地观测能力，能够加强各种信息收集的一致性，根据具体应用领域，可分为资源遥感、环境遥感、气象遥感、林业遥感等。

温室气体专用卫星观测技术与系统是近年来致力发展的新技术。该类技术是利用气体的光谱吸收特征，结合基于辐射传输模型的正演和反演模型，反演大气中的温室气体浓度。目前主要采用的技术是基于最优估计方法的全物理反演算法，即利用前向辐射传输模型模拟卫星接收到的辐射光谱，再通过优化调整大气状态参数，即将模拟光谱向真实观测光谱逼近，进而同步获得大气二氧化碳廓线、甲烷廓线、水汽尺度因子、温度漂移因子、气溶胶光学厚度、地表参数和仪器参数等。理论上，卫星观测数据可以弥补地基观测站空间分布稀疏的劣势，尤其是可为缺少地面观测站的偏远地区提供遥感观测信息，从而更好地约束大气反演模式。

根据卫星遥感技术和碳监测的应用需求，可以将卫星碳监测技术发展划分为 3 个阶段：技术探索阶段（1999—2008 年）、快速发展阶段（2009—2018 年）以及监测应用阶段（2019 年至今）。下文将围绕天基碳卫星遥感监测，主要以轨道碳观测卫星 OCO - 2 为例，对 CO_2、CH_4 等温室气体的大气浓度卫星探测及反演算法进行简要介绍。

1. CO_2 浓度卫星监测

卫星遥感观测采用"自上而下"的方式观测大气，是获取大气 CO_2 浓度的重要手段。通过卫星上的传感器获取大气 CO_2 特有的光谱吸收特征反演获得 CO_2 浓度，不受国界和地理条件的约束，节省了大量的人力和物力，可得到实时的、大量的、连续的观测数据，包括极地、海洋、高山等地形条件恶劣的地区。

轨道碳观测卫星OCO-2卫星全称为Orbiting Carbon Observatory-2（在轨碳观测台-2），是美国航空航天局（NASA）第一颗研究二氧化碳排放的卫星，于2014年7月发射成功，意在监测近地表的碳源汇信息。它是继GOSAT（Greenhouse Gases Observing SATellite）之后全球第二颗专用碳卫星。在距离地球表面705千米的近极地轨道上，OCO-2利用一部光谱仪监测大气，即通过探测被温室气体分子反射的阳光确定大气中的二氧化碳水平。NASA通过OCO-2观测了解陆地与海洋吸收之外的CO_2在全球大气中的不均匀分布，对碳排放、碳循环进行精确测量，提高对温室气体的自然来源与人为排放的理解，改善全球碳循环模型，更好地表征大气CO_2的变化，进而更准确地预测全球气候变化。目前官网上的Landsat 8-9C2 L2级别数据产品是于2013年2月11日发布。

OCO-2卫星均匀采样地球陆地和海洋上空的大气，在为期2年时间里对地球受到太阳照射的一半区域每天进行50万次采样，以确定的精度、分辨率和覆盖率提供区域地理分布和季节变化的完整图像。OCO-2卫星载荷性能如表4-1所示。该卫星装备有一部包含三台光谱仪的科学仪器，以研究地表反射光线的近红外光谱。仪器产生的光谱图像吸收线可以用于确定二氧化碳和氧分子在研究带内的区域。三台光谱仪都对特定波长的光进行了优化：其中一台观测2.06μm波段，这是与大气二氧化碳相关联的强吸收带；另一台研究1.61μm波段，这与一个地表处更弱的二氧化碳吸收带相关联；第三台固定检测0.765μm波段，通过优化寻找氧分子来对所获二氧化碳数据结果进行校准。每次测量的范围覆盖从卫星到地球表面的一个空气柱，其足迹大约有3km²，这比GOSAT的85km²足迹要小得多。OCO-2卫星的时间分辨率为16天，空间分辨率为2.25km×1.29km。

表4-1 OCO-2卫星载荷的性能指标

参数	性能指标
载荷	三台共视轴、高分辨率成像光栅光谱仪
谱段	O_2波段：0.765μm CO_2波段1：1.61μm CO_2波段2：2.06μm
分析能量	>20 000
光学系统快速参数	f/1.8，高信噪比
扫描幅宽 （穿轨向视场角14mrad）	星下点幅宽10.6km （由705km轨道高度和开缝宽度决定）
空间分辨率	2.25km×1.29km
载荷重量、功耗	140kg、105W

2. CH$_4$浓度卫星监测

甲烷（CH$_4$）是仅次于二氧化碳（CO$_2$）的重要的人为温室效应"贡献"者。2002—2012年投入运行的ENVISAT上的大气海图扫描成像吸收光谱仪（SCIAMACHY）和2009年发射的温室气体观测卫星（GOSAT）具有监测大气CH$_4$的能力。此类星载观测的目的是在地球表面提供高灵敏度的CH$_4$柱浓度，因此具有良好的时空覆盖率以及足够的精度，以便对源和汇进行反演建模。观测策略依赖于在短波红外（SWIR）光谱范围内测量地球表面和大气对太阳光的后向散射光谱，根据CH$_4$的吸收特性，以对地面和主要CH$_4$源所在的低层大气高度敏感的方式恢复其大气浓度。然而，这种测量在估算源／汇强度方面的好处在很大程度上取决于所达到的精度和准确度。当在区域或季节尺度上进行关联时，十分之几的系统偏差可能会影响卫星测量的CH$_4$浓度对源／汇估算的有用性。气溶胶和卷云的散射是在SWIR光谱范围内从对后向散射太阳光的空间观测中反演CH$_4$的主要挑战。虽然光学厚云的污染可以可靠地过滤掉，但光学薄散射体更难检测，仍然会改变观测到的后向散射太阳光的光路，因此，如果不适当考虑此因素，可能会导致对真实CH$_4$柱的低估或高估。净光路效应在很大程度上取决于散射体的数量、微物理特性和高度分布以及下垫地面的反射率。因此，检索策略依赖于与大气散射特性或光路代理同时推断目标气体浓度。后一种代理方法已成功用于从1 600nm左右的SCIAMACHY测量中提取CH$_4$，使用同样在相同光谱范围内从SCIAMACHY提取的CO$_2$柱作为光路代理。代理方法依赖于以下假设：散射效应在CH$_4$柱和CO$_2$柱的比率中抵消，并且CO$_2$柱的事先估计足够准确，可以根据该比率可靠地重新计算CH$_4$柱。根据定义，代理方法的准确性取决于用于重定标度的CO$_2$柱的不确定性以及CH$_4$／CO$_2$比率误差的消除。通过同时推断大气CH$_4$浓度和大气的物理散射特性，可以考虑散射引起的光路修改。这种基于物理的方法已经在SCIAMACHY、GOSAT和轨道碳观测站（OCO）开发出来，用于天基CO$_2$、CH$_4$测量。基于物理的方法利用760nm左右的氧A波段和目标吸收体（CH$_4$、CO$_2$）在SWIR光谱范围内的吸收波段。与代理方法相比，基于物理的CH$_4$检索方法的优势在于不依赖于CO$_2$柱的准确先验信息。此外，基于物理的算法更为复杂，并且可能受到与气溶胶特性相关的测量信息内容和／或气溶胶描述中前向模型误差的限制。

2017年10月13日，ESA成功发射了专用于全球大气污染监测的"哨兵-5P"（Sentinel-5P）卫星，其搭载了遥感传感器"对流层观测仪"（Tropospheric Monitoring Instrument，TROPOMI），可有效监测全球各地大气中的痕量气体组分，包括NO$_2$、O$_3$、SO$_2$、HCHO、CH$_4$和CO等重要的与人类活动密切相关的指标，加强了对气溶胶和云的观测。TROPOMI是技术性能先进、空间分辨率最高的大气监测光谱仪，成像幅宽达 2 600km，每日覆盖全球各地，成像分辨率达到了 7km×3.5km，与以往的中分辨率成像光谱仪（MODIS）、O_3 层观测仪（OMI）、O_3 绘图和廓线仪装置（OMPS）和大气成分分析光谱仪（SCHIMACHY）等大气成分监测遥感仪器相比有大幅提高，可直接监测城市建成区的大气污染状况。

搭载 TROPOMI 仪器的 Sentinel–5P 卫星重 820kg，轨道高度 824km，极轨太阳同步轨道（从南往北）飞行模式，星下点过赤道时间为当地时间 13：30 前后，飞行轨道设计时采取了与美国国家极轨运行环境卫星系统预备计划（NPP）卫星同轨道、迟 5min 的协同方式，以辅助利用 NPP 可见光红外成像辐射仪（VIIRS）对地观测的云产品信息和开展卫星间交叉订正。对于我国各地，视当地为了监测大气污染气体的浓度水平，根据大气中水分子和其他痕量气体的光谱吸收响应特征，并充分借鉴之前的大气痕量气体卫星传感器全球 O_3 检测仪（GOME）、SCHIMACHY 等，尤其是 OMI 的高光谱测量窗口设置经验，TROPOMI 在三大光谱区域、7 个波段设置了针对性更强、测量更加精密的超光谱成像仪。开展测量的三大光谱区域分别为 270～495nm 的紫外—可见光光谱区域（UV–VIS）、675～775nm 的近红外（NIR）光谱区域、2 305～2 385nm 的短波红外（SWIR）光谱区域。

自 2018 年 10 月以来，ESA 开始向全球用户公益发布每日污染（温室）气体的卫星遥感监测数据，目前可以提供 NO_2、O_3、SO_2 和 HCHO 指标的"近实时"（Near Real Time，NRT）数据。ESA 对 NRT 数据服务确定的性能指标定义为卫星成像后不超过 3h 就能够让成像地域的用户从互联网下载数据、直接展示空间分布特征，为开展进一步分析提供基础资料。这对我国各省开展区域空气污染防治预警预报工作有极大的实用价值，可提供区域生态下垫面上大气污染物在对流层柱浓度的较精细信息，并集成到各类重污染天气预警预报系统中，协同提高预报精度。

3．卫星探测器探测方法及反演算法

（1）卫星光路。

OCO–2 仪器包括三台共孔径长缝成像光栅光谱仪，针对 0.765μm 的分子氧（O_2）A 波段和 1.61μm、2.06μm 的 CO_2 波段进行了优化。三台光谱仪采用类似的光学设计，并集成到一个通用结构中，以提高系统刚度和热稳定性。它们共用一个外壳和一个 f／1.8 卡塞格林望远镜。进入望远镜的光在一个视场光阑处聚焦，然后在进入中继光学组件之前重新准直。在那里，它被二向色分束器定向到三个分光计中的一个，然后通过窄带预分散滤光片进行传输。每个光谱范围的预分散滤光片可传输波长在光谱中心波长～1% 范围内的光感 CO_2 或 O_2 波段，其余波段则被剔除。之后，光线通过反向牛顿望远镜聚焦到分光计狭缝

上。每个分光计狭缝约 3mm 长、约 25μm 宽。这些狭长的狭缝对齐，以产生约 0.000 5 弧度宽、约 0.014 6 弧度长的共视场。由于衍射光栅仅有效地分散在垂直于狭缝长轴方向上偏振的光，因此在狭缝前面有一个线性偏振器，可在其进入光谱仪之前抑制不需要的偏振。在光谱仪中，它可能有助于散射光背景。一旦光线穿过分光计狭缝，它将由二元折射准直器进行准直，由镀金反射平面全息衍射光栅进行分散，然后在穿过第二个窄带滤波器后，由二元相机镜头聚焦到二维焦平面阵列（FPA）上。FPA 正上方的窄带滤波器冷却至约 180K，以抑制仪器的热辐射。

卫星内部兼容了车载校准器（OBC）。该系统为一个校准螺旋桨，螺旋桨一端带有一个内部反射扩散器，另一端带有一个外部透射扩散器。内部反射扩散器由安装在挡板组件内部的三个灯中的一个照明，以提供监视器的平场照明，用于监测单个像素响应中发生的变化。当获取用于监控 FPA 零电平偏移的"暗帧"时，也可使用它。观察太阳时使用透射扩散器。对太阳的常规观测是在宇宙飞船穿过北终结者后，在所有轨道上获得的，但不包括下行轨道阶段。这些测量用于监测仪器的绝对辐射定标。大约每月一次，科学观测被太阳光谱的完整日边轨道所取代。该仪器采集约 ±5km／s 的多普勒频移，提供太阳线的高分辨率采样，以监测仪器线的形状。

（2）焦平面阵列探测器。

分光计光学元件在 1 024×1 024 像素的 FPA 上产生光谱的二维图像，其分辨率为 18μm 像素。光栅沿垂直于狭缝长轴的方向将光谱分散到 1 024 个 FPA 柱中的 1 016 个柱上（FPA 每侧有 4 个柱被消隐）。FPA 上狭缝图像的半高宽（FWHM）（也称为"仪器线形"或"ILS"）在色散方向上以 2～3 个像素进行采样。3mm 长的狭缝将空间视野限制在与色散方向正交的维度上仅约 190 个像素。科学测量仅限于这 190 个像素中的 160 个。对于正常的科学操作，FPA 以 3Hz 的频率连续读取。已采用"滚动读出"方案读取和重置 FPA，不需要物理快门和曝光之间的间隙。为了减少下行链路数据量并提高信噪比，在板上对平行于狭缝长轴的 FPA 维度中的约 20 个相邻像素进行求和，以沿狭缝产生多达 8 个空间平均光谱。每个 ~20 像素的总和被定义为"光谱样本"。1 016 个光谱样本定义的角度视野被定义为"总足迹"。每个空间平均光谱样本的沿狭缝角视野约为 1.8 毫弧度（0.1°或距离 705km 轨道的最低点约 1.3km）。狭缝狭窄尺寸的角宽度仅为 0.14 毫弧度，但入口望远镜的焦点被故意模糊，以将每个狭缝最大一半处的有效全宽增加至 ~0.05 毫弧度，以简化 3 个光谱仪狭缝之间的瞄准对准，并将不良像素的影响降至最小。由于扫描阵列的 220 个活动行需要 0.333 秒，并且航天器在滚动读数过程中移动，因此当狭缝与地面轨道正交时，表面足迹的形状类似于平行四边形而不是正方形。

除了 8 个空间分格的 1 016 个元素光谱外，每个光谱仪从每个 FPA 返回多达 20 个列（颜色），而无需任何板载空间分格，即可对整个狭缝空间分辨率进行采样。这些全分辨率"彩色切片"中的每一个成像 FPA 的 220 像素宽的区域，包括狭缝的全长（~190 像素）以及狭缝末端以外的几个像素。这些全空间分辨率"彩色切片"用于检测每个空间汇总光谱样本内的空间变异性，并量化仪器内的热发射和散射光。20 个"彩色切片"的位置可以通过地面命令指定。请注意，每个"彩色切片"内 220 个像素中的第一个和最后四个不包含有效的辐射测量信息，但出于工程原因，包含在数据产品中。

在该仪器设计中，光谱仪狭缝、衍射光栅上的凹槽和 FPA 的柱必须对齐，以确保 FPA 上的固定系列行将在 FPA 记录的整个光谱范围内采样相同的角度视野（或空间足迹）。对于 OCO－2 仪器，由于在仪器装配过程后期发现物理障碍，FPA 与其他光学部件无法完全对齐，焦平面阵列相对于狭缝和光栅稍微旋转（或"计时"），因此给定的地理位置不会映射到传感器的单个像素行上，而是随光谱位置（列）而变化（大致线性）。为了对此进行补偿，并在整个光谱中记录相同的空间信息，可以以一个像素的增量调整每个光谱样本的起始行索引。这相当于总占地面积的 1／20。这种方法在空间同质场景中引入的误差很小，但在足迹边缘附近具有强烈强度变化的场景光谱中会产生辐射不连续性。这些不连续性需作为校准过程的一部分进行校正。

（3）光谱响应。

仪器线形（ILS）描述了当来自狭缝的光被准直、通过光栅分散成光谱并在 FPA 上重新成像时，FPA 上产生的光的空间分布。在 OCO－2 仪器中，ILS 在各个足迹之间以及在每个总频谱上都会发生变化。在发射前测试期间，使用与原始 OCO 仪器类似的技术对 OCO－2ILS 进行了表征。为了正确使用 L1B 数据，必须知道 ILS 特征。该信息包含在 L1BSc 文件的两个关键字段中：ils_delta_lambda 和 ils_relative_response。同时，还必须知道每个光谱样本对应的波长。对于 OCO－2，该信息由适合光谱色散的多项式定义。分散系数由 L1BSc 文件（分散系数）提供。在地球物理量的 L2 反演中，考虑了多普勒频移，并对每次探测的频散进行了校正。

（4）CO_2、CH_4 反演算法。

遥感监测通过探测地表反射的太阳短波红外辐射 SWIR（Short-Wave Length Infrared），以及地表和大气发射的热红外辐射 TIR（Thermal Infrared），对全球 CO_2、CH_4 进行探测。短波红外 CO_2 遥感主要利用太阳短波红外辐射部分穿过大气时被 CO_2 分子吸收后形成的特有 CO_2 吸收谱线。吸收谱线的深度随 CO_2 含量的增加而加深。可根据 $1.6\mu m$ 谱段的光谱形态，通过高精度的辐射传输模拟计算进行定量反演。在平面平行大气晴空条件下，观测的辐射强度可表示为：

$$I(\lambda, \theta, \theta_0, \varphi - \varphi_0)$$
$$= F_0(\lambda) \cos \theta_0 \cdot \alpha(\lambda, \theta, \theta_0, \varphi - \varphi_0) \cdot$$
$$< \exp\left\{ - \int_0^s \sum_{m=1}^M \left[\sigma_m(\lambda, s) N_m(s) \right] ds \right\} >$$

其中，$I(\lambda, \theta, \theta_0, \varphi - \varphi_0)$ 是在波长 λ 处观测的辐射强度。θ 和 φ 是观测天顶角和方位角，θ_0 和 φ_0 是对应的太阳天顶角和方位角。$F_0(\lambda)$ 是大气顶的太阳通量，$\alpha(\lambda, \theta, \theta_0, \varphi - \varphi_0)$ 是地表反射率，$\sigma_m(\lambda, s)$ 和 $N_m(s)$ 分别表示光学路径上气体的吸收截面和数密度，积分路径 s 表示入射太阳光从大气顶进入大气层后，由地表反射到空中，最后到达仪器的路径。"＜ ＞"表示所有光学路径的平均。

三 区域大气温室气体监测网络设计

（一） 监测点位布设原则

《城市大气温室气体监测点位布设技术指南（第一版）》明确指出点位布设的五大原则，包括代表性、可比性、整体性、前瞻性和适应性。

（1）代表性。点位能够客观反映一定空间范围内大气温室气体水平和时空变化规律，满足评估城市温室气体排放量的需要。

（2）可比性。同类型监测点设置条件尽可能一致，包括布设原则、监测方法、质量控制与质量保证等，使各个点位间数据具有可比性。

（3）整体性。考虑城市地形地貌、气象等综合环境因素，以及能源结构、产业布局等社会经济特点，反映城市主要温室气体排放状况。

（4）前瞻性。应结合城乡建设规划考虑点位布设，能兼顾未来城乡空间格局变化趋势。

（5）适应性。根据监测效果评估情况，适时调整点位位置。

（二） 监测点位设计依据

（1）《碳监测评估试点工作方案》，中国生态环境部。

（2）《关于统筹和加强应对气候变化与生态环境保护相关工作的指导意见》，中国生态环境部。

（3）《城市大气温室气体监测点位布设技术指南（第一版）》，中国环境监测总站。

（4）《城市大气二氧化碳同化反演试点方案编制技术指南（第一版）》，中国环境监测总站。

（5）《大气二氧化碳（CO_2）光腔衰荡光谱观测系统》（GB/T 34415—2017）。

（6）《大气甲烷光腔衰荡光谱观测系统》（GB/T 33672—2017）。

（7）《温室气体　二氧化碳测量离轴积分腔输出光谱法》（GB/T 34286—2017）。

（8）《温室气体　甲烷测量离轴积分腔输出光谱法》（GB/T 34287—2017）。

（9）《陆—气和海—气通量观测规范》（GB/T 33696—2017）。

（10）《温室气体　二氧化碳和甲烷观测规范离轴积分腔输出光谱法》（QX／T429—2018）。

（三）监测点位周围环境、采样口位置和采样塔要求

在《城市大气温室气体监测点位布设技术指南（第一版）》附录 A（参考性附录）中，对监测点位周围环境、采样口位置和采样塔要求如下：

1. 监测点位周围环境要求

（1）监测点与城市主要温室气体排放源距离至少 1 公里，背景点与城市主要温室气体排放源距离至少 10 公里。应采取措施保证监测点附近 1 公里内的土地使用状况相对稳定。

（2）采样口周围水平面尽可能保证 360°以上的捕集空间。

（3）监测点位周围环境状况相对稳定，所在地质条件需长期稳定和足够坚实，所在地点应避免受山洪、雪崩、山林火灾和泥石流等局地灾害影响，安全和防火措施有保障。

（4）监测点附近无强大的电磁干扰，周围有稳定可靠的电力供应和避雷设备，通信线路容易安装和检修。

2. 采样口位置要求

（1）采样口距塔基的相对高度应在 50～100 米，以保证采集充分混合的样气，避免局地人为和自然的源汇影响；下垫面情况简单的，可适度将采样高度调整到 30～50 米。

（2）优先新建铁塔或在已有的开放式高塔上采样。已有塔基平台优先选择气象塔、通信塔等不影响城市大气环流的公共设施，或雷达站、水塔等不受人为影响的公共设施，或厘清出气口影响的高建屋顶。

3. 采样塔要求

（1）结构要求。包括尺寸大小、稳定性、安全性，以及权衡烟囱效应。

（2）高度要求。同 "2. 采样口位置要求" 中的第（1）点。

（3）大小要求。采样塔应足够大，以保证可以连续、安全、可靠地开展监测工作。采样塔的大小和形状应避免对监测产生影响。

（4）其他要求。包括防雷、安全、辅助设管的配管，特殊环境下的定期防护要求等。

（四）国外碳监测网络整体设计案例介绍

1. 美国

美国国家标准与技术研究院（NIST）组织相关单位在印第安纳波利斯市、洛杉矶市和东北走廊城市群建立了三个城市大气温室气体监测试点，目的是开发和改进估计城市温室气体排放量的技术，并了解在不同时空尺度上排放量估算的不确定性。下文主要对洛杉矶市和东北走廊城市群的大气温室气体监测试点进行介绍。

（1）洛杉矶市。

①城市特点。该市为美国第二大城市，面积约 17 100 平方千米，地形和气象条件复杂。

②布设流程。使用模式模拟（WRF + STILT）初步确定点位的位置和数量。开展现场评估：通过检查地图和卫星图像评估地形和附近强温室气体排放源的潜在影响；查看是否有高塔，优先选择现有开放式通信塔，高度在 50 ~ 100 米；必要时，在矮塔（高约 10 米）上开展 1 ~ 2 周的短期高精度现场监测。确定布点方案 12 个城市点、4 个背景点（见图 4 - 1）。

（2）东北走廊城市群。

①城市特点。包括华盛顿和巴尔的摩地区，面积约 10 000 平方千米。

②布设流程。根据城市现有高塔信息，选择高 50 ~ 150 米的高塔位置作为备选点位。基于大气扩散模型，获得城市排放通量对所有备选点位的影响系数。结合聚类分析的迭代算法，剔除城市"贡献"度较小的点位，最终剩余的监测点即最优的建站位置。其中，11 个点为城市点，4 个点为背景点（见图 4 - 2）。

2. 法国

法国巴黎逐步构建了由 5 个监测点位组成的大气温室气体监测网络，测量 CO_2 和 CH_4 等温室气体，再结合监测结果、巴黎市现有温室气体清单和大气同化反演模式，估算巴黎城市地区 CO_2 排放量。

①城市特点。城市布局非常密集，排放强烈，地势平坦，大气传输模式建模更容易。

②布设流程。主要是沿着主导风向布点（见图 4 - 3）。

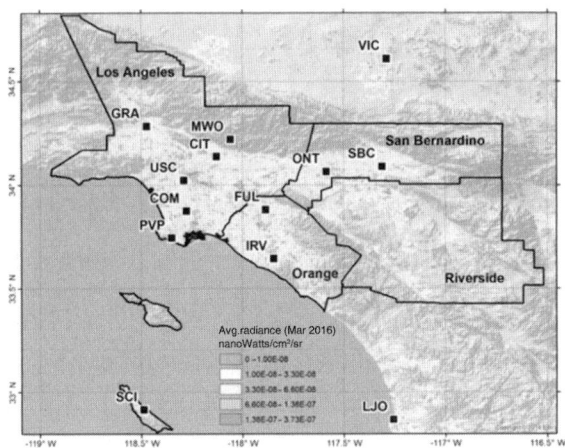

（a）

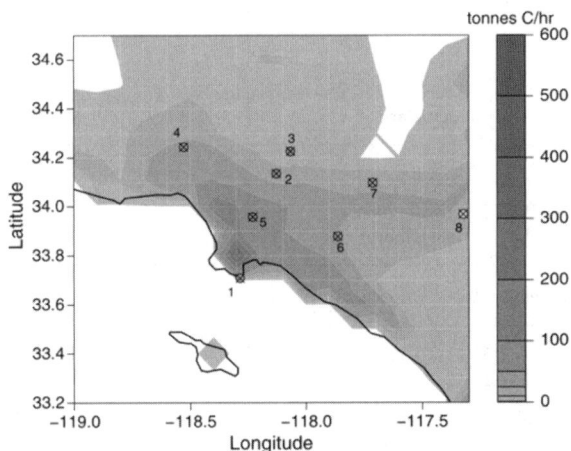

（b）

图 4 - 1　洛杉矶点位布设

资料来源：Verhulst，K. R.，Karion，A.，Kim，J.，et al. Carbon dioxide and methane measurements from the Los Angeles Megacity Carbon Project-Part 1：calibration，urban enhance-ments，and uncertainty estimates ［J］. *Atmospheric Chemistry and Physics*，2017，17（13）；Kort，E. A.，Angevine，W. M.，Duren，R.，et al. Surface observations for monitoring urban fossil fuel CO_2 emissions：minimum site location requirements for the Los Angeles megacity ［J］. *Journal of Geophysical Research-atmospheres*，2013，118（3）.

注：图（a）：Avg. radiance：平均辐射强度；nanoWatts/cm^2/sr：计量单位，微瓦特/平方厘米/球面度；Mar：三月；其余为地名缩写。图（b）：Latitude：纬度；Longitude：经度；tonnes C/hr：计量单位，吨碳/小时。

站点编号	站点所在地	中文译名
VIC	Victorville	维克多维尔
GRA	Granada Hills	格拉纳达山
USC－1	University of Southern California－1	南加州大学—点位1
USC－2	University of Southern California－2	南加州大学—点位2
COM	Compton	康普顿
FUL	Fullerton	富勒顿
IRV	Irvine	尔湾
SCI	San Clemente Island	圣克利门蒂岛
ONT	Ontario	安大略湖
CNP*	Canoga Park	卡诺加帕克
LJO	La Jolla	拉荷亚
CIT－1*	Caltech，Arms Laboratory－1	加州理工学院，武器实验室—点位1
CIT－2*	Caltech，Arms Laboratory－2	加州理工学院，武器实验室—点位2
MWO*	Mt. Wilson	威尔逊山
PVP*	Palos Verdes Peninsula	帕洛斯弗迪斯半岛
SBC*	San Bernardino	圣贝纳迪诺

注：＊表示 CNP、CIT、MWO、PVP、SBC 站点的连续测量数据未纳入本研究。CIT－1、MWO、PVP、SBC 站点的部分数据已在原文作者既往研究中描述。

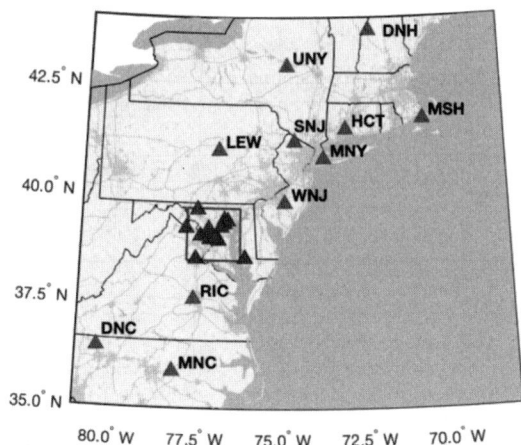

（a）区域地图

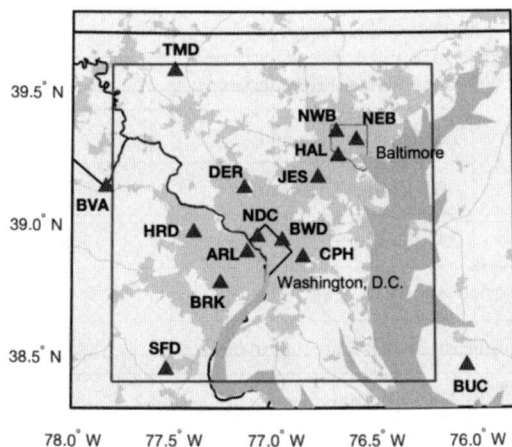

（b）华盛顿特区—马里兰巴尔的摩区域地图

图 4-2　东北走廊城市群点位布设

资料来源：Karion，A.，Callahan，W.，Stock，M.，et al. Greenhouse gas observations from the Northeast Corridor tower network ［J］. *Earth System Science Data*，2020，12（1）；Lopez-Coto，I.，Ghosh，S.，Prasad，K.，et al. Tower-based greenhouse gas measurement network design：the National Institute of Standards and Technology Northeast Corridor Testbed ［J］. *Advances in Atmospheric Sciences*，2017，34（9）.

注：矩形框代表建模分析域；深灰色阴影代表人口普查指定的城市区域，灰色线条是州际公路，黑色边界是州界线，较细的黑线代表巴尔的摩市。

站点编号	站点所在地	中文译名
DNC	Danbury, North Carolina	丹伯里，北卡罗来纳州
MNC	Middlesex, North Carolina	米德尔塞克斯，北卡罗来纳州
RIC	Richmond, Virginia	里士满，弗吉尼亚州
SNJ	Stockholm, New Jersey	斯德哥尔摩，新泽西州
HCT	Hamden, Connecticut	哈姆登，康涅狄格州
LEW	Lewisburg, Pennsylvania	刘易斯堡，宾夕法尼亚州
DNH	Durham, New Hampshire	达拉谟，新罕布什尔州
UNY	Utica, New York	尤蒂卡，纽约州
MNY	Mineola, New York	米尼奥拉，纽约州
MSH	Mashpee, Massachusetts	马什皮，马萨诸塞州
WNJ	Waterford Works, New Jersey	沃特福德沃克斯，新泽西州
HAL	Halethorpe, Maryland	黑尔索普，马里兰州
ARL	Arlington, Virginia	阿灵顿，弗吉尼亚州
NDC	Northwestern D. C.	华盛顿特区西北地区
NWB	Northwestern Baltimore, Maryland	巴尔的摩西北地区，马里兰州
NEB	Northeastern Baltimore, Maryland	巴尔的摩东北地区，马里兰州
JES	Jessup, Maryland	杰瑟普，马里兰州
DER	Derwood, Maryland	德伍德，马里兰州
CPH	Capitol Heights, Maryland	国会山高地，马里兰州
HRD	Herndon, Virginia	赫恩登，弗吉尼亚州
BWD	Brentwood, Maryland	布伦特伍德，马里兰州
BRK	Burke, Virginia	伯克，弗吉尼亚州
BUC	Bucktown, Maryland	巴克敦，马里兰州
TMD	Thurmont, Maryland	瑟蒙特，马里兰州
SFD	Stafford, Virginia	斯塔福德，弗吉尼亚州
BVA	Bluemont, Virginia	布鲁蒙特，弗吉尼亚州

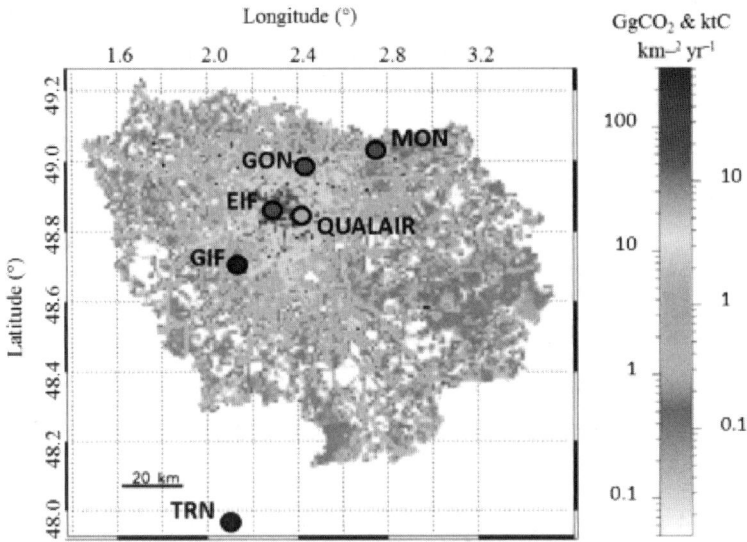

图 4-3　法国碳监测网络点位布设

资料来源：Xueref-Remy, I., Dieudonne, E., Vuillemin, C., et al. Diurnal, synoptic and seasonal variability of atmospheric CO_2 in the Paris megacity area [J]. *Atmospheric Chemistry and Physics*, 2018, 18 (5).

注：Latitude：纬度；Longitude：经度。圆点代表巴黎二氧化碳监测站，其中，GON 为位于巴黎东北的城郊站点，EIF 为城市站点，GIF 为巴黎城郊站点，TRN 为巴黎西南农村站点。

站点编号	站点所在地	中文译名
MON	Montgé – en – Goële	蒙热昂戈埃勒
GON	Gonesse	戈内斯
EIF	The Eiffel Tower	埃菲尔铁塔
GIF	The Gif – sur – Yvette Station	—
TRN	Traînou	特赖努

参考文献

[1] 丁仲礼，等. 碳中和：逻辑体系与技术需求 [M]. 北京：科学出版社，2022.

[2] 汪品先，等. 地球系统与演变 [M]. 北京：科学出版社，2018.

[3] 吴兑. 温室气体与温室效应 [M]. 北京：气象出版社，2003.

[4] Zhang, Chengliang, Wu, Gengchen, Wang, Hao, et al. Regional effect as a probe of atmospheric carbon dioxide reduction in southern China [J]. *Journal of Cleaner Production*, 2022, 340.

［5］ Ballantyne, A., Alden, C., Miller, J., et al. Increase in observed net carbon dioxide uptake by land and oceans during the past 50 years ［J］. *Nature*, 2012, 488 (7409).

［6］ Liu, Z., Deng, Z., He, G., et al. Challenges and opportunities for carbon neutrality in China ［J］. *Nature Reviews Earth & Environment*, 2022, 3 (2).

［7］ Yang, Y., Qu, S., Cai, B., et al. Mapping global carbon footprint in China ［J］. *Nature Communications*, 2020, 11 (1).

［8］ Verhulst, K. R., Karion, A., Kim, J., et al. Carbon dioxide and methane measurements from the Los Angeles Megacity Carbon Project – Part 1: calibration, urban enhancements, and uncertainty estimates ［J］. *Atmospheric Chemistry and Physics*, 2017, 17 (13).

［9］ Kort, E. A., Angevine, W. M., Duren, R., et al. Surface observations for monitoring urban fossil fuel CO_2 emissions: minimum site location requirements for the Los Angeles megacity ［J］. *Journal of Geophysical Research-atmospheres*, 2013, 118 (3).

［10］ Karion, A., Callahan, W., Stock, M., et al. Greenhouse gas observations from the Northeast Corridor tower network ［J］. *Earth System Science Data*, 2020, 12 (1).

［11］ Lopez-Coto, I., Ghosh, S., Prasad, K., et al. Tower-based greenhouse gas measurement network design: the National Institute of Standards and Technology Northeast Corridor Testbed ［J］. *Advances in Atmospheric Sciences*, 2017, 34 (9).

［12］ Xueref-Remy, I., Dieudonne, E., Vuillemin, C., et al. Diurnal, synoptic and seasonal variability of atmospheric CO_2 in the Paris megacity area ［J］. *Atmospheric Chemistry and Physics*, 2018, 18 (5).

第五讲

新能源与太阳能

◎ 主讲人　麦耀华

麦耀华

暨南大学新能源技术研究院教授、博士生导师，暨南大学人与自然生命共同体重点实验室研究员。国家引进海外高层次人才特聘专家。在硅基太阳电池、钙钛矿太阳电池、硫系薄膜太阳电池和锂电池等领域有20余年研究和产业化经验。主持省部级以上项目20余项，发表科研论文200余篇，获得授权专利50余项。主持和参与多项国际和国家标准的编制。现任中国可再生能源学会光伏专业委员会副主任、SEMI（中国）光伏标委会核心委员等。获中国侨联"侨界贡献奖"、河北省科技进步奖二等奖、"河北青年五四奖章"、河北省"巨人计划创新团队"领军人才等奖励和称号。

要实现碳达峰、碳中和，最重要的是实现能源体系的低碳转型，将碳达峰、碳中和目标与经济社会发展、生态环境保护和能源革命目标结合起来，实现绿色、低碳、循环的高质量协同发展。这将推动新能源革命和能源结构多元化进程，以光伏为中心的非化石能源将逐渐占据主体地位，电力和氢能的地位将显著提升，煤炭和石油的消费将明显下降。

一　能源问题与碳达峰、碳中和

（一）什么是能源

1996 年诺贝尔化学奖得主 Richard E. Smalley 曾提出人类未来 50 年的十大挑战，其中，能源挑战位居榜首。能源是自然界中能为人类提供某种形式能量的物质资源，亦称"能量资源"或"能源资源"。能源是可产生各种能量（如热能、电能、光能和机械能等）或可做功的物质的统称，是指能够直接取得或者通过加工、转换而取得有用能的各种资源，包括煤炭、原油、天然气、煤层气、水能、核能、风能、太阳能、地热能、生物质能等一次能源，以及电力、热力、成品油等二次能源。能源的开发程度和有效利用程度以及人均消费量是衡量生产技术和生活水平的重要标志。

（二）能源的分类

能源种类繁多，根据不同的划分方式，能源可分为不同的类型。

按照能源的来源分类，可分为来自地球外部天体的能源、地球本身蕴藏的能量以及地球和其他天体相互作用而产生的能量。

（1）来自地球外部天体的能源：主要是太阳能。煤炭、石油、天然气等化石燃料是由古代埋在地下的动植物经过漫长的地质年代形成的，它们实质上是由古代生物固定下来的太阳能。此外，水能、风能、波浪能、海流能等也都是由太阳能转换来的。

（2）地球本身蕴藏的能量：与地球内部的热能有关的能源和与原子核反应有关的能源，如原子核能、地热能等。

（3）地球和其他天体相互作用而产生的能量：如潮汐能。

按照产生方式分类，可分为一次能源和二次能源。

（1）一次能源：分为可再生能源（如太阳能、水能、风能及生物质能等）和不可再生能源（如煤炭、石油、天然气等）。

（2）二次能源：由一次能源直接或间接转换成其他种类和形式的能量资源，如电力、煤气、汽油、柴油、焦炭、洁净煤、激光和沼气等。

按照再生能力分类，可分为可再生能源、不可再生能源。

（1）可再生能源：能够不断得到补充以供使用的能源，如生物质能（秸秆制作沼气）、水能、风能、太阳能等。

（2）不可再生能源：须经漫长的地质年代才能形成，而且无法在短期内再生的能源，如煤炭、石油、天然气、核能等。

按照使用类型分类，可分为常规能源和新能源。

（1）常规能源：利用技术成熟，使用比较普遍的能源。包括一次能源中可再生的水力资源和不可再生的煤炭、石油、天然气等资源。

（2）新能源：新近利用或正在着手开发的能源。包括太阳能、风能、地热能、海洋能、生物能、氢能以及用于核能发电的核燃料等能源。

（三）能源消费与碳排放

目前，世界能源消费及随之而来的 CO_2 排量飞速增长。据英荷壳牌石油公司2017 年编撰的 1965 年至 2035 年《BP 世界能源展望》，世界经济的增长需要更多的能源，尽管其增长的程度被能源强度（单位 GDP 能耗）的降低所缓和（全球 GDP 翻一番，而能源需求仅增加 30%）。同时，能源消费的增长速度开始逐步降低，在 2017 年至 2035 年的展望期间年增长速率为 1.3%，而 1995 年至 2015 年间年均增速为 2.2%。（见图 5 - 1）能源结构继续逐步转型，其中非化石燃料占能源增长的一半，可再生能源、核能和水电将在未来 20 年内占能源供给增长的一半。即便如此，石油、天然气和煤炭仍然是为世界经济提供动力的主导能源，占2035 年能源总供给的四分之三以上，其中，天然气是增速最快的化石能源（年均1.6%）。它在一次能源中的份额将在 2035 年前超越煤炭，成为世界第二大燃料来源。石油的份额继续增长（年均 0.7%），但其增长趋势已经低于预期，并明显放缓。煤炭的份额增长趋势预计放缓至年均 0.2%（过去 20 年均值为年均 2.7%），煤炭消费预计在 2025 年左右达到峰值。可再生能源是增速最快的能源（年均7.1%），它在能源结构中的占比预计将从 2015 年的 3% 升至 2035 年的 10%。

国际科学合作组织"全球碳计划"（GCP）于 2023 年 12 月 6 日发布《2023年全球碳预算》报告。报告中指出，预计 2023 年全球碳排放量将高于 2022 年的排放水平，增加 1.1%，达到约 368 亿吨的碳排放量。该组织在 2022 年的报告显示，虽然中国在 2022 年为减少碳排放量做了许多努力（报告中预计 2022年中国的碳排放量将下降 0.9%），但世界其他地区的碳排放量并没有减少，其中印度的碳排放量将增加 6%，而美国将增加 1.5%，并且世界其他地区总计将增加 1.7%。据相关数据统计和专家研究，如果再不采取相应的措施，50% 的全球碳预算将在 9 年内被消耗完（GCP 报告中的"碳预算"是指将全球气温升幅控制在前工业化时期水平之上 1.5℃以内目标的前提下，全球能够承受的二氧化碳排放总量）。报告中还分析了 2022 年全球碳排放量增加的原因，其中石油的大规模使用是 2022 年全球碳排放量增加的主要原因（2.2%），因为各国对防疫旅行限制的放松导致航班数量增加，导致了石油及其后续产品的大规模使用。此外，煤炭的碳排放量也远超 2021 年的水平。

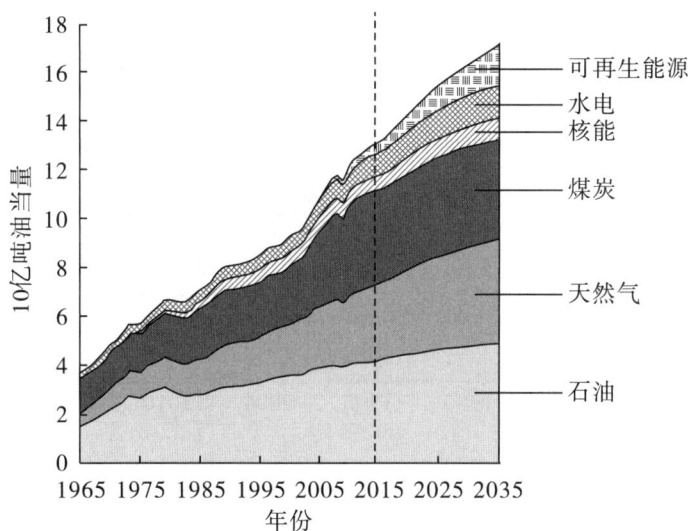

图 5 - 1　一次能源消费展望

资料来源：王永中. 碳达峰、碳中和目标与中国的新能源革命［J］. 社会科学文摘，2022（1）.

注：可再生能源包括风能、太阳能、地热能、生物质能和生物燃料。

从总量结构来看，从 20 世纪 70 年代至今，全球碳排放与全球经济发展基本呈现正相关关系，随着全球经济发展，碳排放和人均排放均有大幅增长。全球碳排放量与经济总量呈现同步上升趋势，但增速近年来有所放缓。经济总量与碳排放同步增长的原因是经济增长加大了各经济部门对电力、石油等能源的需求，电力生产和石油、天然气等化石能源使用都会产生大量碳排放。而经济衰退时期，能源使用量下滑，碳排放量也同样出现阶段性下滑，如 2008 年经济危机、2020 年新冠疫情，都带来了阶段性的碳排放量下降。2018 年，全球碳排放量已达到 340.5 亿吨，是 1965 年的 3 倍。增速方面，随着气候问题逐步成为全球共识，各国纷纷采取措施控制碳排放，碳排放增速开始放缓，直到 2019 年，全球碳排放增长率已接近 0。

从区域结构来看（见图 5 - 2），亚洲在中国、日本等国家经济增长的驱动下碳排放量快速增加，逐步成为世界第一大碳排放地区；北美、欧洲的碳排放量则逐步走低，进入负增长阶段。从区域碳排放总量来看，亚洲是当前世界第一大碳排放地区，碳排放量远超其他区域。主要原因是"二战"后很多亚洲国家开始进行大规模经济建设，随着中国、日本、韩国、印度等国家的经济快速发展，对能源、工业产品等的需求剧增，从而带动了碳排放量的快速增长。

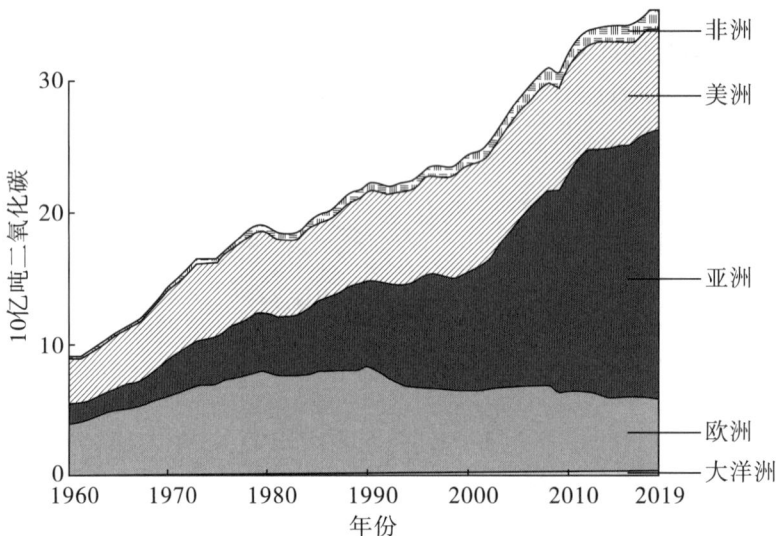

图5-2　全球二氧化碳排放

资料来源：*BP Statistical Review of World Energy 2022*［M］. Royal Dutch/Shell Group of Companies，2022.

（四）　化石能源使用带来全球变暖和环境问题

石油、煤炭、天然气作为三大能源巨头，现阶段被人们广泛利用，但是它们都属于化石能源。化石能源是一种碳氢化合物或其衍生物，由古代生物的化石沉积而来，是一次能源。化石燃料不完全燃烧后，虽会散发出有毒的气体，却是人类必不可少的燃料。目前国内许多工厂排放的大量"工业三废"中含有多种有毒、有害物质，若不经妥善处理［如未达到规定的排放标准就排放到环境（大气、水域、土壤）中，超过环境自净能力的容许量］，就会对环境产生污染，破坏生态平衡和自然资源，影响工农业生产和人民健康。污染物在环境中发生物理和化学变化后又会产生新的物质。这些物质通过不同的途径（呼吸道、消化道、皮肤）进入人的体内，有的直接产生危害，有的还有蓄积作用，会更加严重地危害人的健康。

一方面，化石能源是全球消耗的最主要能源，但随着人类的不断开采，化石能源的枯竭是不可避免的，大部分化石能源在21世纪将被开采殆尽。另一方面，化石能源的使用过程会产生大量的粉尘及污染物排放，这导致了 $PM_{2.5}$ 的激增，由此产生的雾霾使人们饱受其害，并且新增的大量温室气体 CO_2，会导致温室效应。温室效应是指透射阳光的密闭空间由于与外界缺乏热对流而形成的保温效应，即太阳短波辐射可以透过大气射入地面，而地面增暖后放出的长波辐射却被大气中的 CO_2 等物质所吸收，从而产生大气变暖的效应。大气中的 CO_2 就像一层厚厚的玻璃，使地球变成了一个大暖房。如果没有大气，地表平均温度就会下降到 $-23℃$，而实际地表平均温度为 $15℃$，这就是说，温室效应使地表平均温度提高 $38℃$。简言之，大气中的 CO_2 浓度增加，阻止地球热量散失，使地球气温升高，就是温室效应。温室效应的产生，会导致全球变暖、病虫害增加、海平面上升、土地沙漠化、暴雨成灾、野火频发等极端气候的出现。

全球变暖是工业革命之后人类所面临的重大环境命题之一。2021 年 8 月，联合国政府间气候变化专门委员会（IPCC）发布报告指出（见图 5 – 3），除非未来几十年内大幅减少温室气体排放，否则全球变暖幅度在 21 世纪将超过 $1.5℃$ 甚至 $2℃$。这份具有里程碑意义的报告指出，自 19 世纪以来，人类通过燃烧化石燃料获取能源，导致全球温度比工业化前的水平高出 $1.1℃$，在未来 20 年还将继续升温，届时将比工业化前的水平高出 $1.5℃$。在这一注定的轨迹下，世界各地极端天气的出现将变得更加频繁和明显。

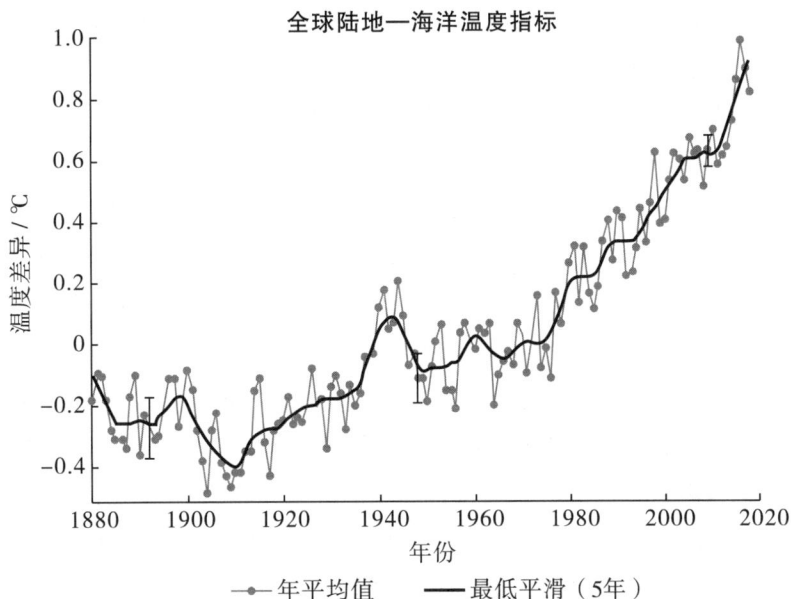

图 5 – 3　温室气体排放导致全球气温上升

资料来源：*BP Statistical Review of World Energy 2022* ［M］. Royal Dutch／Shell Group of Companies，2022.

（五） 碳达峰与碳中和

1. 什么是碳达峰与碳中和

通俗来讲，碳达峰指二氧化碳排放量在某一年达到了最大值，之后进入下降阶段；碳中和则指一段时间内，特定组织或整个社会活动产生的二氧化碳，通过植树造林、海洋吸收、工程封存等自然、人为手段被吸收和抵消掉，实现人类活动二氧化碳的相对"零排放"。

2. 世界主要国家宣布碳达峰、碳中和计划

2020年9月22日，中国国家主席习近平在第七十五届联合国大会上宣布："中国将提高国家自主贡献力度，采取更加有力的政策和措施，二氧化碳排放力争于2030年前达到峰值，努力争取2060年前实现碳中和。"中国碳达峰、碳中和目标（简称"双碳"目标）的提出，在国内和国际社会引发了广泛关注。

截至2020年，全球已有54个国家的碳排放实现了达峰，占全球碳排放总量的40%。1990年、2000年、2010年和2020年碳排放达峰国家的数量分别为18、31、50和54个，其中大部分属于发达国家。这些国家的碳排放量占当时全球碳排放总量的比例分别为21%、18%、36%和40%。2020年，排名前十五位的碳排放国家中，美国、俄罗斯、日本、巴西、印度尼西亚、德国、加拿大、韩国、英国和法国已经实现碳排放达峰。中国、马绍尔群岛、墨西哥、新加坡等国家承诺在2030年以前实现达峰。届时全球将有58个国家实现碳排放达峰，占全球碳排放总量的60%。

为了应对全球气候变化，世界各国都在积极推动绿色转型发展，有关实现碳中和的政策条例也在加快推进。就目前来看，全球已有127个国家和地区对碳中和目标做出承诺，部分国家和地区将达标时间和措施具体化，如美国、欧盟、印度等。美国根据时任总统拜登于2021年2月签订的《巴黎协定》，预计将在2050年实现碳中和。以此为背景，截至2022年，美国已有6个大州通过立法制定了相应目标，到2045年最迟2050年实现清洁能源占比100%，这也将有力推动美国碳中和目标的实现。近年来，欧盟紧锣密鼓地推出气候变化行动方案，一系列重大气候政策相继出台，而且保持连贯性、目标明确、措施针对性很强。例如，2019年12月，欧委会推出《欧洲绿色协议》，这是针对气候变化、经济增长和可持续发展制定的纲领性政策文件，欧盟向世界郑重承诺减排目标：到2030年将温室气体排放减少50%，并争取达到55%，以确保到2050年实现碳中和。在印度方面，印度总理莫迪在英国格拉斯哥出席《联合国气候变化框架公约》第二十六次缔约方大会（UNFCCC COP 26）时表示，印度致力于到2070年实现净零排放目标。印度煤炭储量丰富，但石油、天然气匮乏。煤炭发

电是印度目前最主要的电力来源，约占总发电量的 70%。其他形式的能源，如水能、核能等，约占能源构成的 30%。随着 2022 年 10 月煤炭价格上涨，煤炭进口减少，印度也同时面临着能源危机。如何在减少碳排放的情况下保证稳定能源供应，改善能源结构，是印度完成 2030 年的目标必须解决的问题。

3. 我国以煤炭为主的能源结构急需改变

能源是国民经济和社会发展的重要基础。自新中国成立以来，我国逐步建成较为完备的能源工业体系。改革开放后，为适应经济社会快速发展需要，我国推进能源全面、协调、可持续发展，成为世界上最大的能源生产消费国和能源利用效率提升最快的国家。

经过多年发展，我国能源供应保障能力不断增强，基本形成了煤、油、气、电、核、新能源和可再生能源多轮驱动的能源生产体系。（见图 5-4）其中煤、油能源在整个生产体系中占据主导地位。2019 年中国一次能源生产总量达 39.7 亿吨标准煤，为世界能源生产和消费第一大国。中国的可再生能源开发利用规模也在快速扩大，水电、风电、光伏发电累计装机容量均居世界首位。

对煤炭等传统能源的开发利用，带来了严重的环境污染和温室效应。据报告，2019 年中国碳排放量占到全球碳排放总量的 27%，是全球温室气体排放第一大国，美国则以 14% 的碳排放量排名第二。

受我国能源资源特点的影响，新中国成立初期，煤炭占全国能源消费总量的 90% 以上。经过多年的不懈努力，我国能源生产和消费结构不断优化，煤炭占我国能源消费总量比重总体呈下降趋势。2019 年我国煤炭消费量占能源消费总量比重为 57.7%，比 2012 年降低 10.8 个百分点；天然气、水电、核电、风电等清洁能源消费量占能源消费总量比重为 23.4%，比 2012 年提高 8.9 个百分点。能源绿色发展对碳排放强度下降起到重要作用，2019 年碳排放强度比 2005 年下降 48.1%。

近年来，能源企业、行业纷纷向新能源领域进军，将清洁低碳作为未来发展方向之一。国家电网发布"碳达峰、碳中和"行动方案，提出大力发展清洁能源，推动能源电力从高碳向低碳、从以化石能源为主向以清洁能源为主转变，在能源供给侧构建多元化清洁能源供应体系。我国把非化石能源放在能源发展优先位置，大力推进低碳能源替代高碳能源、可再生能源替代化石能源；坚持绿色发展导向，大力推进化石能源清洁高效利用，优先发展可再生能源，安全有序发电，加快提升非化石能源在能源供应中的比重。国家发展改革委和国家能源局印发的《能源生产和消费革命战略（2016—2030）》明确提出，到 2030 年，我国新增能源需求将主要依靠清洁能源满足。

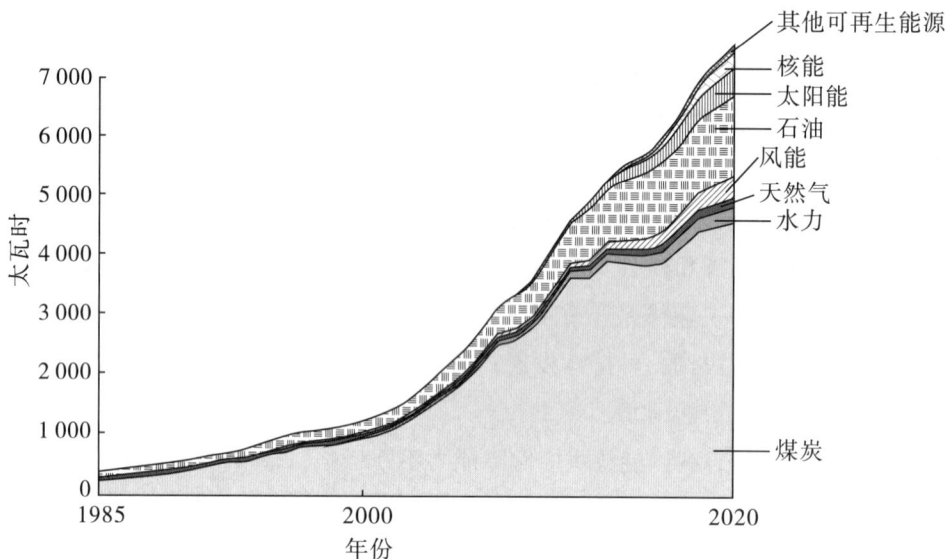

图 5 - 4　中国电力生产结构分布（按能源分类）

资料来源：*BP Statistical Review of World Energy 2022*［M］. Royal Dutch /Shell Group of Companies，2022.

（六）　发展新能源产业事关国家能源安全

在我国大力推进碳达峰、碳中和的形势下，2021 年第三、第四季度个别地方拉闸限电、电煤紧张问题，凸显了统筹能源安全保障和绿色低碳发展的不易。我国果断实施了煤炭增产保供稳价政策，为保障能源安全、促进经济社会持续健康发展提供了重要支撑。2020 年以来，我国积极统筹经济社会发展，率先实现经济正增长，能源电力消费快速增加。与此同时，全球供应链供需失衡问题显现，导致主要经济体对我国产品供给依赖度增加，推升了我国产品出口和能源消费。随之而来的是，国内煤炭价格大幅上涨，引发煤电企业亏损、电厂存煤量下降、电力供应短缺等连锁反应，冲击我国能源安全。此外，我国的石油、天然气资源并不丰富，大量依赖进口，由图 5 - 5 可知，我国这几类资源开发远远落后于世界平均水平。这一轮能源保供应对工作，在很大程度上凸显出统筹能源安全保障和绿色低碳发展的不易，也表明实现"双碳"目标是一场广泛而深刻的变革。实现"双碳"目标，不是别人让我们做，而是我们自己必须做。我们必须增强推进"双碳"工作的信心，确保我国能源稳定供应和绿色低碳转型。

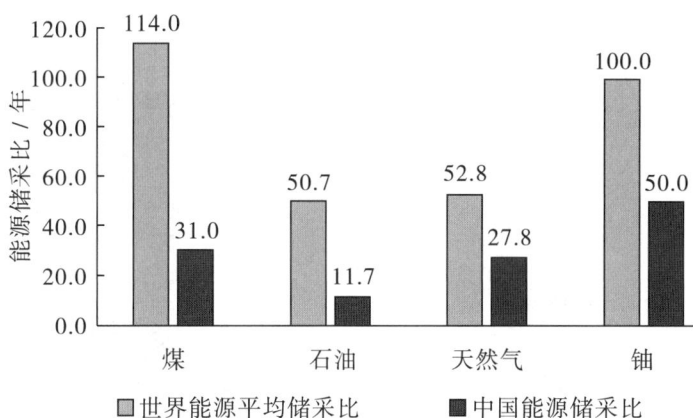

图 5-5 世界和中国能源储采比对比

资料来源：*BP Statistical Review of World Energy 2022* ［M］. Royal Dutch /Shell Group of Companies，2022.

具体来说，应立足我国能源资源实际，夯实国内能源生产基础，保障煤炭供应安全，保持原油、天然气产能稳定增长；加强煤气油储备能力建设，推进先进储能技术规模化应用，特别是应立足以煤为主的基本国情，抓好煤炭清洁高效利用，狠抓绿色低碳技术攻关；应把促进新能源和清洁能源发展放在更加突出的位置，积极有序发展可再生能源；应增加新能源消纳能力，推动煤炭和新能源优化组合，加大力度规划建设以大型风光电基地为基础、以其周边清洁高效先进节能的煤电为支撑、以稳定安全可靠的特高压输变电线路为载体的新能源供给消纳体系。发展包括太阳能、风能、氢能和电动汽车在内的新能源技术，是保障我国能源安全的重要手段，也是我国未来能源发展的必由之路。

（七）"双碳"目标将推动太阳能光伏产业飞速发展

"双碳"目标的直接指向是改变能源结构，即从主要依靠化石能源的能源体系，向零碳的风力、光伏和水电转换。加快能源结构调整，大力发展光伏等新能源，是实现"碳达峰、碳中和"目标的必然选择。光伏产业已成为我国少有的形成国际竞争优势、实现端到端自主可控并有望率先成为高质量发展典范的战略性新兴产业，也是推动我国能源变革的重要引擎。

近年来，我国光伏市场发展迅速，装机容量、发电量屡创新高。2013 年至 2020 年，我国光伏累计装机容量从 17GW 增长至 253GW，2020 年增长近 24%。2020 年新增光伏装机规模 48GW，较上年同比增长 60%。从发电量来看，2020 年全国光伏发电量 2 605 亿千瓦时，同比增长 16.2%，全年光伏发电量占发电总量比重达 3.5%。从全球范围来看（见图 5-6），2020 年全球光伏累计装机容量为 725GW，2050 年预计光伏装机容量达到 14 000GW，年均增长约为 440GW。不难发现，全球能源结构正向绿色、可再生转型。

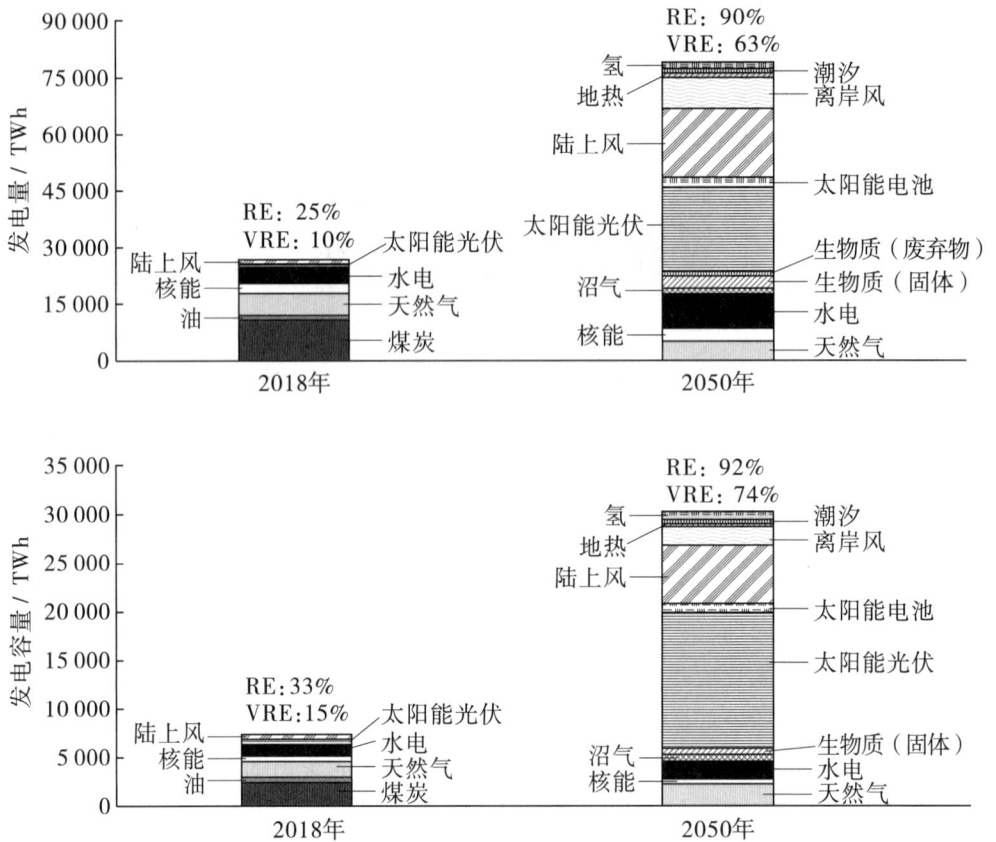

图 5-6 能源结构转型

资料来源：*BP Statistical Review of World Energy 2022*［M］. Royal Dutch/Shell Group of Companies，2022.

注：RE 为可再生能源，VRE 为波动性可再生能源。

随着国家政策的大力推动，未来光伏装机容量与发电量的增长仍将提速，光伏行业展现出巨大的增长潜力。同时，光伏投资成本的下降，将助力中国碳达峰、碳中和的步伐。从我国当前的能源发电结构来看，2020 年，我国能源发电结构仍以火力发电为主，占比达到 49%，未来中国的能源结构将从传统的化石能源向清洁能源（如光伏、风电、水电等）转换。2030 年之后，光伏将超越火电成为所有能源发电中最重要的能源，这也意味着在"双碳"背景下，光伏行业将迎来极大的增长机遇。

二 光伏技术与光伏产业简介

以太阳能为代表的可再生能源是当代新能源开发的重要方向之一,下文将介绍太阳能光伏发电的原理、光伏材料的发展进程(从晶体硅太阳电池到钙钛矿太阳电池),分析我国光伏产业发展现状,同时指出中国光伏如何一步步摆脱"卡脖子"问题,并取得巨大成功的关键所在。

(一)　太阳能发电

太阳能是人类取之不尽、用之不竭的可再生能源(如生物质能、水力发电、风力发电、潮汐能发电、光伏发电等),也是国家提倡发展的清洁能源,不产生任何环境污染。在太阳能的有效利用中,光伏发电可以说是近年发展最快、最具活力、最受瞩目的研究领域。

太阳能是一种辐射能,必须借助能量转换器才能转化为电能,这个能把太阳能或其他光能变换为电能的能量转换器,就是太阳电池。太阳电池从工艺结构来说极其简单,其本质就是一个 p - n 结,通常是在一个 p 型半导体衬底上用扩散或者离子注入的方式制备一层 n 型半导体,从而形成 p - n 结,再加上正面和背面电极,将产生的电流引出,这就是最原始的太阳电池结构(见图 5 - 7)。

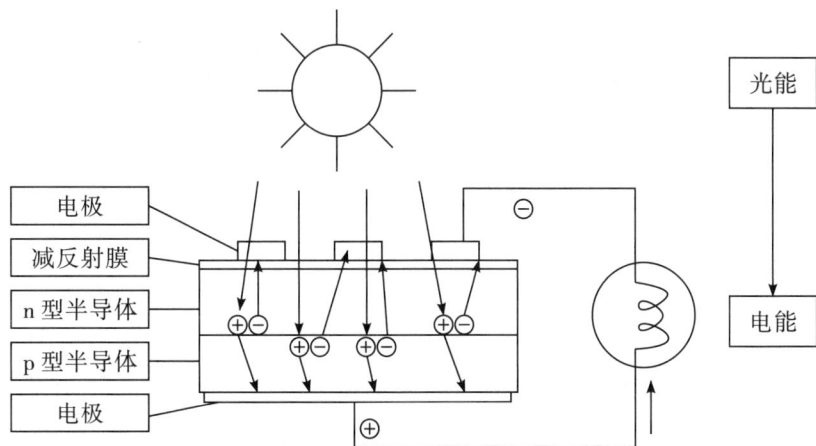

图 5 - 7　太阳电池结构

当前,在核电安全问题日益突出的情况下,太阳电池被认为是解决能源短缺和环境污染等一系列重大问题的最佳选择,具备永久性(没有运动部件,维护简单,只要有太阳能就可以一直发电)、清洁性(无噪声、无排放)、灵活性(可以跟建筑物、交通工具集成,就近发电,更可以弥补用电需求大时的发电问题)。

（二） 太阳电池分类

太阳电池按形态可分为刚性衬底太阳电池和柔性衬底太阳电池，后者多以薄膜太阳电池为主。按照所需材料的不同，又可分为晶体硅太阳电池、薄膜太阳电池、有机太阳电池、有机—无机杂化太阳电池。

1. 晶体硅太阳电池

晶体硅太阳电池的组件被广泛应用于商业、民用领域，具有成熟的制造工艺。1954 年，贝尔实验室的研究人员开发了世界上第一块单晶硅太阳电池，效率可达 4.5%，并在经过几个月的改进之后，效率提升到 6%。目前硅太阳能的转换效率已经达到 26.81%，是我国光伏企业隆基绿能自主研发的硅异质结电池，这是全球硅太阳电池效率的最高纪录。

单晶硅太阳电池是硅电池中具有最高效率和最成熟制备工艺的电池器件，通常是在厚度为 150 微米左右的高质量（纯度需达到 99.999 9% 以上）硅片上制成，电池工艺较为烦琐，但是随着技术的发展，单晶硅太阳电池成本大幅降低，在市场的占有率也快速提升。

多晶硅是单晶硅的一种形态，与单晶硅的化学特性几乎相同，但是物理性质方面差异很大，如多晶硅晶体导电性远低于单晶硅，其特点是晶体结构松散、晶粒大、表面不光滑，但具有良好的光学性能和热性能。

2. 薄膜太阳电池

薄膜太阳电池包括硅基薄膜太阳电池，以及以碲化镉（CdTe）、铜铟镓硒 [$Cu(In,Ga)Se_2$，简称 CIGS] 和砷化镓（GaAs）为代表的多元化合物薄膜太阳电池。硅基薄膜太阳电池包括非晶硅薄膜太阳电池、微晶硅薄膜太阳电池、多晶硅薄膜太阳电池。由于非晶硅薄膜具有较好的弱光效应，其主要应用在室内光伏。1976 年，RCA 实验室的 Cave 与 Chris Wronski 制作了效率为 2.4% 的非晶硅薄膜太阳电池，目前非晶硅薄膜太阳电池效率已经超过 16%，具有一定的稳定性问题。

其他的多元化合物薄膜太阳电池，如铜铟镓硒、碲化镉薄膜太阳电池最高转换效率达到 23.1%，砷化镓薄膜太阳电池的转化效率甚至达到 29.1%，是截至 2021 年单结太阳电池最高纪录保持者，未来用砷化镓制造的太阳电池有望突破能效转化纪录。

由于反应温度低，非晶硅薄膜太阳电池生长在玻璃、特种塑料、陶瓷、不锈钢等低成本衬底材料上，易于大面积生产，用相对薄的晶体硅层作为太阳电池的激活层，材料的用量大幅下降，成本显著降低。

非晶硅材料是由气相淀积形成的，目前被普遍采用的方法是等离子增强型化学气相淀积（PECVD）法。此种制作工艺可以连续在多个真空淀积室完成，从而实现大批量生产。与晶体硅太阳电池相比，非晶硅薄膜太阳电池具有相对简单的制造工艺及高吸光率和能耗低等优点，但效率偏低，而且由于光致衰退（S－W）效应，光电转换效率会随着光照时间的延长而衰减，严重限制其发展。

碲化镉多晶薄膜电池的效率较非晶硅薄膜太阳电池高，成本较单晶硅太阳电池低，也易于大规模生产，但镉有剧毒，会对环境造成严重污染，因此并不是晶体硅太阳电池最理想的替代产品。相较于非晶硅薄膜太阳电池，铜铟镓硒薄膜电池适合光电转换，不存在光致衰退问题，具有价格低廉、性能良好等优势，唯一的问题是材料来源，铟和硒都是比较稀有的元素，故这类电池的发展又会受到一定的限制。同样的还有砷化镓薄膜太阳电池，由于材料价格不菲，很大程度限制了这类电池的普及。

近年来，人们广泛关注以铜锌锡硫（CZTS）薄膜太阳电池为代表的新型薄膜太阳电池。不同于上文提到的多元化合物薄膜电池，制备 CZTS 薄膜太阳电池的成本低廉，材料来源丰富，性能稳定且易于大规模生产。CZTS 薄膜太阳电池的结构主要是基板、背电极、吸收层、缓冲层、窗口层、减反射膜、前电极等。基板在 CZTS 薄膜太阳电池作为底层，起支撑作用；背电极为金属钼；吸收层是薄膜电池的关键部分，吸收层材料的物化性质直接决定了电池的光电转换效率；缓冲层材料使用最广泛的是 CdS；置于吸收层之上的是窗口层，一般采用 ZnO；减反射膜多采用 MgF_2，用来降低反射光强度和增加入射光强度；前电极位于顶部，其材料一般用导电的金属（见图 5－8）。

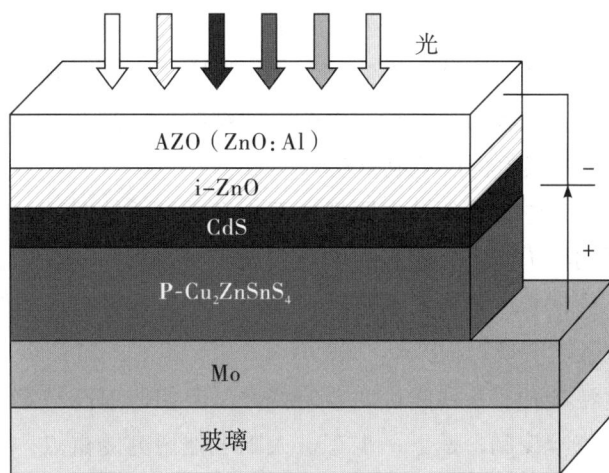

图 5－8　CZTS 薄膜太阳电池结构

目前，CZTS 电池仍存在许多问题，如光电转换效率低、制备工艺复杂、工艺重复性差。CZTS 电池仅处于实验室研发阶段，离大规模生产还有较远距离。因此，如何进一步在低成本条件下提高该电池的光电转换效率，以及如何提高器件的重复率，是该电池发展的重点。

3. 有机太阳电池和有机—无机杂化太阳电池

新型太阳电池采用廉价的原材料且为薄膜太阳电池，最大的特点就是在成本更低的同时具有更高的光电转换效率。这类电池包括有机太阳电池、染料敏化太阳电池和钙钛矿太阳电池。

（1）有机太阳电池。

有机太阳电池具有质量轻，柔韧性好，原材料可进行化学设计、裁剪和合成，无资源存量限制，制备工艺简单，成本低，可大规模生产且易制备大面积、柔性器件等特点。因此，有机太阳电池自 1986 年以来受到了极大关注，最高光电转换效率已达到 19.2%。

在有机太阳电池中，有机光伏活性层夹在两个电极之间，其中一个电极通常是透明的氧化铟锡（ITO）阳极，另一个是金属阴极。其他修饰层，如 LiF、ZnO、TiO_x 等，可根据需要加在活性层和电极中间。有机光伏活性层主要采用固态的有机/聚合物半导体材料，目前主要有 2 种结构：双层结构和主体异质结构。无论哪种结构，其活性层都含有电子给体和电子受体材料。常见的电子给体材料是共轭的小分子或聚合物，而电子受体材料是富勒烯或酰亚胺衍生物，如 PCBM。

根据所利用的有机半导体材料的不同，有机太阳电池主要分为有机小分子型和聚合物型两大类。有机小分子型光伏材料主要有酞菁类、液晶、稠环芳香化合物、噻吩寡聚物和三苯胺及其衍生物 5 类。这些类型的材料容易合成和提纯，但不易溶解于普通溶剂，导致制作成本相对较高。聚合物型光伏材料主要有 PPV 及其衍生物材料、聚噻吩衍生物材料和 D–A 型共聚物材料 3 类。小分子化合物与共轭聚合物相比具有许多优点：一维扩展的 Π 共轭体系有利于激子和电荷载流子的传递；容易通过调控聚合物的结构设计来改变其光吸收能力和其他物理性能；具有良好的溶液成膜性。

有机太阳电池光电转换的基本原理如下：光激发活性层材料分子吸收光子至激发态，生成的激子传输给电子给体/受体的交界处时，受到给体和受体电子亲和势引起的不同诱导，分离正电荷和负电荷，并通过各自的传输通道到达相应的电极，完成光电转换过程。

有机太阳电池具有一系列廉价的本质特性，但如何提高稳定性，兼顾光电转换效率提升与成本控制，是下一步有机太阳电池研究的重点，目前的转换效率已超过 19%，但其商业化模块的效率仍很低，因此大规模商业化生产仍需较长的时间。

（2）染料敏化太阳电池。

最近 30 年，基于纳米技术发展起来的染料敏化太阳电池（DSSC）是一种新型低成本太阳电池（见图 5 - 9）。M. Grätzel 课题组于 1991 年采用高比表面积的纳米晶 TiO$_2$ 介孔膜制备 DSSC，其实验室光电转换效率达到 7.1%，被称为 Grätzel 电池。DSSC 的光电转换效率于 1997 年达到 10%，随后，其效率缓慢增长，截至 2022 年已达到 13%。传统 DSSC 主要由工作电极、染料、电解质和对电极组成。工作电极一般为介孔二氧化钛，涂覆在导电玻璃基底上，染料通过官能团分子的相互作用吸附在工作电极上。含有能级与染料能级匹配的氧化还原电对的电解液可以是液态的，也可以是准固态或固态的，对电极一般是含铂催化剂的导电基底。

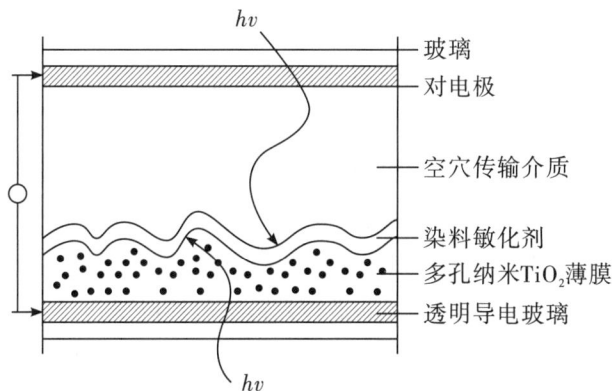

图 5 - 9 染料敏化太阳电池结构

染料敏化太阳电池工作基本原理如下：染料分子吸收光子后，基态电子受激跃迁到激发态，并迅速注入二氧化钛导带，染料分子失电子被氧化。电子在介孔二氧化钛薄膜中传输，并在导电基片上富集，通过外电路流向对电极。电解质（如 I$^-$/I$_3^-$）溶液中的电子供体 I$^-$ 提供电子，使处于氧化态的染料分子回到基态得以再生，同时 I$^-$ 被氧化为 I$_3^-$。电解质中的 I$_3^-$ 扩散到对电极，获得外电路的电子而再次被还原为 I$^-$。至此，就完成了一个光电化学反应循环。

染料敏化太阳电池是一种光电化学电池，对半导体晶体结构完整性的要求不太严格，并具有原材料丰富、无毒环保、制作工艺简便等特点，这有利于太阳能大规模转换与应用。目前，DSSC 的实验和理论研究取得了较大进展，其中一些器件已经得到初步应用，但性能还有待进一步提高，更重要的是如何在低成本条件下提升大面积 DSSC 的光电转换效率，这依然是 DSSC 应用的最大障碍。

（3）钙钛矿太阳电池。

钙钛矿太阳电池是一种基于有机—无机杂化、具有钙钛矿晶体结构光吸收层的新型太阳电池，我国于 2009 年开始尝试应用，在过去十多年时间里，光电转换效率获得高速增长。在短短几年内，它使光电转换效率由 2009 年的 3.8%提升至 26.7%。钙钛矿太阳电池具有效率高、成本低、可溶液加工、制备工艺简单等优点，这些优点使其成为目前研究最多和发展最快的一类新型太阳电池。

钙钛矿太阳电池的结构主要可以分为介孔结构和平面结构两类，每类都有相应的正式和反式两种结构的器件。

介孔结构的钙钛矿太阳电池一般是由导电玻璃、致密层、多孔支架层、钙钛矿吸附层、空穴传输层和对电极构成。其中，多孔支架层作为钙钛矿的支撑结构，可以是金属氧化物半导体材料，也可以是金属氧化物绝缘材料。钙钛矿材料吸附在多孔支架层上，空穴传输材料堆积在钙钛矿材料的表面。当多孔支架层采用半导体材料时，支架层能够传输钙钛矿层所产生的电子，作为电子传输层；当多孔支架层采用绝缘材料时，钙钛矿层吸收光子所产生的电子是通过多孔支架层里的钙钛矿材料输送。目前，绝大多数高效钙钛矿太阳电池都是采用基于电子传输材料的介孔结构，这也是最常见的结构。

平面结构钙钛矿太阳电池一般是由导电玻璃、致密层、钙钛矿吸附层、空穴传输层和对电极构成。与介孔结构钙钛矿太阳电池不同，平面结构没有多孔支架层，钙钛矿材料沉积在电子传输层和空穴传输层中间，吸收光子后产生的电子迅速注入电子传输层，而空穴则被空穴传输层提取。

2017 年，韩国 Seok 等人将介孔钙钛矿太阳电池的认证光电转换效率刷新至 22.7%；2022 年，中科院宣布其钙钛矿太阳电池效率高达 25.6%。近年，中国科学技术大学徐集贤团队创造了钙钛矿太阳电池稳态认证效率为 26.7%的纪录，被国际权威的世界纪录榜——太阳能电池效率表（第 64 版）〔Solar Cellefficiency Tables（Version 64）〕收录。这也是当前钙钛矿太阳电池领域的最高效率。在钙钛矿太阳电池方面，钙钛矿太阳电池器件具有制备工艺简单、可溶液加工、便于大规模生产和成本低廉等优点。同时，钙钛矿材料具有优越的电荷传输性质、长载流子扩散距离、全光谱吸收和高吸光系数，这使得这种材料可以有效吸收太阳光，并高效地产生光生载流子，同时减少在光电转换过程中的能量损失。钙钛矿太阳电池现有远超其他薄膜太阳电池的优异性能，开始显示出潜在的商业前景。在发展过程中，各种结构类型的钙钛矿太阳电池一直在发展和演变。当前，无论是介孔型还是平面型结构的钙钛矿太阳电池，都已实现了 23%以上的效率。然而，钙钛矿太阳电池仍存在一些问题：①钙钛矿材料本身成本低廉，但是大多数钙钛矿光伏器件采用昂贵的贵金属对电极和有机空穴传输材料。②尽管钙钛矿材料中只存在少量的铅，但环保问题依旧不容忽视。因此，开发廉价的对电极材料及低成本的空穴传输材料和高效稳定的非铅钙钛矿材料是未来钙钛矿太阳电池的重点研究方向。

（三） 中国光伏产业发展现状

近年来，国家相关部委出台了一系列支持光伏产业发展的政策规定，极大促进了我国光伏产业的发展，光伏产业已成为我国少数具有国际竞争优势的战略性新兴产业之一。

自21世纪初以来，在各国政策的驱动以及发电成本快速下降的推动下，光伏产业规模持续扩大，步入爆发性增长阶段。2022年全球光伏新增装机容量达230GW，相比2021年装机容量170GW增长了35.3%（见图5－10）。光伏发电已成为全球增长速度最快的可再生能源，在全球光伏产业蓬勃发展的背景下，中国光伏产业持续健康发展，产业规模稳步增长。近年来，我国光伏新增装机容量一直居全球首位，2022年我国光伏新增装机容量为87.41GW。

光伏产业电池种类繁多，但晶体硅太阳电池片牢牢占据着市场主导地位。据统计，晶体硅太阳电池片2021年全球晶体硅太阳电池片总产量达156.4GWp，占据整个光伏市场90%以上。其中单晶硅太阳电池为112.9GWp，多晶硅太阳电池为43.5GWp，其他薄膜太阳电池仅为10.8GWp，市场占比约为5%。

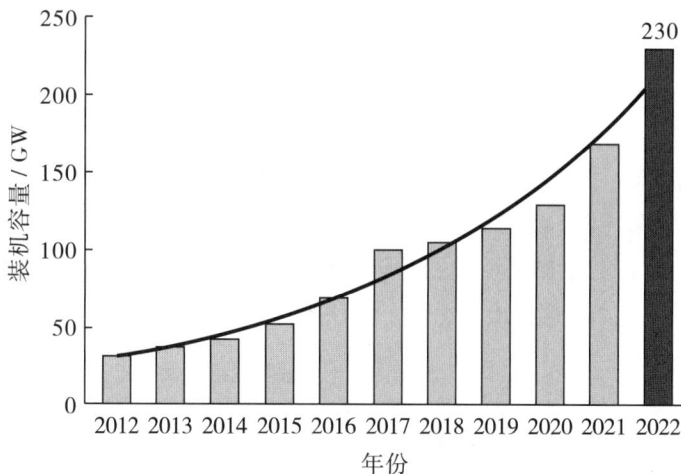

图5－10 2012—2022年全球光伏新增装机容量

资料来源：中国光伏行业协会。

然而，这并不意味着薄膜电池没有发展前景，相反，随着光伏技术的发展，晶体硅太阳电池的研发日趋成熟，亟待改进薄膜电池在实验室的光伏性能，来推动其在市场的大规模应用，这是国家投入大量人力、资源在光伏行业的原因所在。近年来，我国光伏发电发展迅速，成果显著，无论从应用规模、技术进步、成本下降、消纳利用、政策体系还是国际影响力等方面进行评价，都可以毫不夸张地说，中国已成为全球光伏发电领域的引领者，像高铁一样，光伏发电也成为中国递给世界的又一张新名片。

目前，光伏产业已成为中国最具竞争力的产业。我国现已建成全球领先的光伏产业，2022年，我国可再生能源继续保持全球领先地位。全球新能源产业重心进一步向中国转移，我国生产的光伏组件、风力发电机、齿轮箱等关键零部件占全球市场份额的70%。在这一年，我国光伏组件产量为288.7GW，同比增长58.6%，2023年达到433.1GW（见图5-11）。

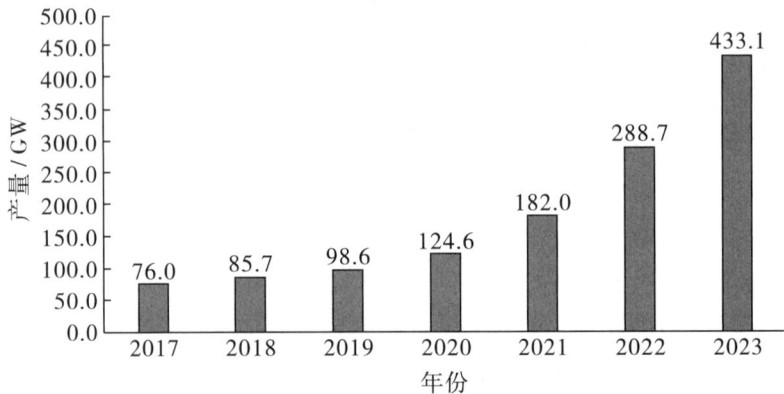

图5-11 2017—2023年中国光伏组件产量预测趋势

资料来源：中商产业研究院。

中国用了短短十几年时间，就将光伏发电做到了全球和全产业链第一的位置。2020年以来，大部分头部电池企业产能利用率并未受太大影响，仍保持90%以上开工率。2021年公布的全球十大太阳能组件供应商中，中国就占据7家（见表5-1），其中排名前三的是隆基绿能科技股份有限公司、天合光能股份有限公司、晶澳太阳能股份有限公司。光伏组件、逆变器和支架几乎被中国垄断。

表5-1 2021年度全球十大太阳能组件供应商

排名	供应商名称
1	隆基绿能
2	天合光能
3	晶澳太阳能
4	晶科能源
5	阿特斯太阳能
6	东方日升
7	第一太阳能（美国）
8	尚德太阳能
9	韩华太阳能
10	正泰太阳能

资料来源：PV-Tech每日光伏新闻。

（四）　中国光伏技术发展历程

1. 光伏发展源流

1839 年，法国科学家贝克勒尔第一次发现了"光伏效应"。1954 年，美国贝尔实验室三位科学家首次制成了实用的单晶硅太阳电池，效率为 4.5%，这对太阳电池的实际应用起到了决定性作用。1958 年，太阳电池应用于卫星系统，这也是中国的第一片硅太阳电池。1960 年，太阳电池第一次并网运行。至此，光伏发电正式进入电网，成为人们日常可以使用的电能。1979 年，世界光伏装机容量达到 1MW，这是光伏发展又一个新的里程碑。1985 年，硅太阳电池转换效率首次突破 20%。2002 年，无锡尚德股份有限公司 10MW 生产线投产。2007 年，中国成为世界最大的光伏电池组件制造国。2011 年，欧美国家对我国进口光伏电池组件进行了反补贴和反倾销"双反"调查，如美国加征的关税最高达到 249%。在这层层打压下，很多国内企业大幅亏损，甚至宣告破产。但是中国光伏行业并没有因此而倒下，在那之后，中国光伏行业越挫越勇，走上了技术革新的道路，"十二五"规划将光伏产业列入了战略性新兴产业，国家大量补贴国内濒临破产的光伏企业。2013 年，中国成为世界最大的光伏应用国。2015 年以来，中国光伏市场的市场份额和技术优势已经形成，例如，多晶硅这个过去被"卡脖子"的领域，已被中国市场主导。根据 2021 年统计数据，世界排名前五的多晶硅企业均为中国企业，总产量之和为 45.3 万吨，约占全球总产量的 70.6%。

2. 碳达峰、碳中和加速能源结构转型

在全球气候变暖及化石能源日益枯竭的大背景下，可再生能源开发利用日益受到国际社会的重视，大力发展可再生能源已成为世界各国的共识。根据国际能源署（IEA）发布的《全球能源行业 2050 净零排放路线图》，到 2050 年，全球超过 90% 的重工业实现低排放，超过 85% 的建筑实现零碳，近 70% 的发电量来自光伏和风电，全球能源结构也将进入以可再生能源为主的低碳能源时代。

3. 光伏发电成本下降，实现"平价上网"

在光伏产业技术水平持续快速进步的推动下，光伏发电成本步入快速下降通道，商业化条件日趋成熟，与其他能源相比已经越来越具有竞争力。根据国际可再生能源机构（IRENA）《2021 年可再生能源发电成本报告》，全球光伏发电加权平均成本已由 2010 年的 38.1 美分/度下降至 2021 年的 4.8 美分/度，年均降幅 17%，并且未来仍有较大下降空间。目前全球光伏产业已由政策驱动发展阶段正式转入大规模"平价上网"阶段，光伏发电即将真正成为具有成本竞争力的、可靠的和可持续的电力来源，从而在市场因素的驱动下迈入新的发展

阶段，开启更大的市场空间。

4. 光伏成为能源转型主力，光伏装机规模将在中短期内快速增长

由于太阳能在解决能源可及性问题和能源结构调整等方面均有独特优势，在多国"双碳"目标、清洁能源转型及光伏"平价上网"等有利因素的推动下，光伏发电将加速取代传统化石能源，完成从补充能源角色向全球能源供应主要来源转变，未来发展潜力巨大，具有广阔的市场空间。全球光伏累计装机容量2011年为72GW，2021年为943.4GW，2024年达到1 642GW的新高（见图5-12），而且每年的新增装机容量还在稳步提高。2025年，全球光伏新增装机容量将达到430GW，较2021年的183GW新增装机容量继续保持稳增长。

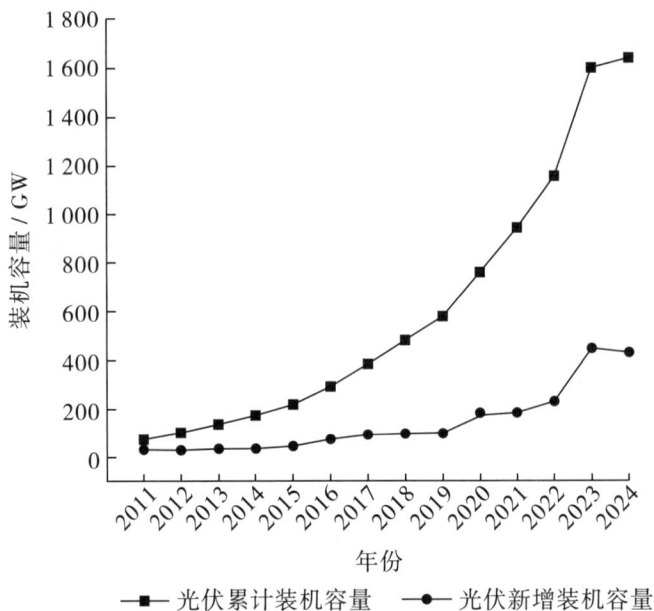

图5-12 2011—2024年全球光伏累计装机容量及新增装机容量情况

5. 光伏产业的市场融合

麦肯锡曾如此评价中国经济：虽然中国作为全球大国，拥有庞大的经济体量，但中国经济尚未全方位实现与世界融合。与我国最具国际影响力的互联网企业相比，中国光伏企业十分相似，早期都是在国际市场完成融资。但这些企业的国际市场经历完全不同，互联网企业的早期市场是国内，光伏企业的早期市场100%是国外。互联网企业海外收入占比方面，以2019年为例，腾讯占比不到10%，阿里巴巴占比20%。光伏企业则呈现出另一番景象：从诞生到"双反"调查之前，光伏产品99%出口；"双反"调查之后，许多企业出口比例降至30%；"531"新政颁布之后，光伏企业出口又大幅回升至70%。从中可以发现：我国具备生产核心光伏关键装备和原材料的水平，不存在"卡脖子"问题。

（五） 光伏技术的应用

1. 大型地面电站

光伏技术最典型的应用就是地面电站，国内一些企业，如隆基绿能，已经在全国范围内铺设地面电站，特别是西北地区，光照充足，为光伏发电提供了有利的前提条件。但是，大型地面电站的应用也有很多局限性，例如，西部有着大量可以建设大型地面电站的土地，然而缺乏用电需求，需要使用特高压输电线路将电输送到东部，而东部恰恰相反，用电需求大，但是缺乏可安装的土地。

2. 光伏建筑一体化

光伏与建筑物相结合是近期和未来光伏发电的一种主要形式。现阶段光伏建筑主要采取在屋顶安装光伏板的方式，未来的光电建筑光伏与建筑物将是一个整体，光伏是建筑材料的一部分，它既是发电设备，也是建筑装修材料，如光伏发电玻璃幕墙、屋顶瓦等。这类光伏建筑既不会对环境造成污染，还能降低输电和配电时的投资和维修成本，可以说光伏建筑市场的发展空间很大。

3. 光伏农业、光伏渔业

光伏与农业相结合也有可能是光伏未来的发展趋势。农业用地较广，光伏在不影响农作物生长的情况下与农业生产有机结合将是重点研究方向。目前光伏与农业之间存在"争地、争光"等相冲突的地方，未来随着技术发展，光伏和农业有机结合有可能取得双丰收。

4. 移动能源

轻质、柔性的光伏组件可以作为移动能源使用。光伏很早就成为空间设备和设施的电能供应技术，现在，光伏也和交通工具进行了结合，例如，太阳能为共享单车供电，还有"太阳能 + 汽车""太阳能 + 轮船"等等。另外，光伏和消费电子产品结合已有很多应用场景，如光伏充电器、光伏背包等。

三 "双碳" 目标下光伏产业的发展趋势

光伏行业是一个前景远大的行业。从历史看，跨界切入从未中断，2008 年到 2011 年是跨行业进入光伏领域的高峰期，现在正在重演；从现状看，不少企业正是从其他领域切入光伏领域，并取得成功；从过程看，光伏产业一直呈波浪式上升，新进入者有后发优势。下文将主要介绍平准化度电成本、能量回收期的基本概念，光伏产业链上、中、下游面临的问题和发展趋势，等等。

（一）平准化度电成本

为了更好地衡量一个发电厂在其生命周期内的平均发电现值成本（可以理解为发电商为实现等于贴现率的内部收益率所需的平均现值捕获价格），出现了平准化度电成本（Levelized Cost of Energy，LCOE）这一概念。LCOE 作为清洁电力成本核算中的核心概念，对完善电力定价体系、深化电力体制改革和促进电力行业的高质量发展具有非常重要的意义。LCOE 属于量化的经济指标，合理剔除了不同发电技术的初始投资和发电量的差异，同时在一定程度上剔除了各种财务和税收方面差异的影响，能够真实地反映不同能源和产品下各种技术方案的经济性，常被用于比较和评估可再生能源发电（光伏、风能、生物能源、地热等）与传统发电（燃煤、天然气、大型水电站等）方式的综合经济效益，具有很强的实用性。同时，由于 LCOE 计算并不需要预测未来每年的现金流入，大大增加了对发电成本预测的准确性，因而在国际上被广泛应用。

LCOE 可以作为不同区域、不同规模、不同投资额和不同技术的经济评价参数，其计算包含了很多前提假设，假设条件会严重影响 LCOE 的测算结果。LCOE 的基本公式如下：

$$平准化度电成本 = \frac{\begin{array}{c}系统造价 - 生命周期内因折旧导致的残值 + \\ 生命周期内因项目运营导致的维护成本 - 固定资产残值的现值\end{array}}{生命周期内发电量}$$

光伏产业的 LCOE 公式如下（其中光伏组件的成本、光伏器件的光电转换效率和光伏器件的稳定性是影响光伏产业 LCOE 的关键因素）：

$$\text{LCOE} = \frac{\overset{系统造价}{I_0} - \overset{残值}{V_R} + \sum_{n=1}^{Lt} \overset{维护成本}{M_n} (1-i)^n}{\underset{全生命周期发电量}{\sum_{n=1}^{Lt} E_n (1-i)^n}}$$

关键参数：

（1）系统造价（I_0）= 组件成本 + 系统平衡成本（BOS）。BOS 包括土地、支架、线缆、人工等成本，是转换效率的函数。

（2）效率年衰退率（i）：体现组件的不稳定性。

（3）寿命（Lt）：转换效率衰减到初始的80%所需的年数。

（4）发电量和装机容量、太阳能资源、稳定性有关。

（二）　能量回收期

光伏能源作为清洁的可再生能源，其能量回收期（Energy Payback Time，EPT）是衡量其可再生性和实现"双碳"目标所需考虑的重要指标。EPT指一个光伏发电系统全生命周期所消耗的能量除以该系统的年平均能量输出，单位为年。即光伏发电系统把自己生命周期内消耗的能量回收所需年数。显然，回收期愈短愈好。随着应用扩大、产业发展、技术进步，能量回收期愈来愈短。例如，20世纪80年代后期，晶体硅光伏发电系统的能量回收期为5～10年；20世纪90年代中期，晶体硅太阳电池的能量回收期为3～8年。随着光伏技术和产业的持续发展，光伏发电的能量回收期也将持续不断地降低，现在晶体硅光伏发电系统的能量回收为0.5～1.5年。依赖于测算边界条件，薄膜电池的EPT仅为晶体硅太阳电池的一半左右。同时，组件的回收工作也会影响EPT。EPT公式如下：

$$EPT = \frac{光伏系统全生命周期总能耗}{光伏系统每年的能量输出}$$

（三）　光伏产业链

光伏产业链所涉及的上、中、下游产业众多，跨度很大。以晶体硅太阳电池为例，光伏产业链可以分为硅料、硅片、电池片、光伏组件和光伏发电系统等环节，其中硅料与硅片环节为产业链上游，电池片与光伏组件为产业链中游，光伏发电系统为产业链下游（见图5-13）。

在硅料环节，石英砂被制造为工业硅，工业硅再被提纯为光伏级多晶硅料；在硅片环节，多晶硅料被加工成单晶硅棒或多晶硅锭，再经过截断、开方、切片等工艺，得到单晶硅片或多晶硅片；在电池片环节，硅片经过制绒清洗、扩散制结、刻蚀、化学气相沉积、丝网印刷和烧结等步骤，得到硅基光伏电池片。在光伏组件环节，光伏电池片与光伏胶膜、光伏玻璃、背板等组装在一起，得到可以应用于下游光伏电站的光伏组件。

电池片是太阳能发电的核心部件，通常分为单晶硅电池片和多晶硅电池片，由于晶体硅太阳电池具有光电转换效率高、工艺成熟、原料储量丰富等优点，因此目前晶体硅太阳电池片占有重要市场份额，以单晶硅为主。

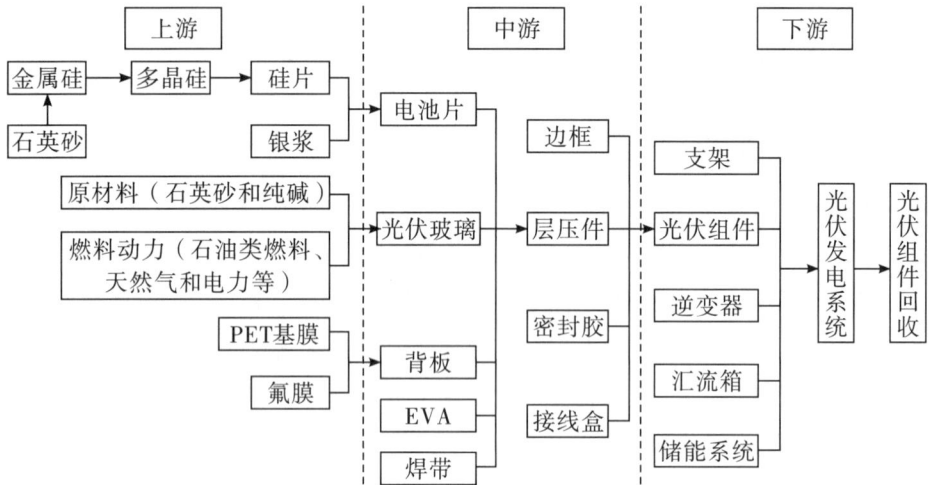

图 5-13 光伏产业链

1. 光伏产业链上游

由于光伏产业链不同环节的生产原料及加工方式不同，上、中、下游环节所面临的问题也不尽相同。对于上游产业来说，高纯石英砂是制造多晶硅和光伏玻璃的原材料，也是未来的关键矿产资源，如何持久地获得廉价高纯石英砂是光伏产业不可回避的问题。此外，多晶硅生产是高能耗产业，通常依托西部低廉的水电和坑口火电资源。近年来对光伏组件的需求也推高了多晶硅价格，有利于光伏产业的发展。低温、低成本银浆制造技术需要突破。

2. 光伏产业链中游

中游产业在光伏产业中一直是最活跃的部分。整个产业对光伏玻璃需求量大，工信部已明确其不受产能置换限制。除了光伏、玻璃两大巨头——信义和福莱特外，诸如蓝思科技、海螺水泥等多个企业也在进入。在电池片方面，提升转换效率和更高效的技术替代一直是业内追求的目标，新一代的电池产业化也在萌芽中。随着技术的发展，发射极与背面钝化电池（Passivated Emitter and Rear Cell，PERC）技术曾一度作为主流技术受到研究者和市场追捧，并且单晶电池基本完成对多晶电池的替代，目前商业化的单晶 PERC 平均效率约为 23%。PERC 技术是通过在硅片背面增加一层钝化层（氧化铝或氧化硅）（见图 5-14），对硅片起到钝化作用，可有效提升少子寿命。为了防止钝化层被破坏，影响钝化效果，还会在钝化层外面再镀一层氮化硅。传统晶体硅电池使用低成本的铝背场（Al BSF）技术，该技术具有较高的复合速率。而 PERC 技术通常使用氧化物（Al_2O_3 或 SiO_2）和局域金属背接触改善背电极钝化。PERC 技术中引入的背面钝化可将电池背面处的表面载流子的复合速率降至 50cm/s 以下，表面悬挂键降至 1×10^{11} eV·cm-2 以下，因此可改善电池背面复合，延长电池的少子寿命。

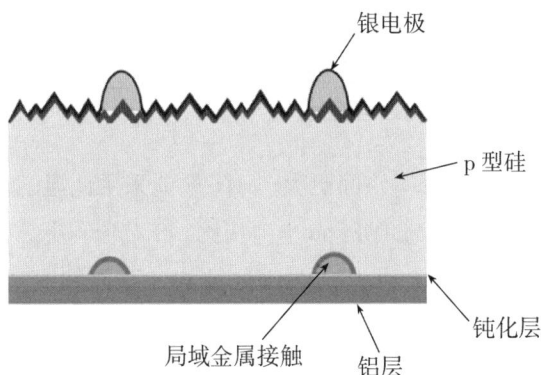

图 5 – 14 PERC 基本结构

除 PERC 外，隧穿氧化层钝化接触（TOPCon）电池也备受各方关注，各大企业也在积极推动 TOPCon 技术的研发和产业化。TOPCon 电池通过隧穿氧化层钝化触点，在电池背面制备超薄氧化硅层，然后沉积氮化硅薄层。（见图 5 – 15）这两层共同形成无源接触结构，有效减少了表面复合和金属接触复合。2021 年，隆基绿能宣布其 n 型 TOPCon 电池效率达到 25.21%，p 型硅片上制备的 TOPCon 电池效率达到 25.09%。天合光能实现 25.5% 的世界纪录（$210cm^2 \times 210cm^2$）。晶科能源于 2024 年将 TOPCon 电池的效率推高至 26.89%，是 TOPCon 电池截至 2024 年的最高效率。由于 TOPCon 电池与 PERC 在工艺上具有基础性，目前大型太阳电池制造企业已经积累几十吉瓦的 PERC 产能，可以无缝衔接，还可以在原有 PERC 基础上通过增加设备和工艺来达到技术提升和生产线升级，量产难度不大。

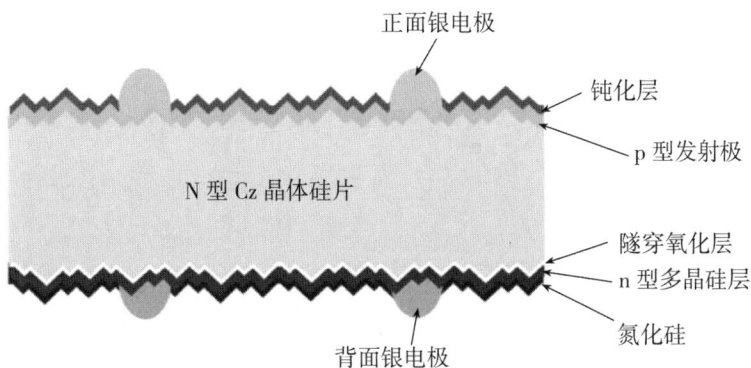

图 5 – 15 TOPCon 电池基本结构

硅基异质结（HJT）电池是在低掺杂的晶体硅片表面沉积本征非晶体硅膜，然后分别在两个表面沉积 p 型和 n 型的非晶硅或微晶硅，形成异质结构（见图 5 – 16）。为了获得高转换效率，HJT 电池通常使用 n 型硅片。HJT 电池主要有以下优点：

（1）转换效率更高。HJT 电池转换效率极限超过 28%，远高于 PERC。受 p 型单晶电池本身材料的限制，PERC 转换效率接近"天花板"，HJT 电池最高转换效率为 27.08%（见图 5 - 17），为天合光能于 2024 年所创下，未来有望超过 28%，效率优势明显。

（2）生产工艺更简化，降本空间更大。HJT 电池采用低温工艺，有利于减少热损伤和节约能源。HJT 电池与 TOPCon 电池相比，工艺流程更短，成本更低。

（3）双面率更高。HJT 电池为双面对称结构，双面率有望提升至 93% ~ 98%，可获得 10% 以上的年发电量增益。

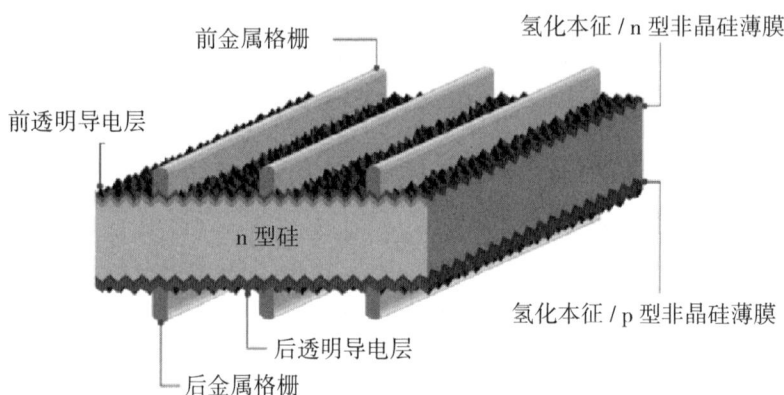

图 5 - 16　HJT 电池基本结构

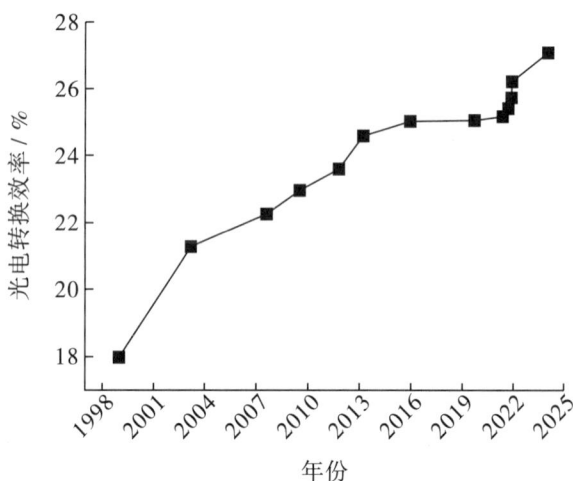

图 5 - 17　HJT 电池效率发展

除传统的硅基电池外，钙钛矿太阳电池作为新兴的光伏技术成果，其商业化价值也备受人们关注。钙钛矿材料是指一类具有 ABX_3 分子结构的陶瓷氧化物。ABX_3 分子结构的氧化物最早被发现是存在于钙钛矿石中的钛酸钙（$CaTiO_3$）

化合物，因此而得名。随着后续进一步
的科学研究，人们逐步发现了许多具有
与钛酸钙晶体结构（见图 5 - 18）相同
的物质，便把具有钛酸钙晶体结构的一
系列材料统称为钙钛矿材料，并且用化
学结构式 ABX_3 统一表示。对于钙钛矿
太阳电池而言，用于太阳电池的钙钛矿

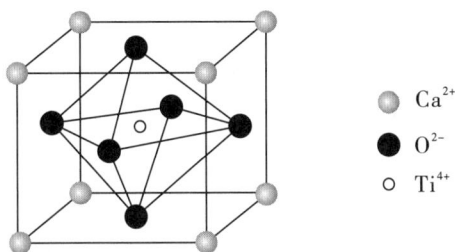

图 5 - 18 **钛酸钙晶体结构**

材料中，A 位点的化学元素及其价态一般为一价大阳离子，即 A^+。目前应用于
光伏产业的一价大阳离子为甲铵根离子（$CH_3NH_3^+$，即 MA^+）、甲醚根离子
［$HC(NH_2)_2^+$，即 FA^+］和铯离子（Cs^+）。A^+ 离子的半径往往是钙钛矿材料中
最大的，它在整个晶体中起着支撑的作用；而二价的金属阳离子则是 B 位离子
的首选，即 B^{2+}。常见的 B^{2+} 离子包括铅离子（Pb^{2+}）、锡离子（Sn^{2+}）等。其
中，铅离子具有相对原子质量大、$6S^2$ 轨道上存在孤对电子、$6P^2$ 轨道上电子饱和
等特点，使得含铅的钙钛矿材料具有极高的光吸收系数、较长的载流子寿命、
较长的载流子扩散长度，是制作太阳电池的极佳材料；X 位离子多数为卤素离
子，例如碘离子（I^-）、溴离子（Br^-）和氯离子（Cl^-）。X 位离子的掺杂与替
换可以较为精密地调节光吸收层带隙，提高稳定性。钙钛矿太阳电池的优势在
于高光吸收系数、高缺陷容忍、优异电学性能、带隙连续可调、可低温非真空
制备、成本低廉、可柔性轻量化等。钙钛矿太阳电池发展迅猛，仅用了 16 年时
间，就追平了晶体硅太阳电池的效率（见图 5 - 19）。

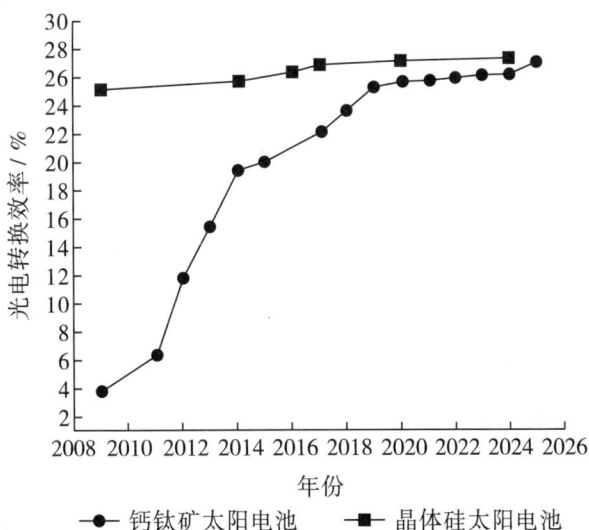

图 5 - 19 **钙钛矿、晶体硅太阳电池效率发展情况**

钙钛矿太阳电池的出现彻底颠覆了传统的光伏产业，它的成本相较于耗能巨大的晶体硅太阳电池来说十分低廉，钙钛矿太阳电池用于地面电站与屋顶电站发电的成本小于 0.7 元/瓦，约为晶体硅太阳电池的一半；并且由于它易于实现质轻、体薄、柔性、多彩、半透明等功能，在移动电站、室内发电、智能穿戴、光伏建筑一体化等特定领域具有潜在优势。此外，钙钛矿太阳电池在制备技术上兼容性高，由于钙钛矿材料具有连续可调的禁带宽度，可与传统的硅或铜铟镓硒太阳电池结合，形成更高效率的叠层电池，而钙钛矿基叠层电池是突破成本与效率困局的最直接方法。由于单结钙钛矿太阳电池转换效率理论极限仅为 33%，现阶段硅基和钙钛矿基太阳电池已逐渐接近这一极限，而叠层电池是可以采用不同能带宽度的材料组合，并且按照带隙宽度从大到小的顺序从外向内叠合，可让波长最短的光被最外侧的光伏材料吸收，波长较长的光透射进入窄带隙的材料中被电池利用，最大限度地将光能变成电能，从而减少热损失并提升效率。钙钛矿/硅叠层电池的转换效率理论极限为 42%，目前达到的最高效率为 33.2%，而钙钛矿/钙钛矿叠层电池的转换效率理论极限为 44%，目前达到的最高效率为 29%，都远超单结太阳电池的极限。在钙钛矿商业化应用方面，已有部分企业实现了重要突破。以广东脉络能源科技有限公司为代表的众多光伏企业在钙钛矿产业化领域取得了显著进展，包括高效率组件的研发与下线，以及技术创新的多个突破。经国家光伏产业计量测试中心认证，广东脉络能源科技有限公司在 30cm×30cm 大尺寸钙钛矿光伏组件上实现了 22.86% 的转换效率，为当时已报道的世界最高值。广东脉络能源科技有限公司于 2024 年 12 月成功下线了 1.2m×1.6m 大面积钙钛矿光伏刚性组件，该组件的效率经权威机构认证达到 17.9%，这是钙钛矿光伏大面积组件在实现商业化道路上的重大进步。2025 年 1 月，广东脉络能源科技有限公司成功下线了 1.2m×1.6m 大面积钙钛矿光伏柔性组件，实现柔性钙钛矿电池组件的新进展。在技术创新方面，广东脉络能源科技有限公司通过组分工程、溶剂工程和添加剂工程，对大面积涂布钙钛矿薄膜的成核与结晶过程进行精密调控，制备了大晶粒、高致密的钙钛矿薄膜。同时，基于对激光精密加工的深刻理解，通过独特的设计理念，有效缩小激光划线死区宽度并实现子电池之间的高质量互联，最终获得了高效率、大面积钙钛矿光伏组件。

3. 光伏产业链下游

对于光伏产业链的下游产业而言，光伏电站的设计则是至关重要的。光伏电站的设计直接影响系统成本、效率、寿命和收益。以选址安装问题为例，西部有广阔的安装空间，但缺乏用电设施，需要建设特高压输电线路输送到东部；东部土地资源昂贵，缺乏优质安装场地。为了更好地利用空间，也有人提出水面/海面光伏的概念，其优点是安装空间广阔，但对光伏组件的耐候性（高湿、高盐、高海况）要求高，运行与维护成本巨大。此外，光伏还与新能源汽车相结合，搭建光伏交通构件以满足智慧交通和电动车充电的需求，但是目前缺乏相关行业标准，运行与维护的难度同样巨大。

随着光伏电站的大规模发展，大容量光伏接入要求更多的电能存储，储能技术的发展迫在眉睫。随着光伏电池的寿命到期，光伏组件回收也是一个大问题。光伏组件回收的关键在于回收过程中的能耗与污染治理，这一问题将增加全生命周期成本 0.04 元/瓦。目前可应用的方法有无机酸处理法和热处理法，来回收光伏组件中的高价值材料。

四 总结

对于"双碳"政策下的新能源和太阳能产业发展，可以做出如下总结：

（1）在 2030 年前实现碳达峰、2060 年前实现碳中和（简称"双碳"目标）是党中央经过深思熟虑做出的重大战略部署，也是有世界意义的应对气候变化、温室效应的庄严承诺。"双碳"目标的提出将把我国的绿色发展之路提升到新的高度，成为我国未来数十年内社会经济发展的主基调之一。

（2）在"双碳"目标推进过程中，以新能源为重点的可再生能源推广的核心问题在于成本和应用的便利程度。其中，太阳能光伏发电是所有可再生能源中的主力能源。

（3）目前全球光伏产业已由政策驱动发展阶段正式转入大规模"平价上网"阶段，光伏发电即将真正成为具有成本竞争力的、可靠的和可持续的电力来源，从而在市场因素驱动下迈入新的发展阶段，并开启更大的市场空间。

（4）在太阳电池中，TOPCon 技术正在继承传统 PERC 技术的基础上高速发展，HJT 技术也紧随其后。同时，近年来我国钙钛矿太阳电池行业已经显现出巨大的商业化前景，从其发展环境来看，这一行业总体来说处于利好局面。

（5）钙钛矿基叠层太阳电池将突破成本与效率困局，具有广阔前景。

参考文献

[1] 王永中. 碳达峰、碳中和目标与中国的新能源革命 [J]. 社会科学文摘，2022（1）.

[2] 肖新建. 统筹能源安全保障与绿色转型 [N]. 经济日报，2022 – 02 – 08.

[3] 焦念志，等. 蓝碳行动在中国 [M]. 北京：科学出版社，2018.

[4] 吴俊滢，姜晓珍. 浅析全球变暖原因及其改进措施 [J]. 才智，2017（12）.

［5］曹雨润，王晓丽，张欣雅. 碳中和背景下中国绿色经济的发展趋势［J］. 产业创新研究，2022（3）.

［6］中共中央 国务院关于完整准确全面贯彻新发展理念做好碳达峰碳中和工作的意见（2021年9月22日）［EB/OL］. 中国政府网，2021 - 10 - 24.

［7］庄贵阳. 碳达峰、碳中和，这些国际经验可借鉴［N］. 光明日报，2021 - 04 - 29.

［8］走进碳达峰碳中和丨碳达峰：世界各国在行动［Z］. 江苏生态环境，2022.

［9］徐文进. 保障能源安全 实现绿色转型［J］. 唯实，2022（4）.

［10］中华人民共和国国家发展和改革委员会. 能源生产和消费革命战略：2016—2030［Z］. 2016.

［11］田乐，程锋. "绿电"助力碳达峰与碳中和：光伏、风电发展引导能源转型之路［J］. 中国林业产业，2021（11）.

［12］王文雅，白珍. 浅谈太阳能电池的现状、原理和运维［J］. 西藏科技，2020（6）.

［13］许庆岩，任元文，刘世民. 太阳能电池研究进展［J］. 功能材料与器件学报，2020，26（4）.

［14］常欣. 高效晶体硅太阳电池技术及其应用进展［J］. 太阳能，2016（8）.

［15］戴沁煊，周建军. 太阳能电池研究进展［J］. 企业科技与发展，2018（2）.

［16］侯庆喜，刘苇，张丙旭. 一种碱性电池隔膜纸的制备方法［J］. 天津造纸，2020，42（3）.

［17］王冠雄. 基于复合空穴传输材料的介孔钙钛矿太阳电池的研究［D］. 北京：华北电力大学，2016.

［18］2023年全球及中国光伏行业市场规模及发展趋势预测分析［Z］. 中研普华，2020.

［19］陈敏曦. 全球水电发展趋势解读［Z］. "中国电力企业管理"微信公众号，2017.

［20］中国光伏发电十年征程，从被"卡脖子"到全球领先［EB/OL］. 每日经济新闻，2022 - 09 - 25.

［21］肖国兴. 能源资本转型的法律抉择［J］. 法学，2021，476（7）.

［22］袁珩. 麦肯锡报告聚焦中国与世界的经济联系［J］. 科技中国，2020（4）.

［23］王勃华：2021年预计光伏新增装机规模55 - 65GW［EB/OL］. 人民政协网，2021 - 02 - 09.

［24］ 杨云霞，牛海峰，李永迎，等. 平准化度电成本是不同发电技术经济性评价的通用参数［J］. 能源研究与利用，2021（5）.

［25］ 2023 年中国光伏设备产业链上中下游市场分析［EB/OL］. 中商情报网，2023 – 01 – 18.

［26］ 刘苗，严金梅，赵江雷，等. 一种高抗机械荷载 PERC 单晶硅太阳电池的设计［J］. 太阳能，2019（5）.

［27］ *BP Statistical Review of World Energy 2022*. Royal Dutch /Shell Group of Companies，2022.

［28］ *BP Statistical Review of World Energy 2017*. Royal Dutch /Shell Group of Companies，2017.

［29］ *Global Carbon Budget 2022*. Global Carbon Project，2022.

［30］ *Climate Change 2021*：The Physical Science Basis. Intergovernmental Panel on Climate Change，2021.

［31］ Cui，W.，Chen，F.，Li，Y. Status and perspectives of transparent conductive oxide films for silicon heterojunction solar cells［J］. *Materials Today Nano*，2023，9.

［32］ Robinson，A. L. Amorphous silicon：A new direction for semiconductors［J］. *Science*，1977，197.

［33］ Bouabdelli，M. W.，Rogti，F.，Maache，M. Performance enhancement of CIGS thin-film solar cell［J］. *Optik*，2020，216.

［34］ Pham，D. P.，Lee，S.，Yi，J. Potential high efficiency of GaAs solar cell with heterojunction carrier selective contact layers［J］. *Physica B*：*Condensed Matter*，2021，611.

［35］ Campbell，W. M.，Jolley，K. W.，Wagner，P. Highly efficient porphyrin sensitizers for dye-sensitized solar cells［J］. *The Journal of Physical Chemistry C*，2007，111（32）.

［36］ Zhao，Y.，Ma，F.，Qu，Z. Inactive（PbI$_2$）2RbCl stabilizes perovskite films for efficient solar cells［J］. *Science*，2022，377（6605）.

［37］ Seok，S. I.，Grätzel，M.，Park，N. G. Methodologies toward highly efficient perovskite solar cells［J］. *Small*，2018，14（20）.

［38］ Khan，S.，Sudhakar，K.，Bin Yusof，M. H. Building integrated photovoltaics powered electric vehicle charging with energy storage for residential building：Design，simulation，and assessment［J］. *Journal of Energy Storage*，2023，63.

[39] Branker, K., Pathak, M. J. M., Pearce, J. M. A review of solar photovoltaic levelized cost of electricity [J]. *Renewable and Sustainable Energy Reviews*, 2011, 9.

[40] Walmsley, T. G., Walmsley, M. R. W., Varbanov, P. S., et al. Energy ratio analysis and accounting for renewable and non-renewable electricity generation: a review [J]. *Renewable and Sustainable Energy Reviews*, 2018, 98.

[41] Rehman, A. U., Nadeem, M., Usman, M. Passivated emitter and rear totally diffused: PERT solar cell: An overview [J]. *Silicon*, 2023, 15.

[42] Chee, K. W. A., Ghosh, B. K., Saad, I., et al. Recent advancements in carrier-selective contacts for high-efficiency crystalline silicon solar cells: Industrially evolving approach [J]. *Nano Energy*, 2022, 95.

[43] Alaaeddin, M. H., Sapuan, S. M., Zuhri, M. Y. M., et al. Photovoltaic applications: Status and manufacturing prospects [J]. *Renewable and Sustainable Energy Reviews*, 2019, 102.

[44] Okil, M., Salem, M. S., Abdolkader, T. M., et al. From crystalline to low-cost silicon-based solar cells: A review [J]. *Silicon*, 2022, 14.

[45] Ansari, M. I. H., Qurashi, A., Nazeeruddin, M. K. Frontiers, opportunities, and challenges in perovskite solar cells: A critical review [J]. *Journal of Photochemistry and Photobiology C: Photochemistry Reviews*, 2018, 35.

第六讲

海洋碳汇与大型海藻固碳增汇

◎ 主讲人 杨宇峰

杨宇峰

　　暨南大学和南方海洋科学与工程广东省实验室（珠海）教授、博士生导师，暨南大学人与自然生命共同体重点实验室研究员。曾在美国、英国、奥地利、澳大利亚、韩国等国访问学习和开展合作研究。从事大型海藻生物修复与碳汇过程、海水养殖环境与浮游生物生态研究和教学工作。近 10 年先后主持科技部重点研发项目课题、科技支撑项目课题和农业农村部科技专项、国家自然科学基金委——广东联合基金重点项目和国家自然科学基金面上项目 10 多项，在大型海藻环境修复与水域生态领域权威刊物 Reviews in Fish Biology and Fisheries、Molecular Ecology、Algal Research、Water Research、Aquaculture、Journal of Agricultural and Food Chemistry、Science of the Total Environment 及《生态学报》《中国科学院院刊》《水生生物学报》等杂志上发表论文 190 多篇，合作编著《近海环境生态修复与大型海藻资源利用》和《海水养殖绿色生产与管理》专著 2 部。获国家、广东省、教育部科技成果奖励 4 次。

随着经济社会快速发展，CO_2 排放不断增加，导致全球气候变暖、海洋酸化和海水富营养化等一系列生态环境和可持续发展问题。海洋作为地球最大的生态系统，吸收了约93%因温室气体排放增多而释放的热量，在实现碳中和战略目标及海洋产业高质量发展中发挥着至关重要的作用。当前的海洋环境现状如何？海洋固碳增汇的途径有哪些？大型海藻在海洋增汇减排中扮演怎样的角色？对上述问题有一个全面的认知，对了解海洋生态系统的作用和理解联合国可持续发展的目标具有重要意义。

一　海洋环境与海洋碳汇概述

（一）　海洋环境概述

水生态系统由淡水生态系统和海洋生态系统组成，地球上水的总体积约为13.86亿立方千米，其中96.5%分布在海洋。海洋是由海水水体、海洋大气、海岸、海盆和多种海洋资源组成的统一体，是地球上最广阔的水体总称。海洋的边缘部分称作海，濒临大陆，是位于大洋四周边缘的水域。海洋的中心部分称作洋，是远离海岸，深邃、浩瀚的水域。地球上海洋总面积约为3.6亿平方千米，约占地球表面积的71%。海与洋之间存在较大的差异：海的面积较小，约占海洋面积的11%，水深较浅，水体较混浊，水体物理化学性质不稳定，易受陆地影响；而洋的面积大，约占整个海洋面积的89%，水深较深，平均水深3 800米，最深可达1万多米，水体物理化学性质稳定，不易受陆地影响。

海洋环境状况直接影响着地球水环境现状。海洋环境变化主要有三个梯度。首先是从赤道到南北两极的纬度梯度变化，具体表现为由赤道向两极的太阳能辐射强度逐渐减弱，导致季节变化与日光照持续时间的差异，最终影响不同纬度海区的温跃层模式。其次为从海面到海底的深度梯度变化，由于光照只能透入海洋的表层，其下方只有微弱的光或无光；此外，海水温度也表现出明显的垂直变化，在海洋底层温度较低，压力较大，导致深海中有机食物稀少。最后为从沿岸到开阔大洋的水平梯度变化，主要为营养物质含量和海水混合作用的变化，包括温度和盐度等环境因素呈现从沿岸向外洋的变化。除了上述影响因素外，人类活动如喷洒农药、生活污水、船舶污水向海中排放，污染地表径流，过度捕捞海洋生物，以及新型污染物微塑料的出现，均破坏了海洋环境并导致海洋生物多样性的丧失。近年来随着经济社会与城市化的加速发展，有害藻华、珊瑚白化、绿潮爆发及长棘海星泛滥等海洋灾害频发，严重破坏我国近海生态系统健康。

（二）　海洋碳汇概述

1. 全球 CO_2 排放现状及危害

自工业革命以来，CO_2 排放量逐年增多，2011 年起世界各地区年均 CO_2 排放量均超 340 亿吨。大量 CO_2 排放导致空气中 CO_2 浓度持续升高，2011—2020 年，CO_2 浓度增长速率达 2.43ppm/年，CO_2 浓度增长速率较上一个冰河时代结束时的增长速率快 100 多倍。伴随着大气 CO_2 浓度持续升高，全球变暖速度也将进一步加快。2022 年 2 月全球平均地表温度比 1880—1920 年间的平均温度高 1.19℃。全球气温升高也带来了一系列的负面影响：在农业生产方面，温度升高会导致全球经济作物产量降低，减少人类食物来源；在生物多样性方面，温度升高会导致动植物生长环境被破坏，生物多样性降低；在人类健康方面，温度升高会引起食源性和水源性发病率增加、热射病及多种身体不适状况多发。因此，如何减缓全球变暖速度以及降低大气 CO_2 浓度，已成为全球关注的热点问题。

2. 海洋在碳减排中的作用

海洋通过调节大气中 CO_2 分压在控制气候变化方面发挥着关键作用，作为地球上最大的生态系统，其吸收了约 93% 因温室气体排放增多而释放的热量，缓解气候变暖，并吸收了 25%～30% 人类排放的 CO_2。陆地碳汇的碳储存时间跨度从几十年到几百年不等，而海洋的储碳周期可达数千年。海洋还通过海洋植物的光合作用生产地球上大约 50% 的 O_2。由于在减少碳排放、增加 O_2 量方面的巨大潜力及其在地球碳循环中的重要作用，海洋现已成为经济社会和环境可持续发展的重要组成部分。

在减少温室气体排放行动上，海洋有望在五大领域做出贡献。①海洋可再生能源（MRE），基于海洋的可再生能源生产为提供清洁能源和减少温室气体排放提供了巨大潜力。MRE 可从波浪、潮汐、海流、温差和盐度梯度等多种形式获取。与风能和太阳能发电相比，在整年的运行期间，MRE 在每小时的运行尺度上更为持久。②海上运输，减少国际及国内航运业的碳排放。③沿海和海洋生态系统恢复，主要通过红树林、盐沼和海草床修复、扩大海藻养殖、减少海洋生物资源的过度开发以及恢复生物多样性。④水产养殖和饮食方式转变，减少水产养殖中的碳排放，在人类饮食上将碳排放量较高的陆地来源蛋白质（尤其是牛肉和羊肉）转换为低碳海洋来源蛋白质。⑤海底的碳封存。通过海洋在以上五大领域的减排增汇，预计到 2050 年每年可减少超过 110 亿吨 CO_2 当量的排放。

二 海洋碳汇研究进展

（一）海洋碳汇现状

随着海洋增汇研究逐渐增多，2009 年联合国环境规划署、粮农组织和教科文组织联合发布《蓝碳：健康海洋固碳作用的评估报告》，并首次提出了蓝碳的概念。蓝碳是指海洋中的碳封存，主要通过沿海红树林、海草床、盐沼及各种藻类，将 CO_2 固定为稳定生物质储存的一部分，并在水体和沉积物中长期储存。由于海洋中碳汇类型及碳汇时间尺度的多样性，海洋碳汇的计算方式仍存在不确定性和局限性。Liu 等（2022）在综合考虑碳汇类型及其特征碳汇循环时间尺度后，对中国海洋碳汇进行了初步评估：我国海洋碳汇总量为 69.83 ~ 106.46 Tg C yr^{-1}，其中海水养殖碳汇为 2.27 ~ 4.06 Tg C yr^{-1}，滨海湿地碳汇为 2.86 ~ 5.85 Tg C yr^{-1}，近海碳汇为 64.70 ~ 96.55 Tg C yr^{-1}。

（二）海洋碳汇途径

海洋碳汇方式可分为生物学途径和化学途径。生物学途径的主要方法有：沿海生态系统恢复，增加海洋植物的种植，利用植物的光合作用吸收 CO_2 并增加水中溶解氧含量；集成生物泵（BP）、微型生物碳泵（MCP）和微生物诱导的碳酸盐沉淀（MICP）增加海洋负碳排放；利用人工上升流技术以及海水沉降流技术将溶解在海洋上层水域的 CO_2 隔离。化学途径的主要方法有海洋碱化及海水中碳的电化学提取（Zhang et al.，2022）。通过上述方法可减少 CO_2 的释放量，减轻海洋酸化，并减少温室气体对大气、海洋及人类生活环境的影响。

1. 海洋碳汇生物学途径研究进展

海洋植被生态系统（尤其是海草草甸、红树林、海藻床和潮汐沼泽）是蓝碳研究的热点，它们在全球范围内的退化和损失降低了有机碳储量。恢复和增加沿海植被及海藻养殖，旨在增强 CO_2 吸收并避免其进一步排放。有研究表明，包括大型海藻在内的蓝碳植物，其碳封存量是陆地植物的 10 倍[①]。随着对海洋碳汇研究的逐渐深入，准确计算海洋中大型植物对沿海沉积物的贡献是了解碳封存动力学及碳汇核算的关键。目前在计算碳贡献时常采用稳定同位素追踪沉积物食物网中的碳流动（原生生物、原核生物、无脊椎动物和其他生物消耗的大型植物碳），该方法可识别海洋生态系统中沉积有机碳的来源，但无法区分不

---

① J. Lubcherco，P. M. Haugan，M. E. Pangestu. Five priorities for a sustainable ocean economy [J]. *Nature*，2020，3588：30 – 32.

同初级生产者的碳贡献量。环境 DNA（eDNA）条形码作为识别沉积物碳贡献者的新方法，不仅为传统的稳定同位素分析提供了很好的补充，还为低分类水平的海洋大型植物提供了准确的分辨率，但在基于 eDNA 丰度估计有机碳相关性时，未考虑通过食物网转移的有机碳量。因此，将两种方法结合可识别沉积物碳来源并进一步量化不同初级生产者对海洋生态系统中沉积有机碳的贡献。

除海洋初级生产者储碳外，海洋中的生物泵（BP）及微型生物碳泵（MCP）也是海洋储碳增汇的重要途径。BP 指在真光层中通过海洋生物将碳从表层输送至海底的过程。在此过程中，浮游植物发挥主要的作用，通过其自身以及食物链中的传递向海洋透光带以下输出大量颗粒有机碳（POC）（约占光合作用固定碳总量的15%），但仅有不到1%的 POC 能到达海底埋藏（谢树成等，2022）。MCP 指的是海洋微生物通过其代谢活动将有机质转化为惰性溶解有机碳（RDOC）的过程。通过先进的傅里叶变换离子回旋共振质谱技术（FT – ICR MS）可识别海洋中数百万个溶解有机物（DOM）的分子结构，通过化学稳定性分析可进一步得出其中 RDOC 相对含量，并量化 MCP 的效率。微生物诱导的碳酸盐沉淀（MICP）在海洋碳汇的过程中可处理下沉的透明胞外聚合物颗粒和其他有机物，包括 RDOC，以进一步驱动海底沉积物中的碳酸盐沉淀（Zhang et al.，2022）。在未来的研究中，进一步探究 BP、MCP、MICP 三者间在分子及遗传水平上的耦联机制有助于更好地解析海洋碳汇过程和机制。

2. 海洋碳汇化学途径研究进展

加碱增汇是海洋负排放的重要方式之一，通过人为增加海水的碱度，进而增强海水吸收大气 CO_2 的能力（速率和通量），最终实现海洋增汇。现已有多种方式增加海水碱度，如增强镁铁质和超镁铁质岩石的风化作用、向海洋中施铁肥等。据估算，在自然状态下，墨西哥湾流到北美东部海域的平均海气 ΔpCO_2 为 $-6\mu atm$，可自发吸收大气 CO_2 量为 1.3 亿吨 CO_2/年，通过加碱增加海域的平均 ΔpCO_2，可达 $-120 \sim -60\mu atm$，增汇量近 10 亿吨[①]。海洋碱度增加后可缓解海洋酸化，有研究表明 1mol 橄榄石可螯合 4mol CO_2（焦念志，2021）。

三 海洋负排放国际大科学计划简介

当前，碳中和已成为我国应对气候变化、保障可持续发展的"动员令"和

---

① Z. A. Wang, R. Wanninkhof, W. J. Cai, et al. The marine inorganic carbon system along the Gulf of Mexico and Atlantic coasts of the United States：Insights from a transregional coastal carbon study [J]. *Limnology and Oceanography*，2013，38（1）：325 – 342.

"集结号"。2020 年 9 月中国政府在第七十五届联合国大会上提出努力争取 2060 年前实现碳中和目标，这是我国向全世界的郑重承诺，彰显了大国责任。践行碳中和的两大路径为减少 CO_2 排放（减排）和增加 CO_2 吸收（增汇）。海洋作为地表上最大的活跃碳库，在地球历史上对调节气候变化发挥了举足轻重的作用。基于碳中和目标及海洋巨大的碳汇潜力，焦念志院士领衔提出了海洋负排放国际大科学计划（Ocean Negative Carbon Emission，ONCE）。该计划于 2022 年被正式批准为联合国海洋科学促进可持续发展十年行动计划和联合国十年倡议计划框架（UN Decade）中的国际大科学计划。海洋负排放就是海洋对大气二氧化碳的吸收和封存，主动"增汇"就是"负排放"。主动增加海洋碳汇，既缓解减排压力，又保障经济发展，是支撑碳中和的两全其美之策。

（一）ONCE 计划概述

ONCE 计划基于"微型生物碳泵（MCP）"理论，结合经典的生物泵（BP）、碳酸盐泵（CCP），通过多学科交叉融合认知海洋负排放复杂的过程机制。

ONCE 计划中涉及以下三个重要概念。首先是生物泵（BP），又称有机碳泵。海洋生物泵是指浮游植物光合作用将无机碳（CO_2）合成颗粒有机碳（POC），通过自身沉降和浮游动物的摄食沉降等一系列复杂过程（包括初级生产、摄食、聚集、呼吸、矿化、沉降等），将碳从海洋表层输送出真光层或弱光层的过程。生物在这个过程中起到一种"通道"的作用，主要由浮游植物等自养生物吸收 CO_2，将无机碳转化为有机物，并经过物理混合、输送及重力沉降等过程进入沉积环境储存。其次是微型生物碳泵（MCP），主要是微型生物（包括真菌和细菌）对溶解有机碳（DOC）进行修饰、转化，并通过一系列物理化学过程形成惰性溶解有机碳（RDOC）长期储存在海洋中，起到碳封存的作用。最后是碳酸盐泵（CCP），指海洋生物通过固定海水中的碳酸盐，生成碳酸钙质地的保护外壳，并最终将碳酸钙颗粒物沉降埋藏于海底的过程。由于海洋生物利用碳酸氢盐生成碳酸钙的过程会释放 CO_2，因此该过程也被称为碳酸盐反向泵（焦念志，2012）。在海洋中主要通过以上三种泵发挥作用，实现固碳增汇目标，增汇是缓解气候变化的两全其美之策，是不减产的减排，而这一问题的关键是如何实现主动增汇，形成有效的负排放。

海洋负排放路径有很多，2021 年 12 月美国国家科学院、美国国家工程院和美国国家医学科学院联合发表了《基于海洋的碳去除（CDR）战略报告》，其中列出了生态系统修复、海藻养殖、铁施肥、海水碱化、人工上升流以及电化学方法等途径。

（二） ONCE 计划研究任务

ONCE 计划有创新研究、平台建设、示范基地、国际交流、科学教育五大任务，将产出针对碳中和目标的方法、技术、规范和国际标准。该计划的实施将以我国为核心、辐射全球。在理论方面，将深入开展代表性海区"微型生物碳泵"理论研究；在平台建设和示范基地方面，通过多单位的参与，最终形成多个示范推广平台；在国际交流和人才培养方面，通过与国内外专家合作，开展国际海洋周活动，探讨海洋负排放相关进展与措施，共同培养研究生和青年科技人才等。

目前，ONCE 计划已建立了多个示范基地，如厦门陆海统筹海洋负排放示范基地、厦门入海污水碱化增汇负排放示范基地、舟山缺氧酸化海洋环境负排放示范基地和威海养殖环境增汇示范基地。在国际合作上，ONCE 计划得到了同行的积极响应，有来自英国、瑞士、丹麦等发达国家，金砖五国以及南海七国等 30 多个国家的 70 多所知名高校和研究所共同参与。通过 ONCE 计划的实施，推出由中国制定的有关海洋碳汇的标准体系，进而为全球环境治理提供中国方案（焦念志，2021）。

四 | 大型海藻固碳增汇研究进展

当前，世界各国均关注以减缓气候变暖和减少 CO_2、CH_4 等温室气体排放为核心目标的低碳和碳中和理念，控制 CO_2 和 CH_4 排放是应对气候变化的重大挑战。

（一） 大型海藻概述

大型海藻是沿海生态系统重要的初级生产者之一，主要包括褐藻门、红藻门和绿藻门。常见的褐藻主要有海带、裙带菜、巨藻、马尾藻、泡叶藻等，红藻主要有江蓠、紫菜、石花菜、龙须菜、麒麟菜等，绿藻主要有浒苔、石莼等。大型海藻藻体内脂肪含量低，富含蛋白质、碳水化合物、矿物质、维生素（B_{12}、A、K）和必需微量营养素（碘、锌、铁）。大型海藻被广泛应用于食品、生物医药、琼脂材料、生物能源和鲍鱼饵料等领域。另外，大型海藻还能有效改善水质，优化海洋生态系统的结构和功能，有利于海水养殖的可持续发展。同时，大型海藻能为海洋生物提供栖息场所，进而改善海洋生态环境，解决区域性的海洋酸化、低氧、富营养化、有害藻华等海洋环境问题，是海洋渔业高质量发展的重要生态环境材料和海洋生物资源。

大型海藻作为海洋初级生产者的重要组成部分，在全球生物碳储存中占有很大比重。此外，大型海藻具有养殖成本低、光合效率高、碳汇可计量、栽培可控性强等优势，碳汇潜力巨大，是减少温室气体排放的一种有效手段，有望在海洋碳中和中起到"排头兵"和"领头羊"的作用。

1. 我国大型海藻栽培现状

我国海藻资源丰富，主要栽培品种为海带、紫菜、江蓠等。2021年中国海带海水养殖产量干重达174.2万吨，福建海带产能和规模居全国首位。江苏、山东沿海主要栽培条斑紫菜。江苏是我国条斑紫菜的主产区，97%的条斑紫菜生产企业分布在江苏省沿海。2019—2020年度江苏栽培面积达70万亩，紫菜种苗培育室面积可达102万平方米，年产标准制品60亿张，占国际紫菜市场贸易份额的65%以上，年出口额3亿美元，总产值达120亿元。2000年汕头南澳开始栽培龙须菜，养殖面积从最开始的1亩增加到2021年1万多亩。栽培方式主要为将龙须菜幼苗夹在苗绳上，幼苗通过光合作用及吸收海区营养进行生长，3个月生物量可增长500~800倍。南澳的龙须菜栽培也带动了全国龙须菜栽培行业的发展，2019年南澳龙须菜产量达4.72万吨。万山群岛及广西涠洲岛的野生马尾藻资源量较大，体长可达2~3米，能形成壮观的"水下森林"，但马尾藻的生长季节较短，通常只有半年。马尾藻藻体无真正的根，只有假根附着在基质上。

海藻的生产和利用有助于推进若干联合国可持续发展目标，例如通过增加海洋pH值和缓解海洋富营养化改善环境、增加海洋中动植物的栖息地、扩大人类的食物来源、作为医药产品改善人类健康及作为清洁燃料减轻环境污染等，这些目标的实现提高了可持续发展目标的综合效益。

2021年，全球海藻养殖产量湿重为3382万吨，占全球海水养殖产量的57.8%，市场价值超过150亿美元。[①] 中国和印度尼西亚分别约占全球海藻产量的一半和三分之一。

2. 大型海藻碳汇价值

全球大型海藻每年可固碳7亿吨，占全球海洋年均净固碳总量的35%（Fan et al.，2020）。大型海藻栽培提高了海洋初级生产力，促进全球碳、氧和养分循环，可有效防治海水富营养化和减少温室气体的排放。有调查表明，澳大利亚海藻场碳固存率为1.3~2.8Tg C yr^{-1}，高于滩涂（0.48~0.54Tg C yr^{-1}）和红树林（0.4~1.4Tg C yr^{-1}）（Filbee-Dexter & Wernberg，2020）。热带和亚热带海域底栖固着和漂浮着的马尾藻在海洋碳汇中起到重要作用，超过了其他海洋植物。全球范围内，大型海藻通过沉积作用和海流潮汐等作用输送到深海的碳汇

---

① FAO. *Fishery and aquaculture statistics：yearbook 2021*［M］. Rome：FAO，2024.

量约为 17.3 亿吨，占海藻产量的 11.4%，是沉积碳汇和深海固碳的重要来源（Ortega et al.，2019）。

（二） 大型海藻碳汇方式

1. 大型海藻碳汇研究进展

大型海藻碳汇过程的主要方式是通过光合作用，将溶解的无机碳（DIC）转化为有机碳，并在生长过程中吸收溶解的氮和磷。部分光合固定的无机碳以颗粒有机碳（POC）和溶解有机碳（DOC）的形式释放到海水中，其余的则成为大型海藻组织碳（Zhang et al.，2017）。当大型海藻将 DOC 释放到水中时，DOC 中不稳定的有机碳（LDOC）被海洋细菌群落迅速利用，并通过细菌呼吸转化为无机碳。然而，一部分释放的 DOC 是难降解的惰性溶解有机碳（RDOC），其对微生物降解有抵抗力，以及部分未被利用的 POC（包括微生物或藻类碎屑、小型有机碳聚合物和动植物残留物）可能会沉入海底，构成海水养殖环境中沉积碳储量的重要组成部分（Zhang et al.，2017）。此外，大型海藻的组织有机碳可开发利用，作为土壤改良剂或生物燃料，也被认为是减缓气候变化参与碳汇的一种方法。

目前对大型海藻碳汇的研究主要关注大型海藻养殖过程中产生的 RDOC 量，以及 RDOC 的来源到底是大型海藻自身还是由微生物分解转化形成。Li 等（2022）对海带养殖区的海水进行长期的 DOC 降解实验，结果表明对微生物降解有较强抵抗力的 RDOC，约占海带养殖区提取的 DOC 的 58%。此外，海带生物量中的大部分碳通过细菌呼吸作用转化为 DIC，仅 0.3% 的碳含量转化为 RDOC（Zhang et al.，2023）。Feng 等（2022）关于海带碎屑微生物降解的研究表明，长期降解后，惰性溶解有机碳、颗粒有机碳、溶解无机碳、颗粒无机碳和残留大颗粒碳分别占初始海带碎屑碳的 1.27%、0.12%、6.00%、0.04% 和 1.41%。浒苔长期降解后，剩余 RDOC 约占大型海藻碳生物量的 1.6%（Chen et al.，2020）。通过研究大型海藻生长到腐烂过程中产生 RDOC 量占 DOC 量的比例，可进一步核算出我国海藻栽培的碳汇贡献量。

2018 年，全国以龙须菜为主要栽培种类的江蓠栽培面积超过 14 万亩，总产量超过 30 万吨（干重），栽培产量占全国大型海藻栽培总产量的第二位。有研究表明，龙须菜规模栽培改变了微生物群落组成和结构，增强了微生物驱动的 C、N、P 等元素循环及转化，优化了栽培海域生态系统结构功能。同时，龙须菜栽培能降低碳降解基因丰度，增加龙须菜栽培系统惰性有机碳含量，这可能是龙须菜碳汇功能增强的一种新机制。

大型海藻还可和贝类混养以改善环境，海藻养殖过程中产生的颗粒性有机碳和溶解性有机碳,分别通过生物泵和微型生物碳泵发挥负排放功能;藻类生长过程中产生的有机碎屑一部分被埋葬,另一部分通过立体养殖被底栖贝类或海参加以利用;同时,贝类产生的排泄物及 CO_2 可被藻类利用。2003—2019 年中国年均贝类和藻类碳汇为 110 万吨,贝、藻类固碳年均经济价值达 713 亿美元(Lai et al.,2022)。

2. 大型海藻饲料减少甲烷气体排放

甲烷作为温室气体的另一重要组成,减少其排放对改善大气环境至关重要。加拿大爱德华王子岛的牧民乔·多尔甘发现,在海边牧场养殖的奶牛更容易受孕,产奶量也比内陆牧场的奶牛多。近年来,英国、韩国、瑞典等启动了大型海藻碳汇国家计划。澳大利亚、加拿大等国以大型海藻为饲料,初步实现了畜牧业温室气体甲烷的有效减排。这表明,大型海藻可通过海区固碳增汇和陆地畜牧业温室气体减排协同实现碳中和,是陆海统筹战略的有益尝试。一头成年肉牛每天排放的 CH_4 高达 200~500L,全球畜牧业产生的温室气体已经占到了人类温室气体排放量的 14%。如果全世界所有牛组成一个国家,则其碳排放水平可居全球第三(50 亿吨),仅次于中国(103 亿吨)和美国(53 亿吨)。全球每年因为牛打嗝产生的温室气体相当于 20 亿吨 CO_2。

大型海藻如海门冬属海藻,其藻体生物活性物质中三溴甲烷(溴仿)和水中三卤甲烷含量较高。在哺乳动物饲料中补充海门冬,有可能在 2030 年将该行业的碳足迹减少 1%~4%。此外,反刍动物瘤胃内的产甲烷古菌主要通过氢营养途径、解乙酸途径和甲基营养途径排放甲烷。这三条途径的最后一步反应均是甲基辅酶 M 被甲基辅酶 M 还原酶还原成甲烷。溴仿作为减少甲烷生成的抑制剂,作用机制主要是与维生素 B_{12} 反应,竞争性抑制甲基辅酶 M 还原酶,最终可阻断甲烷生成(李帅等,2022)。有研究表明,添加不同剂量的海门冬属海藻对甲烷排放的缓解效果可达到 84.7%~100%(Chagas et al.,2019)。

五 总结与展望

海洋作为地球上最大的活跃碳库,可增加大气 CO_2 吸收,减缓全球气候变暖。栽培大型海藻具有成本低、产量高、碳汇可计量和栽培可控性强等优势,在近海可形成产业化的蓝碳,是海洋碳汇值得推崇的可持续发展模式。此外,大型海藻还可解决海洋酸化、低氧、富营养化及有害藻华等区域性海洋环境问题。在世界范围内大规模栽培大型海藻和增加自然海藻场的面积,将成为控制气候变化、改善海洋环境的有效工具。此外,大型海藻形成的海藻床,可减缓海浪能量,保护海岸带环境。大规模栽培大型海藻,还可增加就业机会,改善民生。我国大型海藻的栽培面积还有很大的提升空间，大型海藻产业具有巨大的开发潜力。

发展大型海藻产业和挖掘大型海藻碳汇潜力，还有以下问题需要解决。第一，需要建立统一和可操作的标准和法规，以保障大型海藻栽培效益和生态安全。第二，建立完善的生产与利用模式，研发大型海藻资源养护和生态增养殖技术，发展大型海藻绿色低碳协同增效新范式。第三，深入研究大型海藻碳汇过程机理，科学评估大型海藻碳汇效应、生态环境效益和社会效益，建立大型海藻生态补偿机制。第四，大型海藻碳汇的碳交易类型和市场研究与实践是目前较薄弱的一个方面，政府应重视与鼓励相关专家深入研究，支持相关企业和机构进行尝试，以充分挖掘大型海藻固碳增汇的潜力。第五，应加强大型海藻碳汇方法学和多学科间交流协作，加强陆海统筹、大型海藻负排放和蓝碳国际合作等系列措施是缓解全球气候变暖，减少温室气体排放，发展低碳经济，实现碳中和的重要路径。

参考文献

[1] 焦念志. 海洋固碳与储碳：并论微型生物在其中的重要作用 [J]. 中国科学：地球科学, 2012, 42 (10).

[2] 焦念志等. 实施海洋负排放　践行碳中和战略 [J]. 中国科学：地球科学, 2021, 51 (4).

[3] 焦念志. 研发海洋"负排放"技术　支撑国家"碳中和"需求 [J]. 中国科学院院刊, 2021, 36 (2).

[4] 李帅等. 大型海藻作为饲料添加剂缓解瘤胃甲烷排放的研究进展 [J]. 动物营养学报：2022, 34 (9).

[5] 谢树成等. 海洋生物碳泵的地质演化：微生物的碳汇作用 [J]. 科学通报, 2022, 67 (15).

[6] 杨宇峰等. 大型海藻规模栽培是增加海洋碳汇和解决近海环境问题的有效途径 [J]. 中国科学院院刊, 2021, 36 (3).

[7] J. C. Chagas, M. Ramin, S. J. Krizsan. In vitro evaluation of different dietary methane mitigation strategies [J]. *Animals*, 2019, 9 (12).

[8] J. Chen, H. Li, Z. Zhang, et al. DOC dynamics and bacterial community succession during long-term degradation of *Ulva prolifera* and their implications for the legacy effect of green tides on refractory DOC pool in seawater [J]. *Water Research*, 2020, 185.

[9] W. Fan, C. Xiao, P. Li, et al. Intelligent control system of an ecological engi-

neering project for carbon sequestration in coastal mariculture environments in China [J]. *Sustainability*, 2020, 12 (13).

[10] X. Feng, H. Li, Z. Zhang, et al. Microbial-mediated contribution of kelp detritus to different forms of oceanic carbon sequestration [J]. *Ecological Indicators*, 2022, 142.

[11] K. Filbee-Dexter, T. Wernberg. Substantial blue carbon in overlooked Australian kelp forests [J]. *Scientific Reports*, 2020, 10 (1).

[12] Q. Lai, J. Ma, F. He, et al. Current and future potential of shellfish and algae mariculture carbon sinks in China [J]. *International Journal of Environmental Research* and *Public Health*, 2022, 19 (14).

[13] H. Li, Z. Zhang, T. Xiong, et al. Carbon sequestration in the form of recalcitrant dissolved organic carbon in a seaweed (kelp) farming environment [J]. *Environmental Science & Technology*, 2022.

[14] C. Liu, G. Liu, M. Casazza, et al. Current status and potential assessment of China's ocean carbon sinks [J]. *Environmental Science & Technology*, 2022, 56 (10).

[15] A. Ortega, et al. Important contribution of macroalgae to oceanic carbon sequestration [J]. *Nature Geoscience*, 2019, 12.

[16] C. Zhang, T. Shi, J. Liu, et al. Eco-engineering approaches for ocean negative carbon emission [J]. *Science Bulletin*, 2022.

[17] M. Zhang, H. Qin, Y. Ma, et al. Carbon sequestration from refractory dissolved organic carbon produced by biodegradation of *Saccharina japonica* [J]. *Marine Environmental Research*, 2023, 183.

[18] Y. Zhang, J. Zhang, Y. Liang, et al. Carbon sequestration processes and mechanisms in coastal mariculture environments in China [J]. *Science China Earth Sciences*, 2017, 60 (12).

第七讲

碳排放权交易与碳信息披露

◎ 主讲人 谭小平

谭小平

暨南大学管理学院副教授、硕士生导师，暨南大学人与自然生命共同体重点实验室研究成员。国家级一流在线课程"高级财务会计"负责人、教育部首批"全国高校黄大年式教师团队"主要成员。长期致力于企业可持续发展、低碳管理与企业会计准则研究。参与国家社会科学基金重大项目、重点项目各1项；出版《高级财务会计》等著作；发表论文20余篇。

随着各国对气候变化和温室效应问题的重视程度逐渐提升，国际社会不断加强和推动建立有效的国际和本土机制来应对人为因素导致的全球变暖现象，以减少人类受气候变暖的威胁。1992 年 5 月 9 日，联合国大会通过《联合国气候变化框架公约》（United Nations Framework Convention on Climate Change，UNF-CCC），于同年 6 月在巴西里约热内卢召开的由世界各国政府首脑参加的联合国环境与发展会议期间开放签署，由 150 多个国家以及欧洲经济共同体共同签署。截至 2023 年 10 月，加入该公约的缔约方共有 198 个。这是第一个全球应对气候变暖和全面控制温室气体排放的国际性公约。该公约于 1994 年 3 月 21 日生效，由此奠定了应对气候变化国际合作的法律基础，建立起具有权威性、普适性的国际框架。该公约由序言及 26 条正文组成，具有法律约束力，终极目标是将大气温室气体浓度维持在一个稳定的水平，根据"共同但有区别的责任"原则来规定发达国家和发展中国家的义务以及履行义务的程序。要求发达国家作为温室气体的排放大户，采取具体措施限制温室气体的排放，并向发展中国家提供资金以支付它们履行公约义务所需的费用。而发展中国家只承担提供温室气体源与温室气体汇的国家清单的义务，制订并执行含有关于温室气体源与汇方面措施的方案，不承担有法律约束力的限控义务。

1997 年 12 月，《京都议定书》作为《联合国气候变化框架公约》的补充条款在日本东京通过，并于 1998 年 3 月 16 日至 1999 年 3 月 15 日间开放签字，共有 84 国签署，条约于 2005 年 2 月 16 日开始生效，截至 2023 年 10 月，共有 192 个国家和地区通过了该条约。我国于 1998 年 5 月签署并在 2002 年 8 月核准了该条约。该条约的目标是"将大气中的温室气体含量稳定在一个适当的水平，进而防止剧烈的气候改变对人类造成伤害"。这是人类历史上首次以法规的形式限制温室气体排放。《京都议定书》在附件 A 中明确规定，温室气体包括二氧化碳（CO_2）、甲烷（CH_4）、氧化亚氮（N_2O）、氢氟碳化物（HFCs）、全氟化碳（PFCs）和六氟化硫（SF_6）共 6 种气体。为促进各国完成温室气体减排目标，该条约允许采取以下四种减排方式：一是两个发达国家之间可以进行排放额度买卖的"排放权交易"，即难以完成削减任务的国家，可以花钱从超额完成任务的国家买进超出的额度；二是以"净排放量"计算温室气体排放量，即从本国实际排放量中扣除森林所吸收的二氧化碳的数量；三是可以采用绿色开发机制，促使发达国家和发展中国家共同减排温室气体；四是可以采用"集团方式"，即欧盟内部的许多国家可视为一个整体，采取有的国家削减、有的国家增加的方法，在总体上完成减排任务。同时还建立了旨在减排的三大灵活合作机制，即国际排放交易机制（International Emission Trading，IET）、联合履行机制（Joint Implementation，JI）和清洁发展机制（Clean Development Mechanism，CDM）。国际排放交易机制（IET）是指一个发达国家将其超额完成减排义务的指标，以交易的方式转让给另外一个未能完成减排义务的发达国家，并同时从转让方的允许排放限额上扣减相应的转让额度；联合履行机制（JI）是指发达国家之间通过项目合作，所实现的减排单位可以转让给另一个发达国家缔约方，但是同时必须在转让方的分配数量配额上扣减相应的额度；清洁发展机制（CDM）是指发达国家通过提供资金和技术，与发展中国家开展合作，通过项目所实现的经核证的减排量用于发达国家缔约方完成在《京都议定书》下的承诺。不难看出，国际排放交易机制与联合履行机制和清洁发展机制有着不可分割的联系，后两者所产生的减排量可在排放权交易市场上进行交易，这构成了排放权交易的重要部分。因此，这些机制允许发达国家通过碳排放权交易市场等灵活完成减排任务，而发展中国家可以获得相关技术和资金。可见，《京都议定书》的通过为缔约方超出限额的排放量提供了合理的交易途径，从此温室气体排放被赋予产权，可以在指定的场所进行出售、购买。这直接推动了碳排放权交易体系的形成。

本讲主要讨论碳排放权交易的基本原理、国际和中国的碳排放权交易实践以及碳信息披露制度，通过本讲的学习，可对碳排放权交易的实质与碳信息披露有个基本的了解与掌握。

一 碳排放权交易的基本原理

（一） 碳排放权交易机制的理论基础

20 世纪 60 年代，经济学家们提出了排放权交易概念，碳排放权交易概念就是在排放权交易的基础上发展而来的。碳排放权交易是为减少温室气体排放量而提出的一种市场化减排手段，属于排放权交易的一个分支，只是碳排放权交易的标的物是碳排放权配额，与排放权交易有相同的交易模式和共同的理论基础。排放权交易的理论基础主要有外部性理论、产权理论和排放权交易理论（以及公共资源的治理）。

1. 外部性理论

外部性的概念最早是由英国剑桥大学的马歇尔教授在 1890 年提出来的。外部性是指在两个主体缺乏任何相关经济交易的情况下，由一个主体向另一个主体所提供的物品束，强调的是在缺乏交易的情况下两个主体之间的转移。

1920 年，福利经济学家庇古在《福利经济学》中提出，外部性是指一个经济主体的活动对其他经济主体的福利所产生的有利的或不利的影响，强调的是某一经济主体对外部环境的影响，且这种影响通常无法被市场价格所反映。庇古从公共物品入手，发现厂商在生产过程中的私人成本和社会成本发生偏离时，市场就会失灵，这种私人成本与社会成本之间的差额就是所谓的外部性。庇古主张通过政府干预的作用来解决外部性问题，即著名的"庇古税"。庇古税主要是通过对造成外部性的一方征税，使污染成本内部化，来消除外部性。由此，此理论就成了环境经济学分析的基本框架和起点，正式开启了将环境污染视为外部性问题的研究。

随着外部性理论的深入研究和发展，外部性的定义发展为今天环境经济学中提到的"外部性是相对于市场系统而言的，指的是被排除在市场机制作用之外的经济活动给他人带来的非自愿的成本或收益"。"非自愿的成本"即负外部性，"非自愿的收益"即正外部性。在经济持续发展的当今社会，人类的经济行为向自然界排放过多的二氧化碳等温室气体，这种行为的后果将会使全球气候变暖，造成负外部性。负外部性如果得不到遏制，将会使人类赖以生存的自然环境恶化。每一个厂商为了追求个人利益的最大化，尽可能增加自身的温室气体排放，却不承担温室气体排放给气候变化所带来影响的成本，长此以往，气候变暖将会进一步加剧。通过采用外部性研究，不仅可以寻求气候变暖的缘由，还可以为经济发展和气候变暖二者之间的矛盾寻找解决办法，从而实现资源的合理配置。

2. 产权理论

从经济学的角度来看，环境资源具有稀缺性，也就是环境资源容纳人类的各种排放的容量是有限的。针对如何消除负外部性，科斯提出了不同于庇古的"政府干预"的"非干预方案"，主张借助市场的力量来消除外部性，即科斯的产权理论，这同时也为排放权交易的开展奠定了理论基础。"产权"是指一系列用以确定所有者权利、特许和对其资源使用限度的权利。[①] 泰坦伯格总结了有效产权结构的四个主要特性：一是普适性，即所有资源都是私有的或集体所有的，且对相应的权利都有明确的规定；二是专有性，即因一种行为产生的所有报酬和损失都直接与有权采取该行为的当事人相联系，若排除了专有性，个人就没有动机去支付、购买、保护和改善资源；三是可转让性，即所有的产权都可在一个所有者和其他所有者之间转让，而且是在公正条件下的自愿交换；四是可操作性，即任何产权都应得到充分保护以防止其他人的侵犯。

科斯定理指出："如果交易成本为零，无论初始产权如何界定，都可以通过市场交易和自愿协商达到资源的最优配置；如果交易成本不为零，就可以通过

---

① 泰坦伯格. 环境与自然资源经济学［M］//邹骥. 环境经济一体化政策研究. 北京：北京出版社，2000：96.

合法权利的初始界定和经济组织的优化选择来提高资源配置的效率，实现外部效应的内部化，而无须抛弃市场机制。"① 科斯等人认为产权界定不明是导致负外部性问题的主要原因。只要明确界定财产的所有权，并加以保护，市场行为主体之间的交易活动就可以有效地解决负外部性问题，即通过产权的明确界定将外部性成本内部化，借助市场机制本身来解决由外部性问题所造成的市场失灵。依据科斯的观点，要控制二氧化碳等温室气体的过度排放，首要就是分配给排放企业合法的碳排放权利，合法的碳排放权利的初始界定是启动市场配置资源的一个根本前提。没有明确界定的环境资源产权，则使用资源所产生的成本、收益，厂商就不会予以考虑，市场机制便失去发生作用的基础，必然造成环境资源使用的无效率，即所谓的市场失灵。所以，环境产权学派在环境保护领域主张建立一套界定完善的自然资源产权制度，根据产权的归属来判断在自然资源使用的过程中相应的费用和效益。环境容量作为一种公共资源，其产权的确定虽然很困难，且由于存在着巨大的交易成本，通过谈判来解决也难以实现，但科斯定理为我们提供了解决环境污染外部性问题的思路和理论基础，直接推动了排放权交易理论的产生和发展。

3. 排放权交易理论

排放权交易思想的提出始于美国经济学家戴尔斯（Dales）。1968 年戴尔斯首先在其著作《污染、产权与价格》中基于科斯定理提出了排放权的概念，并将其应用到环境污染的控制研究中。他指出政府（管理者）可以将污染作为一种产权赋予排放企业，并且规定这种权利可以转让，通过市场交易的形式提高环境资源的使用效率。戴尔斯还举例说明了进行转让的一种方式："假设政府决定在未来的五年中每年允许不超过 x 吨的废弃物排入某水域。假设政府发行 x 数量的污染权并用来出售，同时制定法律规定污染者如果每年要向该水域排放 1 单位的污染物，则必须在该年拥有 1 单位的排放许可。由于 x 少于目前的排放量，排放权将会获得一个正的价格，这个价格可足以减少 10% 的污染物排放量。产权市场可以是连续的，厂商发现他们的实际产量少于最初估计的产量时，多出来的排放权可以用来出售，处于相反状态的厂商可以购买排放权。所有人都可以购买排放权，水环境保护者可以购买排放权而不使用。一个改进的产权市场可以建立了……市场机制的优点在于不需要有人或机构制定价格，价格完全由排放权交易市场中的购买者和出售者决定。"②

---

① 沈满洪. 环境经济手段研究 ［M］. 北京：中国环境科学出版社，2001：95.

② J. Dales. *Pollution，property，and prices* ［M］. Toronto：University of Toronto Press，1968.

1972 年，Montgomery 为排放权交易的理论研究奠定了基础。他分析了基于市场的排放权交易系统，从理论上证明了基于市场的排放权交易系统明显优于传统的指令控制系统。因为排放权交易系统的污染治理量可根据治理成本进行变动，可以使总的协调成本最低，所以如果用排放权交易系统代替传统的排放收费体系，就可以节约大量的成本。[①]

由此可知，排放权交易是一种以市场为基础来控制环境污染的经济制度。在排放权交易体系中，政府无须做传统指令控制中那么多的工作，最主要的工作是确定每个区域的排放总量以及每个排放企业所分配到的排放权数量，并建立有效的排放权交易市场，促使排放权可以在市场上自由交易。有了排放权交易市场，排放企业会依据所分配的排放权情况，决定自身的生产。若排放权有所节余就可以拿到排放权市场上出售，所得收入实际上是市场对有利于环境的外部经济性的补偿；反之，若排放权超额就必须花钱购买，其支出费用实际上是外部不经济性的代价。所以，排放权交易是一种有效的治理环境污染的激励手段。

（二）　碳排放权交易机制的基本原理

碳排放权交易是一种通过市场机制来减少碳排放的激励性的经济手段。目前，碳排放权交易市场的交易机制有两种，即基于配额（allowance）的总量控制与交易机制（Cap and Trade System）和基线与信用机制（Baseline and Credit System）。目前全球的碳排放权交易市场主要采用的是总量控制与交易机制。所谓总量控制与交易机制是根据一定区域要实现的温室气体减排目标，确定该区域的排放总量，发放给该区域纳入碳排放权交易体系的排放企业。排放企业获得配额后可自由转让或出售。到了规定的履约日期，排放企业必须交付与其实际排放量相当的配额，以完成减排任务。如果排放企业的实际排放量超过了其所持有的配额，则必须从碳排放权交易市场购买配额来履约，若未履约，除接受一定的惩罚外，仍需继续交付未履约的配额。采用总量控制与交易机制，能有效地控制温室气体的总排放量，实现减排目标。

在碳排放权配额的约束下，排放企业间边际减排成本（MC）的差异是碳排放权交易开展的内在动因，其经济学依据是收益—成本法则。边际减排成本低的排放企业将因减少二氧化碳排放而节余的碳排放权配额用来转让、出售获得相应的经济回报；边际减排成本高的排放企业则通过购入碳排放权配额来抵销自身的超额碳排放量来履约以节约成本。从理论上讲，当排放企业间减少 1 单

---

①　D. Montgomery. Markets in licenses and efficient pollution control programs ［J］. *Journal of Economic Theory*，1972（5）：395－418.

位碳排放量的边际成本相等时，碳排放权交易市场出清，交易行为停止。从排放企业的角度来看，碳排放权交易的开展使得交易双方都可获得相应的利益，既完成了碳减排目标，又激励排放企业进行减排技术的创新，从而提高了减排效率；从整个社会来看，碳排放权交易使碳排放权配额从减排成本低的排放企业流向减排成本高的排放企业，降低了全社会的减排成本，从而实现了环境容量资源的高效率配置。

下面通过举例来说明碳排放权交易的内在动因。假设有企业 a 与企业 b 两家排放企业，为实现碳排放量总目标，政府分别向企业 a 和企业 b 发放了 100 单位碳排放权配额。如果企业 a 的边际减排成本低于碳排放权交易市场的碳价或其他企业的减排成本，企业 a 就会选择自身减排而把节余的碳排放权配额向碳排放权交易市场出售或转让给减排成本高的企业并由此获益。相反，企业 b 的边际减排成本高于碳排放权交易市场的碳价或其他企业的减排成本，企业 b 则选择从碳排放权交易市场上购买排放权配额或接受减排成本低的企业的转让而非自己减排，当企业 a 和企业 b 两家企业的减排成本相等且等于碳排放权交易市场碳价时，企业 a 出售的碳排放权配额刚好是企业 b 从市场上购买的碳排放权配额，交易停止。通过交易，两家企业的总减排成本达到最低，且总排放量控制在 200 单位，既实现了碳排放权配额在不同排放企业间的再分配，实现减排目标，又激励边际减排成本低的排放企业承担更多的减排任务，有利于整个社会效益、福利的增加。

碳排放权交易的原理可借图 7-1 来进行具体说明。假设存在排放企业 a 和排放企业 b，在没有碳排放限制时，两个排放企业碳排放量各为 120 单位，碳排放总量共计 240 单位。现在管理者限定碳排放总量为 120 单位，即两企业必须完成合计减排 120 单位的指标。

如图 7-1 所示，建立坐标系，横轴代表二氧化碳减排量，纵轴代表单位减排成本。假设企业 a 的边际减排成本曲线为 MC_1，横轴正向为从左向右；企业 b 的边际减排成本曲线为 MC_2，横轴正向为从右向左。横轴设置 0～120 单位的减排量，表示企业减排责任分担的所有可能情形。

图 7-1 明确地表明在两条曲线 MC_1 和 MC_2 的交点处，最优地实现了企业 a 和企业 b 的减排责任分担。企业 a 减排 80 单位，企业 b 减排 40 单位，此时两企业的边际减排成本相等，实现减排目标的减排总成本最少。两曲线与横坐标轴之间的面积 $A+B+C$ 代表两企业的减排总成本，其中 $A+B$ 的面积代表企业 a 的减排成本，C 的面积代表企业 b 的减排成本。其他的减排责任分配方案都将导致减排总成本的增加。譬如，如果分配给企业 a 的碳减排量是 60 单位，分配给企业 b 的碳减排量也是 60 单位。此时，企业 b 的边际减排成本 C_2 高于企业 a 的边际减排成本

C_1，如果没有碳排放权交易的发生，双方在既定分配目标下实现的总成本是 $A +$ $B + C + D$，大于最优分配处实现的总成本。其余情形依此类推。

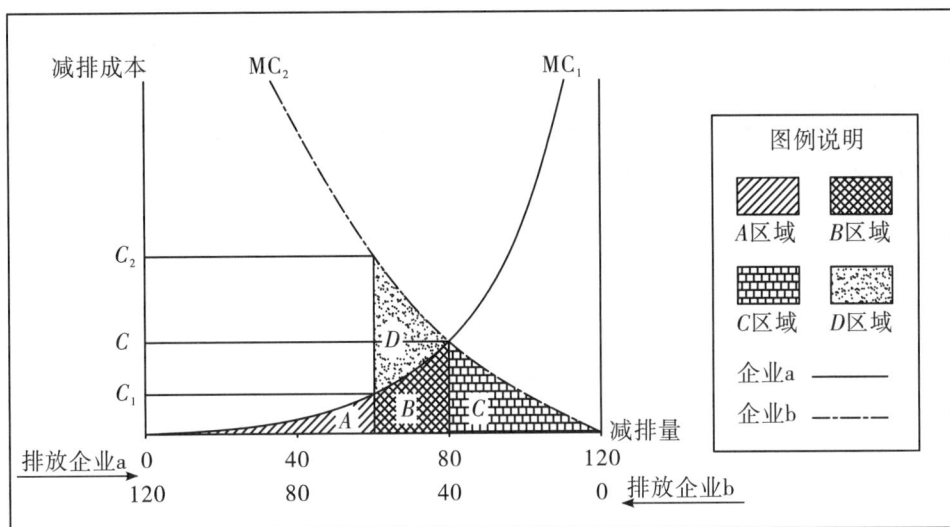

图 7 - 1　碳排放权交易原理示意图

同时，可以看到边际减排成本的差异正是两企业进行碳排放权交易的根本动因。由前面的分析可知，由于企业 b 的边际减排成本高于企业 a 的边际减排成本，从而企业 b 就有动机以低的单位价格从企业 a 处购买碳排放权配额，降低自己的减排成本；企业 a 也愿意以高于自身减排成本的单位价格卖出碳排放权配额，来提高自己的经济效益。碳排放权交易将一直进行到企业 a 减排 80 单位、企业 b 减排 40 单位时，即碳排放权交易的单位价格等于两企业的边际减排成本时，碳排放权交易停止。

可以看出，通过碳排放权交易，管理者无须了解企业具体的边际减排成本，只要制定出减少二氧化碳排放总量的目标，并允许企业自行决定减排的途径，在总量控制的前提下，企业自身就会根据利润最大化原则，最优地实现减排目标。同时，碳排放权交易使得边际减排成本较低的企业更多地参与减排活动，实现了碳排放权从边际减排成本较低的企业流向边际减排成本较高的企业，在减排总量不变的情况下，节约了减排的总成本（如图 7 - 1 中的区域 D，就是通过碳排放权交易节省的减排成本），提高了资源的再分配效率。所以，碳排放权交易既有助于提高管理者的工作效率，完善减排责任的分配；又有利于成本的节约和环境容量资源的有效配置。

二 | 碳排放交易的实践

为控制温室气体排放、抑制全球变暖，全球各地越来越多国家和地区采用碳排放权交易作为减排政策。目前共 27 个碳排放权交易体系投入运营（World Bank Group，2019），其中包括 1 个跨国的地区碳排放权交易体系、4 个国家的碳排放权交易体系、15 个州/省和 7 个城市采用的碳交易体系。未来将会有更多的碳排放权交易市场投入运行，碳排放权交易市场所覆盖的碳排放总量将增加近 70%，覆盖的行业也将逐步增加，主要包括电力、工业、航空、交通、建筑、废弃物及林业。

《京都议定书》之后，欧盟于 2005 年第一个建立了区域性碳排放权交易市场——欧盟碳排放权交易体系（EU Emissions Trading System，EU ETS）。作为气候变化领域的积极倡导者，欧盟结合其碳税的相关经验，积极完善立法，使 EU ETS 成为制度较为完善的体系，为其他国家或地区建立碳排放权交易体系提供了重要参考。新西兰于 2008 年启动碳排放权交易体系，根据自身特点，独创性地将碳汇纳入 ETS 中，是交易最为活跃的市场之一。北美地区最早通过碳交易市场来解决温室气体排放问题的是美国，区域温室气体倡议（The Regional Greenhouse Gas Initiative，RGGI）于 2009 年建立，加利福尼亚州和加拿大的魁北克省碳排放交易体系于 2013 年建立，加拿大安大略省碳排放交易体系于 2017 年建立。在亚洲地区，日本和韩国建立的碳排放权交易体系则是主要代表，两者最大的不同是：韩国建立的是全国性的碳排放权交易体系，并以此作为主要减排手段，而日本则推行的是多项碳排放权交易体系，东京和琦玉的碳排放权交易体系只作为区域性、辅助性的减排机制。下面将重点介绍欧盟和中国的碳排放权交易实践情况。

（一） 欧盟碳排放权交易实践

欧洲地区代表性碳排放权交易体系就是欧盟碳排放权交易体系（EU ETS）。在《京都议定书》之后，欧盟将减排行动付诸实践，致力于成为应对气候变化的领导者，持续推动全球减排行动。为此，自 2000 年起，欧盟制定了一系列气候变化相关的政策与法令，如《欧盟气候变化方案》（ECCP）、欧盟气候与能源一揽子计划、EC 指令与条例等，为碳排放权交易体系的建立与实施奠定了良好的法律基础与制度框架。同时，欧盟还制定了一系列减排目标，以确保碳减排力度。2007 年，欧盟宣布其碳减排目标是：到 2020 年，温室气体排放较 1990 年水平降低 20%；到 2030 年，至少比 1990 年的温室气体排放水平降低 40%；

而到 2050 年，比 1990 年的温室气体排放水平降低 80%~95%。

作为发达经济体，欧盟的温室气体主要来自能源消耗。在 EU ETS 建立之前，部分欧盟成员国已对煤炭、天然气、汽油、柴油等能源征收税金，即碳税。最早实施碳税的是以丹麦、荷兰为代表的北欧国家，到 20 世纪末，这些国家基本上已构建了较为完备的碳税制度。英国于 2002 年建立了碳排放权交易市场并进行试运行，是世界上首个国家碳排放权交易体系。北欧国家的碳税和英国碳排放权交易体系的建立为 EU ETS 提供了宝贵的市场经验。

2005 年初，欧盟建立全球第一个跨国家、跨区域的碳排放权交易体系，即 EU ETS，这也是全球控制温室气体排放规模最大的碳排放权交易体系。EU ETS 采用总量控制与交易机制。为获取经验，保证实施过程的可控性，欧盟排放交易体系的实施方式是循序渐进、逐步推进的。目前已进入第四阶段。第一阶段为试验阶段，自 2005 年 1 月 1 日至 2007 年 12 月 31 日。此阶段的主要目的并不在于实现温室气体的大幅减排，而是获得运行总量控制与交易体系的经验，为后续阶段正式履行《京都议定书》奠定基础。在选择所交易的温室气体方面，第一阶段仅涉及对气候变化影响最大的二氧化碳的排放权的交易，并没有涵盖《京都议定书》提出的六种温室气体。第二阶段为体系过渡期，自 2008 年 1 月 1 日至 2012 年 12 月 31 日，时间跨度与《京都议定书》首次承诺时间保持一致。此阶段 EU ETS 的市场交易量快速增长，在全球碳排放权交易中的比重由 2005 年的 45% 增加至 2011 年的 76%，借助所设计的排放交易体系，欧盟正式履行对《京都议定书》的承诺。第三阶段是发展阶段，自 2013 年 1 月 1 日至 2020 年 12 月 31 日。在此阶段内，排放总量每年以 1.74% 的速度下降，以确保 2020 年温室气体排放要比 1990 年至少低 20%。第四阶段是自 2021 年 1 月 1 日至 2030 年 12 月 31 日，其重要特征是实施更有针对性的碳泄漏规则。对于风险较小的行业，预计 2026 年后将逐步取消免费分配，从第四阶段结束时的最高 30% 逐步取消至零，同时，将为密集型工业部门和电力部门建立低碳融资基金。

1. **覆盖范围**

EU ETS 的覆盖范围自建立以来不断扩大，至今已逐渐稳定，目前已涵盖了 31 个国家的约 11 000 个发电站、制造工厂和其他固定设施以及航空活动，第四阶段的行业范围预期将不会发生改变，各阶段的覆盖范围详见表 7-1。

表 7-1　EU ETS 覆盖范围

时间	覆盖国家	覆盖行业	覆盖温室气体
第一阶段 （2005—2007 年）	25 个成员国	能源产业、内燃机功率在 20MW 以上的企业、石油冶炼业、钢铁行业、水泥行业、玻璃行业、陶瓷以及造纸业等	CO_2
第二阶段 （2008—2012 年）	27 个成员国以及冰岛、列支敦士登和挪威	发电、工业（炼油厂、焦炭烘炉、炼钢厂）以及制造业（水泥、玻璃、陶瓷、造纸等），新增部分航空业	CO_2 和部分国家生产硝酸产生的 N_2O
第三阶段 （2013—2020 年）	28 个成员国以及冰岛、列支敦士登和挪威	扩大航空业范围，并从原先的发电、工业、制造业、航空业，扩增了碳捕获、碳封存、有色金属和黑色金属的生产等	CO_2、N_2O 和 PFCs

资料来源：ICAP（2019），European Commission（2018），洪鸳肖（2018），易碳家（http://m. tanpaifang. com/article/93601. html）。

注：2012 年，年排放超过 10 000 吨 CO_2 的国际商务航班被纳入，其中仅包含往返于欧洲经济区（EEA）之间的航班。2013 年，年排放超过 1 000 吨 CO_2 的非商业航班被纳入。

2. 配额总量

EU ETS 采用的是总量控制与交易机制，旨在通过控制排放总量来达到减排效果。欧盟的总配额是根据每个欧盟成员国的国家分配计划自下而上确定的。在第一阶段和第二阶段，各成员国对排放量具有较大的自主权，随后逐步趋严。第一阶段，2005 年设定欧盟碳排放配额的总量为每年固定 20.96Gt CO_2e；2009 年第二阶段削减至 20.49Gt CO_2e，以缓解碳配额供过于求的局面；第三、四阶段中，欧盟碳配额限额总量分别按照每年 1.74% 和 2.2% 的比例不断加速削减。2013 年为 2 084Mt CO_2e，2019 年则为 1 855Mt CO_2e，覆盖了欧盟碳排放总量的 40%，限额总量详见表 7-2。

表 7-2　EU ETS 2013—2020 年总量限额

年份	总量限额（固定源）/吨
2013	2 084 301 856
2014	2 046 037 610
2015	2 007 773 364
2016	1 969 509 118

（续上表）

年份	总量限额 （固定源） /吨
2017	1 931 244 873
2018	1 892 980 627
2019	1 854 716 381
2020	1 816 452 135

资料来源：European Commission（2018）。

3.　配额分配

关于配额分配，EU ETS 以免费分配为主、拍卖为辅。但是，随着距离减排目标年份越来越近，免费分配的比例在逐年下降，从第一阶段的 95% 以上免费降低到目前的 50%，以帮助欧盟有效兑现其碳减排承诺。

第一阶段（2005—2007 年），欧盟成员国各自通过建立分配计划进行分配，至少 95% 的配额是免费发放的，主要采用历史排放法来分配免费配额。仅有匈牙利、爱尔兰和立陶宛采用了拍卖的方式。

第二阶段（2008—2012 年）与第一阶段类似，约 90% 的配额为免费分配。其中的八个成员国（德国、英国、荷兰、奥地利、爱尔兰、匈牙利、捷克共和国和立陶宛）采用免费分配和拍卖相结合的分配方式，约占总配额的 3%。

第三阶段（2013—2020 年）的整个交易期间，57% 的配额采用拍卖方式分配，剩余的配额可用于免费分配。免费分配的规则不同于第一阶段和第二阶段，而是采用"行业基准线法"分配免费配额，这种方法将整个行业中碳排放较少的领先企业作为核算基准，为行业减排树立了明确的标杆。各受控设施免费获得的额度等于其过去三年的平均产品产量，乘以欧盟境内排名前 10% 的（同类）单位产品碳排放强度基准，超出该基准的部分则需要通过拍卖获得。同时，EU ETS 为新进入者储备预留了 3 亿单位的配额，用于资助通过 NER 300 计划①部署的可再生能源创新技术、碳捕集与封存。

第四阶段（2021—2030 年），EU ETS 将确保日益减少的配额能够以最有效及高效的方式进行分配。同时进行以下调整：①在阶段内确保对标系数将进行两次更新，以正确反映不同行业的技术进步情况；②每年更新免费分配，以反映生产技术的持续变化（如果变化比初始水平高出 15%，则以两年的滚动平均值为基础）；③碳泄漏规则将更加健全，减少被归类为存在碳泄漏风险的行业的数

---

① NER 300 是一项资助计划，汇集约 20 亿欧元用于资助创新低碳技术的发展，重点用于推广欧盟范围环境安全型技术的商业化发展，包括碳捕集与封存（CCS）和创新可再生能源技术。

量，并且到 2030 年将停止对其他行业的免费分配（区域供热除外）；④提供"自由分配缓冲余额"，即超过 4.5 亿美元的配额用于拍卖。当最初的自由分配使用完后，启用该机制，具体的分配比例详见图 7－2。

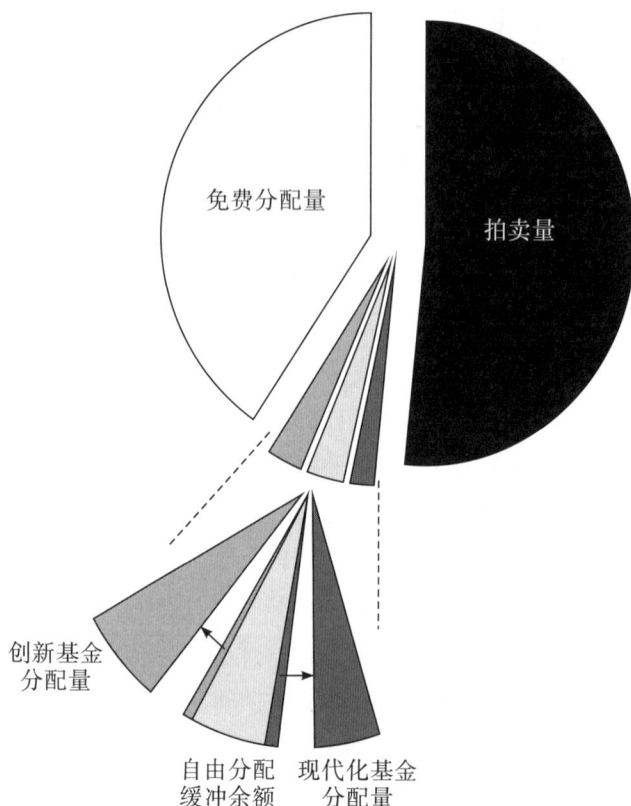

图 7－2　EU ETS 第四阶段的限额总量构成

资料来源：European Commission（2018）。

此外，根据不同行业的性质，EU ETS 在配额分配方式及比例上也进行差异化处理，如电力行业自 2013 年起 100％采用拍卖；航空业在 2012 年，根据基准免费分配 85％的配额，而在第三阶段，欧盟根据基准免费分配了 82％的配额，拍卖了 15％的配额，剩下的 3％是为新进入者和快速发展的航空公司所预留的储备。

4. 抵销机制

抵销机制的设置有助于扩大碳配额的供应量，同时大幅降低碳排放权交易体系的履约成本。EU ETS 的参与者可以使用来自《京都议定书》中由联合履行机制（JI）和清洁发展机制（CDM）所产生的国际碳信用。但欧盟排放交易体系对参与者使用碳信用时有许多定性和定量的标准。在定性标准上，不接受核、植树造林和再造林项目产生的碳信用；2012 年以后注册的新项目必须是在最不发达国家；固定装置和飞机运营商使用碳信用也有限额等。在定量标准上，每一阶段存在较大差异，具体如下。

第一阶段（2005—2007 年），JI 和 CDM 项目产生的碳信用可无限制地使用，但在实际情况中，第一阶段没有使用任何碳信用。

第二阶段（2008—2012 年）允许使用大多数种类 JI 和 CDM 项目所产生的碳信用，而土地利用变更、森林、核电行业均不予以使用。超过 20 兆瓦的大型水电项目也有严格的要求。参与者可以有限使用 JI 和 CDM 信用额度，最高不得超过相应国家/地区的国家分配计划中确定的百分比限制。未使用的碳信用可转入第三阶段。

第三阶段（2013—2020 年），新产生的（2012 年后）国际信用额只能为来自最不发达国家的项目。来自其他国家的 JI 和 CDM 项目的信用额只有在 2012 年 12 月 31 日之前注册并实施的才能使用。不考虑任何来自工业气体碳信用的项目（涉及破坏 HFC – 23 和 N_2O 的项目）。2015 年 3 月 31 日之后，不再接受在《京都议定书》第一个承诺期内产生的减排信用。欧盟碳排放权交易市场从第三阶段开始严格限制使用 CER 和 ERU，避免了抵销信用供过于求对碳市场的冲击。

第四阶段（2021—2030 年）则不允许将国际信用用于抵销。

5．灵活性措施

灵活性措施包括配额是否可以被跨期储存或者预借、履约周期的长短等方面，灵活性越好，则大幅度减排的成本可能越高，管理成本也会随之增加。

EU ETS 在初期设计时考虑到包容性、充分与国际接轨，因在第一阶段，过期的配额会作废，该阶段价格波动严重。所以，2008 年起，EU ETS 允许企业不受限制地进行配额存储（Banking），但不可借用未来期间配额。配额存储允许企业对配额进行跨期配置，以减缓价格波动。EU ETS 通过在不同阶段的政策调整，以确保交易机制能够灵活适应市场发展。

为协助企业应对减排的额外成本，EU ETS 还建立了适当的缓冲机制。对于电网建设较为落后或能源结构较为单一且经济较不发达的 10 个成员国，欧盟允许其电力部门在第三阶段的配额逐渐过渡到拍卖，2013 年时可以获得最多 70%的免费配额，但比例必须逐年递减，到 2020 年时需要全部通过拍卖获得。

同时，为稳定市场，通常会采取调整配额储备数量或者设置价格上下限的措施。配额储备能够在控制成本和监管价格的同时限制温室气体排放，而在配额拍卖中引入最低价格机制有助于保证碳排放交易体系参与者和抵销项目的提供者在减排领域所做出投资的价值。EU ETS 所建立的市场稳定储备（Market Stability Reserve，MSR）于 2019 年 1 月开始运营，旨在消除现有补贴盈余的负面影响，并提高系统对未来冲击的抵御能力。如果流通配额总数高于 8.33 亿吨，则配额将被放入 MSR 中；如果流通配额数量低于 4 亿吨，将被重新投入市场。当时预计在 2019—2023 年，放入 MSR 池额度将从配额盈余的 12% 提高至 24%。

6. 交易主体

欧盟碳排放权交易所主要有 ECX 欧洲气候交易所、EEX 欧洲能源交易所。其交易主体，包括欧盟委员会等监管机构、履约企业、中介与交易商、减排项目开发者等。主要参与者不仅包括控排企业，还有商业银行、投资银行、私人资本公司等金融机构及投资者（包括个人）。另外，碳金融的发展也催生了相关服务机构，如碳交易服务咨询公司、信用评级公司、信息服务机构等。服务机构对降低交易成本、促进信息融通、提高履约效率有积极意义。EU ETS 中的交易主体及参与方式如表 7 - 3 所示。

表 7 - 3 EU ETS 中的主要参与交易主体与参与方式

交易主体	参与方式
控排企业	除获得配额、参与拍卖以外，EU ETS 履约企业可以直接与系统中的其他公司进行交易，通过中介机构购买或出售配额，或通过碳排放权交易所进入二级碳市场，以购买配额等
中介机构	中介机构如银行、政府主导的碳基金、私募股权投资基金等投资者，可注册参与交易，也可代表规模较小的控排企业或排放者履约
个人投资者	原则上，任何个人都可以在碳市场上进行交易，但因个人没有履约义务，只能参与配额交易

资料来源：欧盟委员会。

（二） 中国碳排放权交易实践

面对全球气候变暖，中国政府积极应对气候变化问题。2011 年 10 月，国家发展改革委办公厅印发《关于开展碳排放权交易试点工作的通知》（发改办气候〔2011〕2601 号），明确在北京、天津、上海、重庆、广东、湖北以及深圳五市二省正式开展碳排放权交易试点，正式启动我国碳排放权交易试点工作。2013 年是我国碳排放权交易启动元年，广东、北京、上海、深圳和天津五个省市率先启动碳排放权交易；2014 年，湖北、重庆碳排放权交易市场相继开市，至此全国七个试点已全部启动交易。2016 年 4 月，四川联合环境交易所获国家发改委备案，成为第八家碳市场交易机构，但交易标的没有碳排放配额，只有"中国核证减排量（CCER）"。之后，福建省作为第九家试点省份纳入碳排放权交易市场。各个试点根据各自的实际情况，在碳排放权交易机制方面积极创新，形成了九试点各具特色的碳排放权交易市场体系，包括覆盖行业、配额分配制度、交易制度、履约制度以及减排量开发等方面。

受益于各试点在碳市场建设方面的先行先试，中国国家碳排放权交易市场的建设稳步推进。2017年12月，经国务院同意，国家发展改革委印发了《全国碳排放权交易市场建设方案（电力行业）》。这标志着中国碳排放权交易体系完成了总体设计，并正式启动。2020年底，生态环境部出台《碳排放权交易管理办法（试行）》，印发《2019—2020年全国碳排放权交易配额总量设定与分配实施方案（发电行业）》，正式启动全国碳市场第一个履约周期。全国统一的碳排放权交易市场的交易中心设在上海，登记中心设在武汉，同时其他试点的地方碳排放权交易市场继续运营。2021年7月16日，全国碳排放权交易市场启动上线交易。发电行业成为首个纳入全国碳排放权交易市场的行业，纳入重点排放单位超过2 000家。我国碳市场将成为全球覆盖温室气体排放量规模最大的市场。截至2022年12月22日，全国碳排放权交易市场累计成交额突破100亿元大关。全国碳市场正式上线以来，共运行350个交易日，碳排放配额累计成交量2.23亿吨，累计成交额101.21亿元。

1. 覆盖范围

全国各试点省市碳排放权交易市场纳入碳排放权交易体系的行业数量存在较大差异，且随着时间的推移，纳入行业在发生变化，纳入的门槛也在变化。整体来说，行业在不断增加，纳入的标准在不断降低。在碳排放权交易开展初期，是选取高碳排放且较为集中的行业，在保证初始配额市场流动性的前提下，给其他即将纳入控排体系的行业一个准备和缓冲的阶段，提供吸取教训、积累经验的机会，从而能够最大限度地保证碳排放权交易的有效推进，实现碳排放权交易常态化平稳过渡。如果产业结构中高排放的行业占比偏小，则考虑纳入较多的子行业，如北京纳入碳排放权交易体系的行业最多，达到39个子行业，上海和深圳涉及的行业数量也较多，行业范围较为分散。需要说明的是，在全国碳排放权交易市场正式交易之后，各试点的发电行业企业统一纳入全国碳排放权交易市场（如果其他行业的企业存在自备电厂的，视同发电行业处理），其余行业的企业仍在各试点进行交易。详见表7-4。

表7-4　2021年全国及各试点碳市场的行业覆盖范围和纳入标准

碳市场	行业覆盖范围	纳入标准
全国	发电行业（含其他行业的自备电厂）	年排放量达2.6万吨二氧化碳（综合能源消费量约1万吨标准煤）

（续上表）

碳市场	行业覆盖范围	纳入标准
广东	钢铁、石化、水泥、造纸、民航共5个行业	年排放2万吨二氧化碳（或年综合能源消费量1吨标准煤）及以上的企业
深圳	供电、供水、供气、公交、地铁、危险废物处理、污泥处理、污水处理、平板显示、港口码头、计算机、通信及电子设备制造等制造业和其他行业	年排放3 000吨二氧化碳当量
北京	热力生产、其他服务业、交通运输业、其他发电企业、石化生产企业、航空运输业等	北京市行政区域内，其固定设施和移动设施年二氧化碳直接与间接排放总量5 000吨（含）以上
上海	钢铁、石化、化工、有色、建材、纺织、造纸、橡胶、化纤等工业行业；航空、港口、机场、铁路、商业、宾馆、金融等非工业行业	工业企业：年排放2万吨二氧化碳及以上；非工业企业：年排放1万吨二氧化碳及以上
天津	钢铁、化工、热力、石化、油气开采等重点排放行业	年排放二氧化碳2万吨以上的企业或单位
湖北	热力及热电联产、钢铁、水泥、化工等16个行业	年综合能耗1万吨标煤及以上的工业企业
重庆	电解铝、铁合金、电石、烧碱、水泥、钢铁等高耗能行业	年排放二氧化碳2万吨以上的企业或单位
福建	钢铁、化工、石化、有色、民航、建材、造纸、陶瓷等行业	年综合能源消费总量达5 000吨标准煤以上（含）的企业法人单位或独立核算单位

资料来源：根据公开资料整理。

注：四川联合环境交易所目前只开展了CCER交易，没有开展碳配额交易，故没有相关数据；从2022年开始，广东省纳入标准调整为年排放量1万吨（或年综合能源消费量5 000吨标准煤）及以上，覆盖范围增加陶瓷、纺织、数据中心等新行业。

2. 配额总量

配额作为可交易、可抵押的资产，配额总量的设定与分配的松紧程度直接决定碳排放权配额的供需关系及碳排放权交易市场的稳定。由于各试点碳市场经济总量、产业结构和纳入行业的差异，各地的配额总量之间的差距较大。且随着应对气候变化目标、单位生产总值二氧化碳排放下降目标、经济增长趋势、产业发展政策、行业减排潜力、历史配额供需情况等因素的变化，各碳排放权交易市场的碳配额总量每年都会有所不同。2021年全国和各试点碳排放权交易市场的配额总量情况详见表7-5。

表7-5　各碳市场2021年度配额总量设定

碳市场	配额总量设定
全国	省级生态环境主管部门根据本行政区域内重点排放单位2019—2020年的实际产出量以及本方案确定的配额分配方法及碳排放基准值，核定各重点排放单位的配额数量；将核定后的本行政区域内各重点排放单位配额数量进行加总，形成省级行政区域配额总量。将各省级行政区域配额总量加总，最终确定全国配额总量
广东	2021年度纳入企业的配额总量为2.65亿吨，其中，控排企业配额2.52亿吨，储备配额0.13亿吨，储备配额包括新建项目企业有偿配额和市场调节配额
深圳	2021年深圳市碳排放权交易体系年度配额总量为2 500万吨
北京	北京市生态环境局将按照《北京市企业（单位）配额核定方法》核算2021年度配额
上海	2021年度碳排放交易体系配额总量为1.09亿吨（含直接发放配额和储备配额）
天津	2021年度碳排放配额总量为0.75亿吨，其中政府预留配额比例为6%
湖北	2021年度纳入企业碳排放配额总量为1.82亿吨。配额结构为：碳排放配额总量包括年度初始配额、新增预留配额和政府预留配额
重庆	根据重庆市温室气体排放控制要求，综合考虑经济增长、产业结构调整、能源结构优化、大气污染物排放协同控制等因素确定年度配额总量。2021年度配额总量由重点排放单位配额和政府预留配额两部分组成。2021年度政府预留配额为配额总量的5%。政府预留配额用于市场灵活调节，主要通过拍卖等方式向市场投放
福建	根据福建省单位生产总值二氧化碳排放下降目标，结合经济增长、行业基准水平、产业转型升级、减排潜力和重点排放单位历史排放水平等因素确定年度配额总量。配额总量由既有项目配额、新增项目配额和市场调节配额三部分构成，其中市场调节配额为既有项目配额与新增项目配额之和的5%，用于市场灵活调节

资料来源：根据公开资料整理。

注：全国碳排放权交易市场2021年7月6日开始交易。

在配额结构方面，各碳排放权交易市场设置情况大体相似。一般而言，配额分为控排企业（纳入碳排放权交易体系的企业）配额和储备配额，控排企业配额是通过有偿或者免费方式下发给企业的配额，储备配额是政府给新增设施、新进入者以及调整市场价格等预留的配额，主要用途是防止市场冲击。就储备配额具体分配而言，各试点地区有一定的差异。另外，即使是在同一试点地区，不同行业的配额构成也有所差异。

3. 配额发放方式和分配方法

配额的发放方式与分配方法，与碳排放权交易市场的效率息息相关，一度被视为碳排放权交易的核心机制。各碳市场主管部门根据该地区行业发展规划、控制温室气体排放总体目标、国家产业政策、经济增长趋势等因素设定本区域碳排放配额分配方案。目前我国各碳市场的配额分配方式主要有免费分配和有偿分配两种。免费分配方式即主管部门将配额免费配置给控排企业；有偿分配方式即主管部门要求企业通过拍卖竞价或者固定价格购买获得碳排放权配额。现阶段，我国各碳市场针对配额的发放方式形成了两种做法：一种是碳排放配额实行全部免费发放，如全国、北京、重庆、福建；另一种是免费与有偿发放相结合，如广东、深圳和天津等。广东是全国首个也是唯一一个持续开展配额有偿分配的区域碳市场，在试点成立之初便开展配额有偿分配，并分行业确定有偿分配比例，且有偿分配采用竞价方式进行。

根据我国实际国情和不同行业发展情况，各碳市场配额免费分配的常见方法主要有两种：基准分配法和历史分配法。基准分配法是以控排企业的产能或产量的有关数据为基数乘以一个排放率标准来决定配额分配量；历史分配法是基于控排企业的历史排放数据水平进行配额分配。除重庆碳市场外，其他各交易试点均在其碳排放权交易管理办法中提到开展拍卖或有偿出售的形式进行配额分配，并规定了各自区域的配额来源及比例、竞买时间、竞买底价、竞买参与人和限制条件等。其中，广东碳市场自开市起便使用免费发放和有偿分配结合的方式，属于以免费分配为主的渐进混合模式，拍卖配额来源于企业应获得的配额，具体有偿配额的数量和发放次数由主管部门在履约年度初期进行规划，而以湖北、深圳和上海为代表的拍卖标的来源于政府预留配额，而非企业分配配额，根据主管部门对市场调节的需求，不定时举行配额有偿分配，确定具体发放时间及数量。各碳市场的配额发放方式和分配方法详见表7-6。

表 7-6　各碳市场配额发放方式与分配方法

碳市场	配额发放方式与分配方法
全国	发放方式：全部免费分配 分配方法：采用基准法核算重点排放单位所拥有机组的配额量。重点排放单位的配额量为其所拥有各类机组配额量的总和

（续上表）

碳市场	配额发放方式与分配方法
广东	发放方式：2021 年度配额实行部分免费发放和部分有偿发放，其中，钢铁、石化、水泥、造纸控排企业免费配额比例为 96%，航空控排企业免费配额比例为 100%，新建项目企业有偿配额比例为 6% 分配方法：2021 年度企业配额分配主要采用基准线法、历史强度下降法和历史排放法
深圳	发放方式：2021 年度配额发放采取免费为主、有偿为辅的方式。管控行业 2021 年度碳排放配额总体实施 97% 无偿分配、3% 有偿分配（以拍卖方式出售），其中供电、供水、供气、公交、地铁市政服务类行业暂不开展有偿分配 分配方法：2021 年度碳排放管控单位配额分配采用基准强度法和历史强度法
北京	发放方式：全部免费发放，分两次发放。一是配额预发。对按要求完成上一年度履约工作的重点碳排放单位，按照上年度核定配额或活动水平的 70% 预发，新增重点排放单位不进行配额预发。二是排放量核定及配额调整核发。根据重点碳排放单位 2021 年度实际活动水平及配额申请材料核定各单位的排放量核算最终配额。预发配额低于最终核定配额的补发剩余配额；预发配额多于最终核定配额的进行配额核减，重点碳排放单位须配合核减工作 分配方法：电力生产业、热力生产和供应业、水泥制造业、数据中心等行业按基准法核发配额，本年度不调整上述行业基准值；其他发电（抽水蓄能）、电力供应（电网）两个细分行业配额核定方法由历史强度法调整为基准值法
上海	发放方式：免费发放为主，有偿为辅，且有偿发放配额是采用不定期竞价发放的形式 分配方法：对于采用历史排放法分配配额的纳管企业，2021 年度直接将配额一次性免费发放至其配额账户。对于采用行业基准线法或历史强度法分配配额的纳管企业，先按照 2020 年产量、业务量等生产经营数据的 80% 确定 2021 年度直接发放的预配额并免费发放，待 2022 年清缴期前，根据其 2021 年度实际经营数据对配额进行调整，对预配额和调整后配额的差额部分予以收回或补足
天津	发放方式：以免费发放为主、以拍卖或固定价格出售等有偿发放为辅。2021 年度免费配额分两次发放：第一批次配额按照纳入企业 2020 年度履约排放量的 50% 确定；第二批次配额待 2021 年度碳核查工作结束后，根据碳核查结果，综合考虑第一批次配额发放量等，多退少补进行核发 分配方法：配额分配采用历史强度法和历史排放法

（续上表）

碳市场	配额发放方式与分配方法
湖北	发放方式：2021 年配额实行免费分配 分配方法：不同企业根据各自碳排放数据质量采用标杆法、历史强度法、历史法中的一种进行配额分配
重庆	发放方式：免费发放为主，有偿为辅（政府拍卖） 分配方法：对不同行业的重点排放单位采用基准线法、历史强度下降法、历史总量下降法和其他分配方法中的一种或组合的方法进行配额分配
福建	发放方式：免费分配为主，必要时市场调节配额通过拍卖等方式向市场投放 分配方法：2021 年度企业配额分配采用基准线法和历史强度法

4．抵销机制

所有碳市场在履约时都可采用核证自愿减排量充当配额以抵销实际排放量，可使用的核证自愿减排量一般包括 CCER 和各试点碳市场开发的减排量，如广东的 PHCER、福建的 FFCER 等。不过，各试点在采用核证自愿减排量进行抵销时，均有一定的限制，包括限制可抵销的比例，可使用 CCER 的项目类型、产生时间、产生项目属地等。此外，试点碳市场为鼓励当地范围内的减排项目，会优先考虑当地项目产生的减排量，或者对当地的区域级核证自愿减排量降低限制比例等。

在碳排放权交易初期，核证自愿减排量的价格大大低于碳配额的价格。将核证自愿减排量作为抵销机制纳入碳排放权交易市场，可以降低碳排放权交易市场覆盖企业的履约成本，能够促进更多低成本减排途径的使用；同时也可以作为市场价格调节的一种柔性机制，避免政府直接干预市场的不良影响；还可以激励碳排放权交易体系未覆盖的企业积极进行减排，降低社会总减排成本等。各碳市场的抵销机制设置情况如表 7 - 7 所示。

表 7 - 7　2021 年度各碳市场抵销机制设置情况

碳市场	抵销机制
全国	重点排放单位每年可以使用国家核证自愿减排量抵销碳排放配额的清缴，抵销比例不得超过应清缴碳排放配额的 5%。相关规定由生态环境部另行制定。但用于抵销的国家核证自愿减排量，不得来自纳入全国碳排放权交易市场配额管理的减排项目

（续上表）

碳市场	抵销机制
广东	控排企业和单位可使用 CCER 抵销上年度实际碳排放量的 10%。另外还应当满足以下条件： ①二氧化碳或甲烷气体的减排量占项目温室气体减排总量的 50% 以上； ②非水电项目，化石能源的发电、供热和余能利用项目； ③非来自在联合国清洁发展机制执行理事会注册前就已经产生减排量的清洁发展机制项目； ④来自广东的自愿减排项目需占比至少 70% 2021 年度可用于抵销的 CCER 和 PHCER 总量原则上控制在 100 万吨以内，优先消纳本省 CCER 和 PHCER，然后按照企业书面申请先后顺序允许用以抵销
深圳	使用 CCER 抵销的碳排放量不超过年度碳排放量的 10%，减排量项目无时间限制，但应当满足的条件有： ①项目仅限于：风电、光伏、垃圾焚烧发电、农村户用沼气和生物质发电项目；清洁交通减排项目；海洋固碳减排项目；林业碳汇项目；农业减排项目； ②风电、光伏、垃圾焚烧发电项目指定地区：广东（部分地区）、新疆、西藏、青海、宁夏、内蒙古、甘肃、陕西、安徽、江西、湖南、四川、贵州、广西、云南、福建、海南等省份和地区； ③全国范围内的林业碳汇项目、农业减排项目； ④其余项目类型需来自深圳市和与深圳市签署碳交易区域战略合作协议的省份和地区
北京	重点排放单位可使用的经审定的碳减排量包括核证自愿减排量、节能项目碳减排量、林业碳汇项目碳减排量。重点排放单位用于抵销的经审定的碳减排总量不得高于其当年核发碳排放配额量的 5%。另外，应满足如下要求： ①京外项目产生的核证自愿减排量不得超过其当年核发配额量的 2.5%。优先使用河北省、天津市等与本市签署应对气候变化、生态建设、大气污染治理等相关合作协议地区的核证自愿减排量； ②非水电项目及来自减排氢氟碳化物（HFCs）、全氟碳（PFCs）、氧化亚氮（N_2O）、六氟化硫（SF_6）气体的项目的减排量； ③非来自本市行政辖区内重点排放单位固定设施的减排量； ④林业碳汇项目减排量需来自 2005 年 2 月 16 日以来的无林地碳汇造林项目和 2005 年 2 月 16 日后开始实施的森林经营碳汇项目； ⑤其余项目来自 2013 年 1 月 1 日后实际产生的减排量
上海	CCER 履约抵销比例不超过审定的年度碳排放量的 3%，另外，应满足以下条件： ①其中长三角以外 CCER 项目使用比例不超过年度碳排放量的 2%； ②非水电项目； ③2013 年 1 月 1 日后实际产生的减排量

（续上表）

碳市场	抵销机制
天津	企业可以使用 CCER 和天津林业碳汇项目减排量以及经市生态环境主管部门备案的其他项目减排量抵销二氧化碳排放，用于抵销的核证自愿减排量不得超过当年实际排放量的 10%，且至少 70% 来自本市自愿减排项目。另外，应当符合的条件还有： ①非来自控排企业边界范围内的减排量； ②非来自其他碳排放权交易试点地区或福建省的 CCER； ③仅来自二氧化碳、甲烷气体项目，且不包括来自水电项目的减排量； ④优先使用河北省或与天津市签署合作协议地区或国家重点扶贫地区的 CCER； ⑤2013 年 1 月 1 日后产生的减排量
湖北	企业可使用 CCER 抵销其部分碳排放量，抵销比例不超过该企业年度碳配额的 10%。另外还应当满足的条件有： ①湖北省内控排企业边界外项目； ②与本省签署战略碳市场合作协议的省市，抵销量不高于 5 万吨； ③非大、中型水电类项目； ④已在国家发改委备案项目减排量 100% 抵销，未备案项目减排量 60% 抵销； ⑤2013 年 1 月 1 日后产生的减排量
重庆	纳入配额管理的单位可抵销其审定排放量的 8%。另外还应当满足以下条件： ①项目内容限定于：节约能源和提高能效项目；清洁能源和非水可再生能源项目；碳汇项目；能源活动、工业生产过程、农业、废弃物处理等领域减排项目； ②2010 年 12 月 31 日后实际投入运行的减排项目（碳汇项目不受限）
福建	纳入控排的企业可使用自愿减排量抵销当年经确认的排放量的 10%。另外还需满足以下规定： ①非水电项目产生的减排量； ②仅来自二氧化碳、甲烷气体的项目减排量； ③在本省行政区内产生，且来自非重点排放单位的减排量； ④FFCER 项目业主应具备法人资格；参照发改委或省碳交办林业碳汇方法学开发；2005 年 2 月 16 日后开工建设的

资料来源："碳排放管理师"网站新闻（http://tanguanli.org.cn/tanshixinwen/）。

5. 配额调整与回收机制

由于控排主体的生产计划和产能水平是不断变化的，各试点地区也对配额发放的数量调整作了相应规定，特别是企业改制、改组、兼并和分立、新建、改扩建等情况，均会导致企业配额的调整。一般情况下，对于企业生产经营发生重大变化的，各碳市场均会对企业的配额重新进行核定，对于企业治理结构发生变化的，如合并或者分立，主管部门均明确规定了各自的权属关系，如配额和履约义务的继承。详见表7-8。

表7-8　各碳市场配额调整机制

碳市场	配额调整机制
全国	对未按时足额清缴2019—2020年度碳排放配额的重点排放单位，省级生态环境主管部门应在2021、2022年度配额预分配时，核减其2019—2020年度配额欠缴量。对执法检查中发现问题并需调整2019—2020年度碳排放核算结果的，以及存在其他需要调整2019—2020年度配额情形的重点排放单位，省级生态环境主管部门应重新核算其2019—2020年度的排放量、应清缴配额量、应发放配额量，计算相应的配额调整量，并在2021、2022年度配额预分配时予以等量调整 考虑到2021、2022年实测机组比例变化、电源结构优化、技术进步等不确定因素，如2021、2022年碳排放基准值与实际排放强度水平严重不匹配，进而导致2021、2022年度配额分配实际情况与预期配额盈缺目标出现较大偏差时，在必要的情况下拟在后续年度配额分配中对2021、2022年度的配额分配结果予以调节
广东	企业停业停产或者生产经营发生重大变化，企业应当向省主管部门提交配额变更申请材料，重新核定配额
湖北	企业新增设施引起产能变化或者企业合并、分立、重组等变更行为的配额分配规定，相关企业须在发生变化、变更的30日内，向主管部门申请，并重新核定碳排放配额
上海	配额方案公布前，已解散、关停或迁出本市的企业不再进行碳排放配额管理；配额分配方案公布后，企业生产经营发生重大变化、核算边界无法确定的，不对其发放配额，对于已发放的配额，予以收回
深圳	控排企业涉及合并的，其配额及权利义务由合并后存续的单位或者新设立的单位承担；涉及分立的，应制订合理的配额和履约义务分割方案，并报主管部门备案；未制订分割方案或者未按时报备的，原单位的履约义务由分立后的单位共同承担
天津	控排企业涉及合并的，其配额及权利义务由合并后存续的单位或者新设立的单位承担；涉及分立的，应制订合理的配额和履约义务分割方案，并报主管部门备案；未制订分割方案或者未按时报备的，原单位的履约义务由分立后的单位共同承担
北京	由于改制、改组、兼并和分立，新建、改扩建等原因，导致本年度二氧化碳排放量相对上年度变动达到5 000吨或20%以上的情况，应在一周内向主管部门书面申请配额变更

（续上表）

碳市场	配额调整机制
重庆	控排企业与控排企业合并的，由合并后存续或新设企业继受配额，并负有履约义务；控排企业与非控排企业合并的，由合并后存续企业继受配额，并进行履约，原非控排企业的碳排放不纳入配额管理范围；控排企业分立的，存续企业或新设企业继受配额，并进行履约
福建	增减设施、合并、分立或生产发生重大变化等原因导致碳排放量与年度碳排放初始配额相差20%以上的，应当向市主管部门报告并重新核查登记

资料来源：根据公开资料整理。

注：因全国碳市场目前纳入的电力行业企业，在全国碳排放权交易市场正式开始交易之前，已在各试点市场交易，在配额方面存在试点碳市场与全国碳市场的协调问题。

控排企业在经营过程中若出现解散、关停或者迁出等情况，一般不纳入相应试点地区的碳排放权管理，但可能会出现如下情况：①企业已经排放了一定量的二氧化碳，就有履约的义务；②大多数试点均会预发碳排放权配额，企业账户上的配额将显著高出其实际排放量。对此，各试点碳排放权交易市场都会要求企业根据实际已经发生排放量，清缴相应的碳排放权配额进行履约，对于剩余的配额，各试点碳排放权市场有不同的处理方式。如广东试点对于非正常月份的免费配额是予以收缴的，上海试点对于完成清缴义务后剩余的配额，政府只收回50%，其余配额可自行出售或者注销。各试点碳市场的配额回收机制见表7-9。

表7-9 各碳市场配额回收机制

碳市场	企业解散、关停、迁出配额处理
全国	暂无
广东	省主管部门回收当年度非正常生产月份免费配额并予以注销，企业清缴后剩余配额企业可自行出售或注销
湖北	主管部门审定当年配额并回收剩余配额
上海	企业完成清缴义务后政府回收此后年度配额50%
深圳	完成清缴后，剩余50%配额收回，其余由企业自行处理
天津	注销实际排放量后剩余全部上缴
北京	暂无
重庆	配额管理单位发生排放设施转移或者关停等情形的，由主管部门组织审定其碳排放量后，无偿收回分配的剩余配额

（续上表）

碳市场	企业解散、关停、迁出配额处理
福建	清缴当年度实际生产月份的碳排放量配额，并收回当年度剩余月份免费发放的配额，对于清缴后节余的配额，可自行决定在海峡股权交易中心出售或交由配额登记系统注销

资料来源：根据公开资料整理。

6. 各碳市场交易制度

完善的交易制度有助于提高二级市场的效率，增加碳排放配额的流动性，吸引更多投资者参与到碳排放权交易中，从而充分发挥碳排放权交易市场的作用。各碳市场的碳排放权交易制度基本是借鉴国内证券交易所、期货交易所的交易规则而设计完成，对碳排放权交易场所、交易参与者、交易标的、交易方式、价格涨跌幅限制、交易会员体系、交易结算制度等交易核心制度做出了详细的规定与说明。各碳市场碳排放权交易制度大体上相同，但在部分制度细节设计上各有特色，具体如下。

（1）交易场所。

目前碳市场开展的碳排放权交易均为场内交易，规定只有一家交易所作为本地区的碳排放权交易场所。全国和各试点碳排放权交易所如下：全国碳排放权交易所（全国）、广州碳排放权交易中心（广东省）、深圳排放权交易所（深圳市）、北京绿色交易所（北京市）、上海环境能源交易所（上海市）、天津排放权交易所（天津市）、湖北碳排放权交易中心（湖北省）、重庆碳排放权交易中心（重庆市），海峡股权交易中心（福建省）、四川联合环境交易所（四川省）。上述交易场所作为碳排放权的场内交易场所，为全国和各试点的碳排放权交易活动提供相关的交易系统、行情系统和通信系统等设施，以及信息发布、清算交割等相关服务。此外，各试点碳市场还推出了碳排放权配额的场外交易，交易双方可直接进行配额买卖磋商。目前场外交易是通过双方协议交易方式进行，并逐步开展场外挂牌交易。

（2）交易参与主体。

在碳排放权交易体系中，交易参与主体的范围大小影响着碳排放权交易市场的流动性。各碳排放权交易市场，除了控排企业外，还允许符合条件的组织或个人参与碳排放权交易，但各碳市场规定的参与条件有所不同。一般而言，较低的进入门槛能使更多的组织机构参与碳排放权交易，意味着碳排放权交易市场的流动性会更大。

在交易参与主体类别方面，上海和福建目前仅将控排企业和符合条件的非控排企业纳入交易体系，而广东、深圳、北京、天津、湖北和重庆还纳入了机构投资者和个人投资者，但北京和天津的个人投资者进入门槛相对较高，要求金融资产不低于30万元。对于非控排企业纳入碳排放权交易体系的条件，试点碳市场一般要求非控排企业须依法设立，具有良好的商业信誉，近年无重大违法违规行为。目前仅北京、上海、天津和重庆对非控排企业的注册资本有硬性规定，重庆要求企业法人注册资本不得低于人民币100万元，合伙企业及其他组织净资产不得低于人民币50万元，北京要求注册资本在300万元以上，上海规定的注册资本下限为100万元。具体见表7-10。

表7-10 各碳市场的参与主体与资本要求

碳市场	机构	个人	参与主体的资本要求
全国	√	√	—
广东	√	√	—
深圳	√	√	个人投资者（会费+年费）3 000元人民币
北京	√	√	非履约机构注册资本最少300万元人民币，自然人金融资产不少于100万元人民币
上海	√		机构投资者注册资本不低于100万元人民币
天津	√	√	个人投资者金融资产不低于30万元人民币
湖北	√	√	个人市场参与者持碳量不得超过100万吨
重庆	√	√	企业法人注册资本不得低于100万元人民币，合伙企业及其他组织净资产不得低于50万元人民币；个人金融资产在10万元人民币以上
福建	√		缴纳海交中心要求的相关费用

资料来源：根据公开资料整理。

注：全国碳排放权交易市场因正式开始交易时间尚短，目前实务中机构投资者和个人还未正式参与碳排放权交易。

（3）交易标的。

目前各碳市场开展的碳排放权交易的交易标的均以碳排放权配额为主。此外，各试点碳市场也预留了推出新交易标的的政策空间，如北京、广东、深圳、上海和重庆均在交易所规则里加入了交易标的的还包括"经相关主管部门批准的其他交易品种"的规定，方便推出满足不同需求的交易品种，以增强碳排放权交易市场的流动性。各碳市场的交易标的见表7-11。

表 7 - 11　各碳市场交易标的

碳市场	交易标的
全国	碳配额（CEA）、生态环境部根据国家有关规定增加其他交易产品
广东	广东配额（GDEA），CCER，PHCER，经交易主管部门批准的其他交易产品
深圳	深圳配额（SZA），CCER，经主管部门批准的其他交易产品
北京	北京配额（BEA），林业碳汇，经相关主管部门批准的其他交易产品
上海	上海配额（SHEA），CCER，经市主管部门批准的其他交易产品
天津	天津配额（TJEA），CCER
湖北	湖北配额（HEBA），CCER，经主管部门认定的其他交易产品
重庆	重庆配额（CQEA），其他经国家和本市批准的交易产品
福建	福建配额（FJEA），CCER，林业碳汇减排量（FFCER），碳现货中远期等福建省鼓励创新类碳排放权交易相关产品

资料来源：根据公开资料整理。

（4）交易方式。

碳排放权交易市场的交易方式主要分为线上公开交易与协议转让交易两种。但试点碳排放权交易市场针对公开交易推出了众多交易方式，如广东碳排放权交易市场的公开交易方式有一级市场的有偿发放竞价交易、二级市场的挂牌点选交易及协议转让等。相对丰富的交易方式能满足投资者的不同需求，利于提高碳排放权交易市场的流动性。有偿竞价、挂牌点选或其他的竞价交易都是通过线上交易系统进行，而类似于协议转让的交易方式需交易双方先进行线下协商，再通过碳排放权交易所挂牌完成交易。

需要注意的是，各试点碳市场对于大宗交易或协议转让方式的交易有一定的标准。全国碳排放权交易市场要求挂牌协议交易应小于 10 万吨二氧化碳当量，而大宗协议交易单笔买卖最小申报数量应当不小于 10 万吨二氧化碳当量；广东、上海规定单笔交易超过 10 万吨必须采用协议转让方式；北京则规定单笔交易数量达到 1 万吨或者关联交易都必须采用协议转让方式交易；深圳规定单笔交易达到 1 万吨必须采用大宗交易方式；天津则要求单笔交易量超过 20 万吨时，交易者应当通过协议交易方式达成交易；湖北对定价转让不设限制，但规定单笔挂牌数量达到 1 万吨时可采用公开转让方式交易；重庆要求成交申报（类似协议转让）的数量为 1 万吨以上；福建规定采用协议转让的，单笔交易数量应当达到一定的数量，但具体数量尚未公布。各碳市场的交易方式见表 7 - 12。

表 7 - 12　各碳市场的交易方式

碳市场	交易方式
全国	挂牌协议转让、大宗协议交易、单向竞价或者其他符合规定的方式
广东	挂牌点选交易、协议转让交易
深圳	电子竞价、定价点选、大宗交易
北京	公开交易（整体竞价、部分竞价、定价交易）、协议转让
上海	挂牌交易、协议转让
天津	拍卖交易、协议交易
湖北	挂牌交易、定价转让、协商议价
重庆	挂牌交易、协议交易（意向申报、成交申报、定价申报）、符合国家和重庆市规定的其他交易方式
福建	挂牌点选、协议转让、单向竞价、定价转让

（5）价格涨跌幅限制。

从某种程度上看，设置价格涨跌幅限制可能不利于企业根据自身需求进行及时买卖，这也是部分试点（如北京绿色交易所）在初期未对价格设置涨跌幅限制的原因之一。但由于碳排放权交易市场目前缺乏有效的风险对冲手段，不设置涨跌幅限制可能会导致参与交易的企业面临无法及时控制交易价格的风险，从而打压了部分企业参与交易的积极性。因此，从提高交易市场流动性的角度来看，设置价格涨跌幅限制利于碳排放权交易初期阶段的顺利推进。

针对交易价格的涨跌幅限制，各碳排放权交易市场的规定存在较大差异。具体见表 7 - 13。

表 7 - 13　各碳市场交易涨跌幅限制

碳市场	价格涨跌幅限制	
全国	挂牌协议交易：±10%	大宗协议交易：±30%
广东	挂牌点选交易：±10%	协议转让交易：±30%
深圳	定价点选交易：±10%	大宗交易：±30%
北京	公开交易：±20%	—
上海	挂牌交易：±10%	协议转让（≤50 万吨）：±30%；协议转让（＞50 万吨）：不限
天津	拍卖交易：±10%	协议交易：±10%
湖北	协商议价转让交易：±10%	定价转让交易：±30%
重庆	定价申报：±10%	成交申报：±30%
福建	挂牌点选交易：±10%	协议转让交易：±30%

资料来源：根据公开资料整理。

注：深圳规定采用电子竞价方式进行的交易不实行价格涨跌幅限制。

三 碳信息披露

为实现气候治理目标，碳信息披露在全球的低碳经济发展中扮演的角色越来越重要。高质量的碳信息披露能使碳排放权交易机制充分发挥减排作用，推动企业的低碳战略转型，实现企业的可持续低碳发展，进而提高整个社会的资源利用效率，为更好地实现低碳经济、促进环境与社会效益的全面协调发展做出贡献。然而，要获得高质量的碳信息披露，至关重要的一点就是建立一套通用的碳信息披露框架，这样既有利于不同企业之间进行碳信息披露的比较，又可以运用其去评价企业自身的碳信息披露质量水平，促进企业碳信息披露的方式与内容更加规范、完善，从而提高企业的碳信息披露透明度，增强碳信息的有用性。这不仅便于政府监管部门对企业的碳排放量、碳排放强度等情况进行监督管理，及时督促碳减排工作的进度与力度，提升碳信息披露质量，也便于企业的利益相关方对企业碳信息披露情况进行精准监督，通过对企业所披露的碳信息内容进行分析而快速做出较为准确的判断和决策。

碳信息披露越来越受到社会各界的关注，但纵观全球，目前还没有建立起统一规范的、权威的碳信息披露框架。下面将重点介绍当前使用较为广泛的国际组织的碳信息披露框架以及我国的碳信息披露制度。

（一）国际组织的碳信息披露框架

1.《气候相关财务信息披露工作组建议》

（1）气候相关财务信息披露工作组的成立背景。

在全球气候变化所带来的潜在财务风险与日俱增的大背景下，金融市场参与者愈发需要获得有助于决策的气候相关信息。然而，已有标准仅关注气候相关的具体实物信息披露，如温室气体排放量等可持续性指标等，缺乏组织机构业务在气候相关方面所面临财务影响的有关信息，为了更好识别与管理气候变化过程中经济系统固有的机遇与风险，金融稳定理事会（Financial Stability Board，FSB）意识到建立一致、可比、清晰和可靠的公司气候相关信息披露的必要性和紧迫性。

基于这一背景，二十国集团（G20）财长和央行行长委托金融稳定理事会召集成立气候相关财务信息披露工作组（Task Force on Climate-Related Financial Disclosure，TCFD）。2015 年 12 月，金融稳定理事会建立了以行业为主导的 TCFD 来为一致的"有助于金融市场参与者了解其所面临气候相关风险的披露"设计一整套建议。TCFD 由 32 名来自全世界的成员组成，成员来自养老基金、银行、保险、基金管理公司、评级机构、咨询机构、会计师事务所等金融机构及服务提供商，以及能源、钢铁、化工、矿业等高排放行业，在所在组织的职务范围涵盖财务、风险管理、会计可持续金融、可持续发展等领域，代表着广泛经济部门及金融市场，以及气候相关财务披露使用者及准备者之间的审慎平衡。

2017 年 6 月，TCFD 正式发布了《气候相关财务信息披露工作组建议》（*Recommendations of the Task Force on Climate-Related Financial Disclosures*，以下简称《TCFD 建议》），该建议一经发布，便得到了广泛支持。与此同时，TCFD 还发布了一份执行指南附件和针对情景分析的技术性文件，以帮助披露主体运用该建议进行披露。2018 年，TCFD 与气候披露标准委员会（CDSB）共同发布了 TCFD 知识中心，收集了《TCFD 建议》的公开网络资源，以供使用者查询。从 2018 年开始，TCFD 每年都会发布《气候相关财务信息披露工作组状况报告》，并逐步更新各项指南文件以及不同方向的细化，以系统地为主体按照《TCFD 建议》进行披露提供更具操作性的指南。

（2）《TCFD 建议》的主要内容。

TCFD 围绕代表组织运作核心要素，即组织的治理、战略、风险管理及指标和目标这四个专题领域提出了披露建议，并提议在每年的年度报告中披露。披露建议的信息框架有助于投资者和其他人了解报告组织是如何看待和评估与气候相关的风险和机遇的。为支持其建议并帮助指导气候相关财务报告在当前和未来的发展，TCFD 制定了有效披露的七项原则：①披露相关的信息；②披露应具体和完整；③披露应清晰、平衡且易于理解；④披露应该随着时间的推移保持一致；⑤部门行业或投资组合内的公司之间的披露应具有可比性；⑥披露应客观、可靠和可验证；⑦披露应及时。TCFD 的建议和支持披露建议的内容如表 7-14 所示。

表 7-14　《TCFD 建议》的相关信息披露

核心要素	定义	信息披露建议
治理	披露组织对气候相关风险和机遇的治理	①描述董事会对气候相关风险和机遇的监督 ②描述管理层在评估和管理气候相关风险和机遇方面的作用
战略	披露气候相关风险和机遇对组织业务、战略和财务规划的实际和潜在重大影响	①描述组织在短期、中期和长期识别的与气候相关的风险和机遇 ②描述与气候相关的风险和机遇对组织业务、策略和财务规划的影响 ③在考虑到不同气候相关条件、包括 2℃ 或更低温度的情景下，描述组织战略的韧性

（续上表）

核心要素	定义	信息披露建议
风险管理	披露组织如何识别、评估和管理气候相关风险	①描述组织识别的评估气候相关风险的过程 ②描述组织管理气候相关风险的过程 ③描述如何将识别、评估和管理气候相关风险的过程整合到组织的总体风险管理中
指标和目标	披露用于评估和管理气候相关风险和机遇的重要指标和目标	①披露组织用于根据其战略和风险管理流程评估气候相关风险和机遇的指标 ②披露范畴1、范畴2和范畴3温室气体（Greenhouse Gas，GHG）排放量，以及相关风险 ③描述组织用于管理与气候相关的风险和机遇的目标，以及针对目标的绩效

另外，TCFD 还制定了指南，用以支持所有组织按照其建议和披露建议制定气候相关的财务披露。指南通过提供实施建议的背景信息和建议来协助编制者。认识到组织根据建议具有不同水平的披露能力，指南提供了应披露或考虑的信息类型的说明。详见表 7-15。

表 7-15　指南的信息披露建议

核心要素	披露建议	具体内容
治理	描述董事会对气候相关风险和机遇的监督	在描述董事会对气候相关问题的监督时，组织应考虑包括对以下内容的讨论： ①董事会和/或董事会下的委员会（例如审计、风险或其他委员会）被告知气候相关问题的流程和频率； ②董事会和/或董事会下的委员会是否把气候相关问题纳入以下内容：审查和指导战略、重大行动计划、风险管理政策、年度预算和业务计划，以及确定组织的绩效目标、监控实施和绩效、监督重大资本支出、收购和资产剥离； ③董事会如何监控和监督处理气候相关问题的目标和指标方面的进展情况
	描述管理层在评估和管理气候相关风险和机遇方面所起的作用	在描述管理层与气候相关问题评估和管理有关的作用时，组织应考虑以下信息： ①该组织是否将气候相关责任分配给管理层或委员会；如果是，这些管理层或委员会是否向董事会或董事会委员会报告，他们的职责是否包括评估和/或管理与气候相关的问题； ②对相关组织结构的描述； ③管理层了解气候相关问题的流程； ④管理层（通过具体人员和/或管理委员会）如何监控与气候相关的问题

（续上表）

核心要素	披露建议	具体内容
	描述组织在短期、中期和长期识别的气候相关风险和机遇	组织应当提供以下信息： ①说明如何厘定短、中和长期的时间范围，需同时考虑到该组织的资产或基础设施的使用寿命，以及气候相关问题往往通过中长期表现这个特点； ②说明可能对组织产生重大财务影响的每个时间范围（短期、中期和长期）的具体气候相关问题； ③描述用于识别哪些风险和机遇可能对组织产生重大财务影响的流程； ④组织应考虑按部门和/或地理位置酌情提供其对风险和机遇的描述
战略	描述气候相关风险和机遇对组织业务、战略和财务规划的影响	组织应讨论识别的气候相关问题如何影响其业务、战略和财务规划： ①组织应考虑讨论业务和战略在以下几个方面受到的影响：产品与服务；供应链和/或价值链；适应与缓释活动；研发投入；运营（包括运营类型和设施位置）； ②组织应描述气候相关问题如何影响其财务规划流程、所用时间段以及对风险和机遇进行优先考虑的流程； ③组织的披露应反映其长期价值创造能力影响因素之间相互依存关系的整体图景； ④组织还应考虑在其披露中纳入财务规划在以下方面受到的影响：经营成本和收入；资本支出和资本配置；收购或撤资；资本渠道； ⑤如果使用了气候相关情景来告知组织的战略和财务规划，则应对这些情景加以说明
	说明组织战略的韧性，需考虑到不同的气候相关情景，包括2℃或更低的情景	考虑到向2℃或更低情景相称的低碳经济过渡，组织应说明其针对气候相关风险和机遇的战略韧性，如符合组织特点，情景也需考虑与物理气候相关风险上升一致的场景 组织应考虑讨论： ①其认为战略可能受气候相关风险和机遇影响的方面； ②其战略如何改变以应对这些潜在的风险和机遇； ③所考虑的气候相关情景和相关时间范围，如需了解如何将场景应用于前瞻性分析

（续上表）

核心要素	披露建议	具体内容
风险管理	描述组织识别和评估气候相关风险的流程	组织应说明其识别和评估气候相关风险的风险管理流程。其中很重要的一点是组织如何识别气候相关风险相对于其他风险的重要性。组织应说明其是否考虑与气候变化相关的现有和新出现的监管要求（例如，排放限制）以及应予考虑的其他相关因素 组织也应考虑披露以下内容： ①评估识别的气候相关风险的潜在规模和范围的流程； ②所使用的风险术语的定义或对所使用的现有风险分类框架的参考
	描述组织管理气候相关风险的流程	①组织应描述其管理气候相关风险的流程，包括如何做出决策来缓释、转移、接受或控制这些风险； ②组织应说明其对气候相关风险的轻重缓急进行排序的流程，包括如何在组织内部做出重要决定； ③在描述管理与气候相关风险的流程中，组织应酌情强调相关的风险
	描述组织如何将识别、评估和管理气候相关风险的流程纳入全面风险管理中	组织应说明如何将识别、评估和管理气候相关风险的流程纳入其全面风险管理中
指标和目标	披露组织根据其战略和风险管理流程用于评估气候相关风险和机遇的指标	①组织应提供用于衡量和管理与气候相关风险和机遇的关键指标。在相关和适用的情况下，组织应考虑纳入与水、能源、土地利用和废弃物管理相关的气候相关风险的指标； ②如果气候相关问题足够重要，组织应考虑说明是否以及如何将相关绩效指标纳入薪酬政策； ③如符合组织特点，组织应提供其内部碳价格以及气候相关机遇指标，例如为低碳经济设计的产品和服务的收入；应提供历史时期的指标，以便进行趋势分析； ④为了更加清晰，组织应说明用于计算或估计气候相关指标的方法

（续上表）

核心要素	披露建议	具体内容
指标和目标	披露直接排放（范围1）、间接排放（范围2）、其他间接排放（范围3）（如需）的温室气体（GHG）排放及相关风险	①组织应提供直接排放和间接排放的温室气体相关信息；如有需要，还需提供其他间接排放的温室气体以及相关风险的信息； ②温室气体排放量应根据《温室气体核算体系》的方法进行计算，以便在组织和管辖范围内进行汇总和比较； ③根据情况，组织应考虑提供普遍接受的相关行业特定温室气体效率比；应提供历史时期的温室气体排放量和相关指标，以便进行趋势分析

（3）《TCFD 建议》被采纳的情况。

整体而言，《TCFD 建议》获得了大量相关方的采纳与支持，《气候相关财务信息披露工作组 2022 年状况报告》显示，在过去的五年里，工作组在促使其他人采纳和支持其建议方面取得了显著进展。特别是，按照工作组所提出的建议进行信息披露的公司所占的百分比逐年稳步增加，同时公司所披露的与 TCFD 一致的信息的数量也在稳步增加。明确指出五年取得的里程碑式进展是：①公司越来越多地在财务文件中披露与气候相关的信息；②信息披露方案的制订者和使用者越来越多地将气候相关问题视为主流业务和投资考虑因素；③采纳和实施《TCFD 建议》的公司数量在增加；④所披露的信息类型得到了进一步扩展，信息披露变得更加完整；⑤对气候相关问题的定价更为适当。

人工智能的审查结果[①]表明：①越来越多的公司开始按照《TCFD 建议》披露信息，但仍有提升空间。根据 2021 年财务报告，80% 的公司至少按照 1 项《TCFD 建议》进行了信息披露，但只有 4% 的公司按照所有 11 项建议进行了信息披露，而按照至少 5 项建议披露信息的公司只有 40% 左右；②在过去的 3 年里，所有地区都大大提高了其信息披露水平。特别是 2021 财务年度，欧洲公司按照这 11 项建议披露信息进行披露的平均披露水平为 60%，较 2019 财务年度增长了 23%；亚太地区公司的这一平均披露水平为 36%，较 2019 财务年度增长了 11%；北美公司的这一平均披露水平为 29%，较 2019 财务年度增长了 12%。

报告惯例调查情况[②]表明：①大多数资产管理者和资产所有者会向其客户和

---

① 基于对信息披露惯例的人工智能审查。

② 基于对资产管理者和资产所有者的与《TCFD 建议》相一致的报告惯例的调查。

受益者进行报告。在受访者中，超过60%的资产管理者和超过75%的资产所有者表示，他们目前会分别向其客户和受益者报告气候相关信息。大多数资产管理者通过可持续发展报告或直接向客户报告，而大多数资产所有者则通过年度报告、可持续发展报告或特定气候报告向客户报告。②近50%的资产管理者和75%的资产所有者的报告信息至少与5项《TCFD建议》一致。据调查，60%的资产管理者和近80%的资产所有者的信息至少与1项建议一致，但仅有9%的资产管理者和36%的资产所有者按照10项建议进行报告，而没有人按照所有11项建议报告信息。

TCFD的调查①表明：①在财务文件或年度报告中披露《TCFD建议》的公司所占的百分比每年都在增加。根据TCFD的调查结果，在实施《TCFD建议》的公司中，有70%以上的公司在2021财年的财务文件或年度报告（包括综合报告）中披露了气候相关信息，而2017财年这些公司所占的比例仅为45%。②自2017年6月以来，气候相关财务信息披露的有效性和质量都有所提高。自《TCFD建议》发布以来，95%的受访者认为气候相关财务信息披露的有效性有所提高；88%的受访者认为披露质量有所提高。③投资者和其他人将所披露的信息内容用于做决策和定价。根据TCFD的调查结果，90%的投资者和其他使用者会将气候相关财务信息披露内容用于制定财务决策；66%的投资者和其他使用者会将此类信息披露内容用于对金融资产进行定价。此外，根据文献评论，越来越多的证据表明：气候相关风险正在开始对某些类型资产的价格产生影响。

2. 全球环境信息研究中心（CDP）

CDP成立于2000年，总部位于伦敦，在北京、纽约、柏林、巴黎、圣保罗、斯德哥尔摩和东京等地设有办事处。CDP致力于为决策者、投资者、采购企业提供全球统一标准的环境影响信息，通过投资者和买家的力量，激励企业披露和管理其环境影响，推动企业和政府减少温室气体排放，保护水和森林资源。CDP被投资者评选为全球第一的气候研究机构。CDP前身为碳披露项目（Carbon Disclosure Project），同时也是科学碳目标（Science Based Targets Initiative）、"全球商业气候联盟（We Mean Business Coalition）"的创始成员。

截至2022年3月15日，CDP与全球超过680家、管理总资产达130万亿美元的机构投资者和250多家采购企业合作邀请被投资企业和供应链合作伙伴填写CDP问卷。2022年，全球超过1.8万家、占全球市值一半以上的企业及1 100

---

① 基于《TCFD建议》的实施和使用调查。鉴于受访者的组成和数量，工作组提醒读者将这些结果外推到披露气候相关财务信息的更广泛公司群体以及此类信息披露内容的使用者。

多个城市和地区通过 CDP 平台报告了其环境数据。CDP 披露框架与 TCFD 要求相一致，这使得 CDP 成为全球最大的环境信息数据库，CDP 评分被广泛用于投资和采购决策，助力零碳、可持续和有活力的经济发展。道琼斯可持续发展指数（DJSI）、彭博（Bloomberg）、明晟（MSCI）ESG 等指数和智库及研究机构广泛采用 CDP 的数据和研究。

2012 年 CDP 进入中国，致力于为中国企业提供一个统一的环境信息平台。2022 年中国（含港、澳、台地区）参与 CDP 环境信息披露的企业数量超过 2 700 家，创下新高。

CDP 的具体工作内容如表 7－16 所示。

表 7－16　CDP 的工作内容

工作项目	简介	2021 年成果
与政策制定者的沟通交流	通过国际对标、实践案例等研究，为政策制定者、监管机构提供专业建议	与生态环境部和证监会下属研究院、协会等在政策建言、COP15 活动等方面紧密合作，为发展绿色"一带一路"提供智力支持
企业和供应链项目	对接上市公司，推动并帮助其进行环境信息披露；推动供应链项目在中国落地，支持全球供应链合作伙伴可持续供应链战略实现；支持企业参与国际气候倡议，制定有雄心的气候目标	推动超过 1 800 家供应商企业披露。为 60 多家全球供应链合作伙伴提供在中国的供应商培训和研讨会。推出了 CDP 教育平台（cdpeducation－cn.net），提供数字化支持。与超过 50 家中国企业深度探讨参与科学碳目标倡议的技术支持
资本市场项目	与金融机构合作，推动上市公司通过 CDP 平台披露相关环境信息，为环境、社会及公司治理（ESG）投资决策提供数据及观点支持	2021 年通过 CDP 披露环境信息的中国上市公司数量实现近 50% 的增长。联署投资者达到了 15 家，来自金融机构的推动力日益增强
森林项目	通过与中国食品、日化、农业、贸易等行业的头部企业深度合作，在企业经营和供应商筛选的过程中降低毁林风险，加速推动森林产品相关行业可持续转型	推动 60 余家中国企业通过 CDP 披露森林信息，支持中国企业森林友好采购实践，发布《隐藏的风险：中国金融机构对棕榈油价值链的投融资研究》等报告

（1）CDP 气候变化问卷。

CDP 是通过标准化的问卷系统，以问题形式形成披露指标，驱动企业提高环境行动的透明度、力度及问责度，是目前市场上最全面深入的气候变化信息披露指标体系。CDP 的问卷分为三大主题，分别是：关注企业应对气候变化风险并执行减排行动的气候变化问卷，关注企业管理毁林风险并提升大宗农产品可追溯性的森林问卷，以及关注企业运营的水安全保障风险及提升水资源使用效率的水问卷。

所有 CDP 企业问卷均有两个版本：完整版和简版。完整版问卷包含与企业相关的所有问题，包括行业特定问题和数据点。简版问卷包含的问题较少，且不包括行业特定问题或数据点。只有满足以下资格标准的公司才能选择完成简版问卷：①首次对问卷进行披露；②非首次对问卷进行披露，但是年收入低于2.5 亿欧元/美元，对于年收入低于 2.5 亿欧元/美元的非首次回复者，根据组织的潜在或现有环境影响，CDP 保留取消其选择填写简版调查问卷的选项。否则，企业必须选择完整版。

CDP 气候变化问卷经历了多年的迭代更新，至 2022 年涵盖的相关行业如下。

（1）农业：农业商品（AC），食品、饮料和烟草（FB），造纸和林业（PF）；

（2）能源：煤炭（CO），电力（EU），石油和天然气（OG）；

（3）金融：金融服务（FS）；

（4）材料：水泥（CE）、资本货物（CG），化工（CH），建筑业（CN），金属和采矿（MM），房地产（RE），钢铁（ST）；

（5）运输：运输服务（TS），运输原始设备制造商（TO）。

2022 年的气候变化调查问卷中，包括了从简介到签核在内的 17 个模块，另外还有一个模块只向回复一个或多个 CDP 供应链合作伙伴的客户请求的组织展示。CDP 一般气候变化调查问卷包括以下内容：治理、风险和机遇、商业战略、目标和绩效、排放方式、排放数据、能源、附加指标、核证、碳定价、参与、生物多样性。CDP 的问卷指标符合《TCFD 建议》的报告框架（治理、战略、风险管理、指标和目标），这使得 CDP 具备全球最丰富的与 TCFD 框架相一致的环境数据库。CDP 气候问卷与《TCFD 建议》对应关系详见表 7 - 17。

表 7-17　CDP 气候问卷与《TCFD 建议》对应关系

维度	《TCFD 建议》	CDP 气候问卷
治理	a. 描述董事会对气候相关风险和机遇的监督； b. 描述管理层在评估和管理气候相关风险和机遇方面所起的作用	C1.1b；C1.2；C1.2a
战略	a. 描述组织在短期、中期和长期识别的气候相关风险和机遇； b. 描述气候相关风险和机遇对组织业务、战略和财务规划的影响； c. 说明组织战略的韧性，需考虑到不同的气候相关情景，包括2℃或更低的情景	C2.1a；C2.3；C2.3a；C2.4；C2.4a；C3.1；C3.2；C3.2a；C3.2b；C3.3；C3.4；C-FS3.7；C-FS3.7a
风险管理	a. 描述组织识别和评估气候相关风险的流程； b. 描述组织管理气候相关风险的流程； c. 描述组织如何将识别、评估和管理气候相关风险的流程纳入全面风险管理中	C2.1；C2.2；C2.2a；C-FS2.2b；C-FS2.2c；C-FS2.2d；C-FS2.2e
指标和目标	a. 披露组织根据其战略和风险管理流程用于评估气候相关风险和机遇的指标； b. 披露直接排放（范围1）、间接排放（范围2）、其他间接排放（范围3）（如需）的温室气体（GHG）排放及相关风险	C4.1；C4.1a；C4.1b；C-FS4.1d；C4.2；C4.2a；C4.2b；C6.1；C6.3；C6.5；C6.5a；C9.1；C-FS14.0；C-FS14.1；C-FS14.1a；C-FS14.1b；C-FS14.1c

（2）CDP 问卷评分体系。

除问卷外，CDP 还制定了公开的评分体系，旨在评价组织在应对气候变化行动、气候风险管理方面的透明、完善和先进程度。为此，CDP 为每份问卷制定了详细的评分方法，包括每个评级的基础分数、得分权重等。

CDP 问卷的评分工作由经过培训且官方认可的第三方合作伙伴完成，CDP 内部评分团队协调整理所有评分结果，并检查以确定是否符合 CDP 评分方法学。参与披露的企业将在全球范围内与同行业公司比较并获得评级，CDP 的评级分为四级，由低到高依次为：①披露等级 D-及 D；②认知等级 C-及 C；③管理等级 B-及 B；④领导力等级 A-及 A。这四个等级反映了企业在环境信息管理方面提升的过程。

CDP 问卷强调自愿、公开、透明的原则，所有问卷的方法学均在其官网公示，向公众免费开放；并在每年进行迭代、更新。另外，企业的年度评分将通过 CDP 平台分享给发出邀请的投资者和采购客户，亦可自主选择是否在 CDP 官方网站上公示。每年连续公开披露环境数据可以帮助企业提高声誉，行动先于市场监管要求，增强竞争优势，识别环境风险和机遇，跟踪和衡量进展，并降低融资成本。有研究表明，在环境指标上得分更高的企业，其财务表现更加良好。在过去的 8 年中，基于 CDP A 级企业名单编制的"斯托克全球气候变化领导者指数"（Stoxx Global Climate Change Leaders Index）的平均年收益比其同类指数高出 5.8%。

3. 国际可持续发展准则理事会（ISSB）

通常情况下，财务信息发布在公司报告中，可持续发展信息发布在单独的可持续发展报告中。然而，随着可持续发展问题对企业创造价值的影响越来越明显，投资者和利益相关方希望在主流企业报告中看到与企业价值创造相关的 ESG 信息的披露。许多区域和国际组织制定了相关的可持续发展框架和标准，包括：全球报告倡议组织（GRI）的四模块准则体系、气候披露准则委员会（CDSB）的气候变化信息披露框架、美国可持续发展会计准则委员会（SASB）的五维度报告框架、金融稳定理事会（FSB）的气候相关财务信息披露工作组（TCFD）的四要素信息披露框架、世界经济论坛（WEF）国际工商理事会发布的四支柱报告框架、国际标准化组织的 ISO 26000 社会责任指南、价值报告基金会（VRF）的综合报告框架。这些标准和框架为企业披露可持续发展信息提供了重要参考，各报告框架侧重点不同、所针对的受众群体不同，这些自愿性报告框架和指南促进了创新和行动，但是也增加了投资者、公司和监管机构的成本和复杂性。为此，G20、FSB、IOSCO、IFAC 等国际组织纷纷呼吁 IFRS 基金会利用其制定 IFRS 积累的丰富经验、认可度和影响力，牵头制定一套全球统一的高质量可持续发展报告准则，为金融市场带来可持续性的全球可比报告。

2020 年 9 月，IFRS 基金会开展关于建立可持续发展准则理事会的意见征询。2020 年 10 月，IFRS 基金会启动了咨询程序，就全球可持续发展报告准则委员会的组建以及基金会自身的地位寻求意见，并就组建 ISSB 的战略方向发表意见，重点关注重要信息投资者、贷方和其他债权人的决策，从气候相关问题开始，延伸到其他 ESG 问题。2021 年 3 月，IFRS 基金会成立了技术准备工作小组（TRWG），工作组成员包括 CDSB、IASB、TCFD、VRF 和 WEF，以及 IOSCO 作为观察员。2021 年 11 月 3 日上午，国际财务报告准则基金会（IFRS Foundation）受托人主席埃尔基·利卡宁（Erkki Liikanen）在《联合国气候变化框架公约》第 26 次缔约方大会上发表"致力于零排放的金融体系"的演讲，正式宣布成立国际可持续发展准则理事会（International Sustainability Standards Board，ISSB），旨在制定和发布 IFRS 可持续发展披露准则（IFRS Sustainability Disclosure

Standards，ISDS），为全球不同区域的投资者提供一致和可比的可持续发展报告。ISSB 的成立，反映了投资者和监管机构迫切需要一个完整且标准化的可持续发展报告体系，以确保企业可持续发展信息披露的全面性和可比性；也将促使标准各异的 ESG 报告和可持续发展报告趋于一致，推动公司报告框架体系的重构。未来的公司报告将由基于 IFRS 的财务报告和基于 ISSB 的可持续发展报告所组成。

2022 年 3 月，IFRS 基金会正式发布《国际财务报告可持续披露准则第 1 号——可持续相关财务信息披露一般要求》《国际财务报告可持续披露准则第 2 号——气候相关披露》的征求意见稿，截止日期为 2022 年 7 月 29 日。《国际财务报告可持续披露准则第 2 号——气候相关披露》的征求意见稿沿用了气候相关财务信息披露工作组（TCFD）的披露框架，从治理、战略、风险管理、指标和目标四个方面对企业气候变化相关信息披露提出要求，然而在具体的披露要求和内容上比 TCFD 的披露框架更为全面。其主要内容详见表 7 - 18。

表 7 - 18　《气候相关披露》（征求意见稿）的主要内容

核心要素	目标	披露的核心内容
治理	帮助通用目的财务报告的使用者了解主体监控和管理气候相关风险和机遇的治理过程、控制和程序	①负责监督气候相关风险和机遇的机构及个人；②该机构在气候相关风险与机遇方面的责任如何在职权范围、董事会职责权限和其他相关政策中予以反映；③该机构如何确保获取恰当的技术和能力，监督为应对气候相关风险与机遇而制定的战略；④该机构及其委员会如何被告知气候相关风险与机遇；⑤治理机构及其委员会在制定监督主体的战略、重大交易决策、风险管理政策时，如何考虑气候相关风险与机遇，包括任何必要的对取舍关系的评估和对不确定性的敏感分析；⑥该机构如何监督管理层应对气候相关风险与机遇的指标制定和目标实现进度，包括这方面的业绩指标是否和/如何与薪酬政策联系在一起；⑦管理层在评估和管理气候相关风险与机遇时扮演何种角色，这种角色是否授权给特定管理岗位或委员会，如何对该管理岗位或委员会进行监督；⑧是否建立相应的气候相关风险和机遇的控制程序和管理程序，以及是否将控制程序和管理程序纳入其他相关的内部职能

（续上表）

核心要素	目标	披露的核心内容
战略	帮助通用目的财务报告的使用者了解主体应对气候相关风险与机遇所采用的战略	①可合理预期将在短期、中期和长期对商业模式、战略、现金流量、融资获取和资本成本产生影响的重大气候相关风险与机遇； ②重大气候相关风险与机遇对商业模式和价值链的影响； ③重大气候相关风险与机遇对管理层的战略和决策（包括转型计划）的影响； ④重大气候相关风险与机遇对报告期财务状况、财务业绩和现金流量的影响，以及短期、中期和长期的预期影响，包括气候相关风险和机遇如何纳入财务规划； ⑤主体的战略（包括商业模式）在应对重大物理风险和重大转型风险方面的气候韧性
风险管理	帮助通用目的财务报告的使用者了解主体如何辨认、评估、管理和缓释气候相关风险	①识别气候相关风险和机遇的程序； ②评估气候相关风险的程序，包括如何确定这种风险的可能性和影响程度，相对于其他风险如何将气候风险作为优先考虑，选用了哪些重要投入参数，与上一个报告期相比是否改变了评估气候相关风险的程序； ③识别、评估和将气候相关机遇确定为优先事项的程序； ④用于监控和管理气候相关风险（包括相关政策）和机遇（包括相关政策）的程序； ⑤气候相关风险的识别、评估和管理程序在多大程度上/如何融入企业的总体风险管理程序； ⑥气候相关机遇的识别、评估和管理程序在多大程度上以及如何融入企业的总体管理程序
指标和目标	帮助通用目的财务报告的使用者了解主体管理重大气候相关风险与机遇的实际表现	①跨行业指标，这些指标与所有主体都是相关的，而不论其所在行业和商业模式是否相同（范围3）； ②以行业为基础的指标，这些指标与同一行业的主体或商业模式和主要活动存在共同特点的主体的披露议题有关，且与这些主体是相关的； ③董事会和管理层用于计量实现所定目标进度的其他指标； ④主体缓释或适应气候相关风险和最大化气候相关机遇所制定的目标

（二） 我国碳信息披露制度

关于碳信息披露，我国政府一直在积极推进。2021 年 5 月，生态环境部印发《环境信息依法披露制度改革方案》，系统谋划了中国未来 5 年企业环境信息依法披露制度建设的路线图，确定了环境信息依法披露制度改革的总体思路和重点任务，有助于强化企业生态环境责任，提升企业现代环境治理水平，充分发挥社会监督作用，是我国生态文明制度体系建设的重大进展。主要目标是：到 2025 年，环境信息强制性披露制度基本形成，企业依法按时、如实披露环境信息，多方协作共管机制有效运行，监督处罚措施严格执行，法治建设不断完善，技术规范体系支撑有力，社会公众参与度明显上升。同年 12 月，生态环境部印发《企业环境信息披露管理办法》，进一步规范、落实了披露主体、内容和程序，统一了披露平台，明晰了监管责任。其中第十二条的第四款中明确规定企业年度环境信息依法披露报告应当包括"碳排放信息，包括排放量、排放设施等方面的信息"。2022 年 1 月，生态环境部办公厅印发《企业环境信息依法披露格式准则》，其中的第二章第六节"碳排放信息"中的第十九条明确规定："纳入碳排放权交易市场配额管理的温室气体重点排放单位应当披露碳排放相关信息：①年度碳实际排放量及上一年度实际排放量；②配额清缴情况；③依据温室气体排放核算与报告标准或技术规范，披露排放设施、核算方法等信息。"

2021 年 2 月，中国证监会发布《上市公司投资者关系管理指引（征求意见稿）》，明确上市公司与投资者沟通的内容应包括公司的环境保护、社会责任和公司治理信息；并于 6 月更新了上市公司年报、半年报版式的修订要求，较以往新增了独立章节"环境和社会责任"，专门对重点排污单位环境信息披露内容做出规定，并鼓励公司披露有利于保护生态、防治污染和履行环境责任等信息，以及为减少其碳排放所采取的措施及效果。

2021 年 7 月，中国人民银行发布《金融机构环境信息披露指南》行业标准，其中也纳入了气候变化因素。深交所和上交所于近期修订、整合了此前的一系列相关政策法规，对上市公司 ESG 披露内容、履行情况、助力碳达峰碳中和目标的行动情况等做出新的规定。此外，上海证券交易所于 2022 年 1 月向科创 50 成分股公司下发邮件，强调披露本次年报的同时需披露 ESG 报告。

整体而言，中国的碳信息披露制度日趋完善，碳信息透明度也在不断提高，力助"双碳"目标的实现。

参考文献

[1] 洪鸳肖. 欧盟碳交易机制研究 [J]. 现代商贸工业, 2018, 39 (22).

[2] 孟早明, 等. 中国碳排放权交易实务 [M]. 北京: 化学工业出版社, 2016.

[3] 聂力. 我国碳排放权交易博弈分析 [D]. 北京: 首都经济贸易大学, 2013.

[4] 唐人虎, 等. 中国碳排放权交易市场: 从原理到实践 [M]. 北京: 电子工业出版社, 2022.

[5] 屠绍光, 等. 可持续信息披露标准及应用研究: 全球趋势与中国实践 [M]. 北京: 中国金融出版社, 2022.

[6] 张彩平. 碳排放权交易会计研究 [M]. 北京: 经济科学出版社, 2013.

[7] CDP. 2021 年中国企业 CDP 披露情况报告 [R]. 北京: CDP 中国, 2022.

[8] European Commission. Report on the functioning of the European carbon market [R]. Brussels: European Commission, 2018.

[9] ICAP. Emissions trading worldwide: status report. 2019 [R]. Berlin: ICAP, 2019.

[10] C. Leining, S. Kerr. A guide to the New Zealand emissions trading scheme [Z]. Wellington: Motu Economic and Public Policy Research, 2018.

[11] Ministry for the Environment 官网 https://environment. govt. nz/.

第八讲

气候投融资

◎ 主讲人　吴建新

吴建新

　　暨南大学经济学院教授、博士生导师，国际经济与贸易系主任，国际学院副院长，暨南大学人与自然生命共同体重点实验室研究员。曾在澳大利亚西澳大学访问学习和开展合作研究。主要研究领域为效率和生产率测度、绿色转型、可持续发展等。主持国家社科基金后期资助项目2项、教育部人文社会科学研究项目和广东省哲学社会科学基金项目各1项，参与国家社科基金重大项目2项、国家自然科学基金项目1项，发表论文50余篇。

随着全球气候变暖的趋势越来越明显，政策制定者和学者甚至是普通民众都对气候变化有了新的认识。虽然还有一些不同的声音，但遏制气候变暖似乎已经变成较为普遍的共识。通过技术创新和能源转型来降低温室气体排放仍然是减排的主要途径。然而，考虑到温室气体排放与投融资等经济活动之间的密切关系，一些学者提出将温室气体排放和投融资结合起来，以减缓气候变化。此类建议得到了许多国家政策制定者和投资者的关注和重视，已经有相当多的国家在投融资方面开始考虑气候因素和环境因素。

作为世界上最大的温室气体排放经济体，中国在气候投融资方面已经做了许多的尝试。中国政府出台了许多政策来促进气候投融资的发展，企业界和银行业也已经行动起来。例如，2019 年 11 月，中国人民银行发布的《中国绿色金融发展报告（2018）》显示，绿色金融发展取得新成绩和新进展。截至 2018 年末，全国银行业金融机构绿色信贷余额为 8.23 万亿元，同比增长 16%。可以说，我国在气候投融资方面已经取得了一些重要的进展和成就。然而，考虑到"双碳"目标的挑战，气候投融资还有非常大的发展空间和潜力。

本讲首先介绍国内外气候投融资的发展过程；然后介绍近年来气候投融资的主要产品，如绿色信贷、绿色债券、气候债券和碳基金等；也将分析国际上主流的气候分析评级方面的研究和经济实践，并结合国际经验分析我国在气候评级方面的一些做法和进展；最后，介绍一些我国在气候投融资方面的实际案例。

一　气候投融资的概念和发展过程

气候投融资是指为实现世界或者特定国家自主贡献目标和低碳发展目标，引导和促进更多资金投向应对气候变化领域的投资和融资活动。因此，气候投融资是绿色金融的重要组成部分。

（一）气候投融资的相关概念

与气候投融资相关的概念包括可持续金融、绿色金融和气候金融等。其中，可持续金融涵盖的领域最广。可持续金融是金融与可持续发展二者关系的惯称，其关注的对象主要是金融与环境保护。其资金支持范围的确定一般以联合国《2030 年可持续发展议程》中涵盖的减贫、社会、教育、性别、就业、气候变化、清洁能源等 17 个可持续发展目标为依据。绿色金融则聚焦于生态环境保护领域，按照中国人民银行、财政部等七部委联合印发的《关于构建绿色金融体系的指导意见》，一般是指"为支持环境改善、应对气候变化和资源节约高效利用的经济活动，对环保、节能、清洁能源、绿色交通、绿色建筑等领域的项目投融资、项目运营、风险管理等所提供的金融服务"。气候金融在绿色金融的基础上进一步聚焦，是为促进全球低碳发展或者增强应对气候变化韧性而进行的所有金融创新活动的总称，在狭义上是指温室气体排放权交易业务中的碳金融，而广义上则指涉及应对气候变化的全部金融性业务。以上所述概念间的相互涵盖关系可表示为图 8-1。

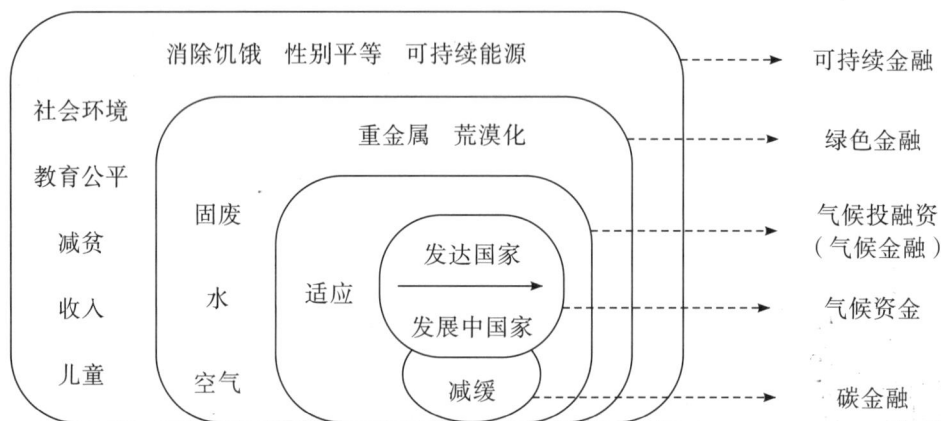

图 8-1 气候投融资相关概念间的关系

资料来源：安国俊，陈泽南，梅德文. "双碳"目标下气候投融资最优路径探讨 [J]. 南方金融，2022（2）：3-17.

（二）气候投融资的范围

气候投融资的资金可以来自国际和国内，投资主体可以是国际组织、政府、国内组织和个人。生态环境部、国家发展和改革委员会、中国人民银行、中国银行保险监督管理委员会、中国证券监督管理委员会联合发布的《关于促进应对气候变化投融资的指导意见》指出，气候投融资的支持范围包括减缓和适应气候变化两个方面，减缓气候变化的内容主要包括以下五个方面。

1. 调整产业结构，积极发展战略性新兴产业

当前，中国正在进行经济社会的重大转型，城市化和工业化带来了资源和环境压力，亟须通过产业转型升级来提升自身产品在全球价值链中的位置，同时释放经济活力，改善生态环境。战略性新兴产业是指那些关系到国民经济社会发展和产业结构优化升级，具有全局性、长远性、导向性和动态性特征的新兴产业[①]。由于战略性新兴产业一般属于资本和技术密集型产业，其研发和成果转化周期较长，故而需要金融体系为相关企业提供足够的资金支持其进行周期较长的前期工作。

2. 优化能源结构，大力发展非化石能源

当前，国际能源领域正经历着重大的历史性变革，传统能源技术革命快速演进，新能源层出不穷，能源供求关系出现新格局。为了实现碳达峰碳中和目标，我国需要在保证能源安全的前提下，持续优化能源结构，推进能源的绿色转型。具体来说，就是要逐步减少化石能源的消费和供给，大力发展太阳能、风能、生物质能、潮汐能、地热能、氢能和核能（原子能）等新能源，逐步用环保的新能源来替代传统的化石能源。

3. 开展碳捕集、利用与封存试点示范

碳捕集、利用与封存（Carbon Capture，Utilization and Storage，CCUS）是指把生产和消费过程中排放的二氧化碳分离捕集再利用，或用各种方法储存（如注入地层），最终实现二氧化碳减排的一种技术。高投资、高能耗和高风险特点使 CCUS 技术在世界范围内都还处于研发示范阶段。完善对 CCUS 的投融资政策，为其提供良好的经济政策驱动，是实现该类投资项目商业化的关键所在。

4. 控制农业废弃物处理等非能源活动温室气体排放

非能源活动分散且隐蔽的特性导致其减排战略收效甚微。"十二五"以来我国工业温室气体排放量的大幅下降使得非能源活动温室气体排放量占比不断攀升。尤其是农村地区，受制于有限的处理条件，农业废弃物大部分还在使用原始的燃烧或堆积处理法，不但造成了严重的环境污染问题，而且增加了温室气体排放。从另一个角度来看，农业废弃物还是一种特殊形态的资源，其中承载了物质和能量，可以通过合理的开发利用，获得经济和生态的双重效益。因此，要加大该领域的投融资力度，加强农村环保设施建设，促进农业废弃物的资源化利用。

5. 增加森林、草原及其他碳汇等

"碳汇"（carbon sink）一词来源于《京都议定书》，一般指从空气中清除二氧化碳的过程、活动、机制。而森林碳汇是指森林植物吸收大气中的二氧化碳并将其固定在植被或土壤中，从而减少该气体在大气中的浓度。近年来中国的经济发展很大程度上依赖于工业发展，因此通过完全削减工业二氧化碳排放量来实现低碳经济（如碳中和目标）存在较大的困难。考虑到我国的森林覆盖率

---

① 郭连强. 国内关于"战略性新兴产业"研究的新动态及评论［J］. 社会科学辑刊，2011（1）：152－155.

和草原覆盖率相对较低，因此通过农林业碳汇来实现减排是一个很好的低碳发展路径。相比工业减排而言，森林碳汇和草原碳汇的减排成本较低且具有可持续、循环再生等特点，而且能够有效促进经济发展和生态改善，实现一石二鸟。因此，为了早日达成"双碳"目标，增加对各种类型碳汇工程项目的投融资是一条可选的重要路径。

气候投融资的适应气候变化方面特指将投融资转向对气候变化预期后果做出调整和适应的工程项目。适应气候变化的项目主要包括以下两个方面的内容。

（1）提高农业、水资源、林业和生态系统、海洋、气象、防灾减灾等重点领域适应能力的项目。农业、林业、旅游业等产业对气候变化比较敏感，因此将资金导向提高上述产业适应气候变化的方面可以减少气候变化带来的损失。

（2）加强适应基础能力建设，加快基础设施建设、提高科技能力等方面的项目。预测和预防气候变化的基础设施、科技能力等方面的建设对于减少气候变化造成的影响也非常重要，例如气候变化的预测技术和预防能力等。

（三） 我国气候投融资的发展过程

1. 绿色金融体系及其演变

2016 年 8 月，中国人民银行等七部委联合发布了《关于构建绿色金融体系的指导意见》（以下简称《指导意见》），明确指出绿色金融体系是通过绿色信贷、绿色债券、绿色股票指数和相关产品、绿色发展基金、绿色保险、碳金融等金融工具和相关政策支持经济向绿色化转型的制度安排。构建绿色金融体系是为了引导更多的社会资本投入绿色产业，同时通过将部分资本转移到绿色产业以间接减少对污染产业的投资，从而实现生产和消费的绿色转型。

《指导意见》中提到，建立健全绿色金融体系，需做到以下几点。

（1）大力发展绿色信贷。积极构建支持绿色信贷的政策体系，完善银行的绿色评价机制，建立合适的信贷管理制度并控制绿色信贷成本。

（2）推动证券市场支持绿色投资。完善与绿色债券相关的法律法规，统一绿色债券的评估标准。降低绿色债券的融资成本，使符合上市条件的绿色企业可以相对容易地完成上市和再融资，并逐步完善对已上市企业的环保信息披露制度。支持银行开发与绿色相关的产品并引导资金更多地投向该类绿色金融产品。设立绿色发展基金，并动员地方政府和社会资本积极参与，共同建设区域性绿色基金。

（3）发展绿色保险。设立环境污染强制责任保险，并将环境污染风险较高领域中的企业纳入该保险范围。鼓励保险机构积极参与环境风险治理，创新绿色保险产品和服务。

（4）完善环境权益交易市场。推动建立和完善各类环境权益交易市场，扩大试点建设规模。积极发展各类碳金融产品和环境权益金融产品，为企业开拓绿色融资渠道。

（5）支持地方发展绿色金融。地方要想办法吸引更多的社会资本投资于绿色产业，为前景好的绿色项目提供相应的融资渠道，支持地方政府开展与国际金融机构之间的绿色合作。

（6）推动开展绿色金融国际合作。持续开展绿色金融领域的国际合作，支持国内金融机构和企业到外国发行绿色债券，提升对外绿色投资水平。推动形成全球绿色金融体系，积极参与建设中外合资绿色基金，引导更多的国际资金进入我国绿色金融市场。

近年来，中国持续推进绿色金融发展的顶层设计，制定和出台了一系列相关的法律法规。例如，2015 年 9 月中共中央、国务院印发《生态文明体制改革总体方案》，提出生态文明体制改革的总体要求和原则，并提出到 2020 年要构建起由自然资源资产产权制度、资源有偿使用和生态补偿制度、国土空间开发保护制度、空间规划体系、资源总量管理和全面节约制度、环境治理和生态保护市场体系、生态文明绩效评价考核和责任追究制度、环境治理体系这八项制度构成的产权清晰、多元参与、激励约束并重、系统完整的生态文明制度体系的改革目标。2017 年，中国人民银行又出台了《落实〈关于构建绿色金融体系的指导意见〉的分工方案》（银办函〔2017〕294 号），进一步细化任务分工，明确责任主体和进度安排，力争将构建绿色金融体系的各项目标要求落实到位。文件指出，要大力发展绿色债券和绿色股票等相关投资产品，完善环境污染强制责任保险，加强绿色金融领域各类国际合作，构建绿色发展基金和绿色评级体系，明确贷款人环境法律责任，及时公布绿色信贷财政贴息。

绿色金融在中国的萌芽始于中国人民银行 1995 年发布的《关于贯彻信贷政策与加强环境保护工作有关问题的通知》，该文件首次将金融与环境保护相关联。而 2006—2011 年是中国绿色金融的黄金发展时期。2006 年 6 月，银监会首先颁布了《关于继续深入贯彻落实国家宏观调控措施，切实加强信贷管理的通知》；同月，国务院提出《关于保险业改革发展的若干意见》；12 月，中国人民银行、国家环境保护总局发布《关于共享企业环保信息有关问题的通知》。2007年，银监会先后发布了《节能减排授信工作指导意见》和《关于防范和控制高耗能高污染行业贷款风险的通知》，前者强调了要将满足"节能环保项目"的信贷需求作为工作重心，后者提出要严格把关"高污染、高耗能"项目的贷款条件。7 月，国家环境保护总局、中国人民银行、中国银行业监督管理委员会联合发布了《关于落实环境保护政策法规防范信贷风险的意见》，针对环境违法现象较为突出的问题，要求加强金融机构信贷业务与环境风险之间的联系，对环境危害较大项目进行信贷控制。12 月，国家环保总局针对环境污染事故高发的情况，发布了《关于环境污染责任保险工作的指导意见》，提出要逐步建立和完善符合国情的环境污染责任保险制度的计划。2009 年，环境保护部和中国人民银行联合发布了《关于全面落实绿色信贷政策　进一步完善信息共享工作的通知》，试图通过建立通畅的绿色信贷信息沟通机制提高绿色信贷政策实施的有效性，促进"十一五"环保目标的顺利实现。2011 年，国家发改委发布了同意在北京市、天津市、上海市、重庆市、湖北省、广东省及深圳市开展碳排放权交易试点的通知。

2012 年后，绿色金融发展进入成熟时期。银监会印发的《绿色信贷指引》对绿色信贷的若干标准进行了明确规定，使绿色信贷得到了普及。到了 2014 年，为加快推进和规范环境污染第三方治理，国务院颁布了《关于推行环境污染第三方治理的意见》；随后，于 2015 年发布了《生态文明体制改革总体方案》，明确了建立绿色金融体系的总体框架。2016 年以来，中国还加快了参与国际绿色金融的步伐，主动参与全球环境治理，并在"十三五"系列规划中提出建立绿色金融体系、深化绿色金融改革的决议。经过一系列的实践，绿色金融改革取得重大成果。中国人民银行等七部委联合发布了《关于构建绿色金融体系的指导意见》，为绿色金融的发展做出顶层设计并设立了第一批绿色金融试点省份。2017 年，国家发展改革委等印发的《全国碳排放权交易市场建设方案（发电行业）》扎实推进了国内碳排放权交易市场的建设工作。随后国务院发布了建设绿色金融改革创新试验区的通知，我国绿色金融体系走向更加成熟、更加多元的发展时期。

2. 政府应对气候变化投融资的指导意见

2020 年 10 月，生态环境部、国家发展和改革委员会、中国人民银行、中国银行保险监督管理委员会、中国证券监督管理委员会五部门联合发布《关于促进应对气候变化投融资的指导意见》，这是继 2016 年中国人民银行等七部委联合发布《关于构建绿色金融体系的指导意见》后，又一个推进环保绿色发展相关政策的纲领性文件。文件指出，为了应对气候变化实现国家自主贡献和低碳发展的目标，要吸引更多资金进入应对气候变化领域、加快构建并完善气候投融资体系、引导和支持地方实践、加深气候投融资国际合作、组织实施和引导民间投资和外资进入气候投融资领域。

3. 气候投融资试点

2021 年 12 月，生态环境部等九个部门联合发布了《气候投融资试点工作方案》（以下简称《方案》），明确提出通过试点先试先行的方式探索气候投融资发展模式，倡导应用多渠道资金应对气候变化，撬动社会资本流向气候投融资领域，推动实现"双碳"目标。

《方案》指出：

（1）重视发挥地方主观能动性。国家目标与地方行动的不匹配是当前我国气候投融资领域发展面临的一个重要问题。要通过 3~5 年的努力使地方具有良好的气候投融资环境和气候友好型市场，总体形成以中央统筹、地方为主的合作模式。

（2）坚决遏制"两高"项目盲目发展，各试点在制定地方政策的时候要着重体现并落实好气候目标，并与行业碳达峰行动方案、能耗双控、煤炭消费总量控制等政策要求相协调。

（3）加快碳减排设施的建设和碳金融的发展。一方面，要加快推进碳排放核算规范的形成，完善地方信息披露制度及试点基础设施建设；另一方面，应有序发展碳金融，鼓励碳金融产品的创新，丰富气候投融资模式，鼓励地方在风险可控的前提下开展各类碳金融服务，推动金融体系创新发展。

（4）加强气候投融资项目库建设、能力建设及国际合作。鼓励在各试点培育地方的气候投融资项目并引导金融机构为库内项目提供更优越的金融服务。强调能力建设的重要性，要加强金融机构人才队伍的建设。积极引进境外资金，大力支持国际金融机构和跨国公司的地方性项目。

4. 国内实践

从 2021 年中国通过绿色债券募集资金的使用情况来看，2021 年超八成的募集资金都被用于可再生能源、低碳交通和低碳建筑。其中，用于可再生能源领域的资金同比增幅较大，2021 年可再生能源领域使用的资金数额相较于上一年增长了 3.6 倍，占到本年度募集资金总量的 60% 以上。低碳交通领域的资金使用量也增长了 78%，占到绿色资金总量的 18.8%。与前几年不同的是，2021 年资金中没有用于工业和信息通信领域的专项资金。

（四）　国际气候投融资的发展过程

表 8-1 列出了国际社会应对气候变化所出台的影响力较大的法律法规或政策文件。美国、欧盟和英国是对气候变化关注度较高的三个发达经济体，其中美国早在 20 世纪 80 年代就开始了应对气候变化的相关工作。1980 年，美国出台《超级基金会法案》，用于解决工业废弃物导致的环境污染问题。这是最早的与气候变化和环境污染相关的投融资法案。1997 年，环境责任经济体同盟和美国泰勒斯研究学院发布了第一个全球性的气候框架《全球报告倡议组织框架》。进入 21 世纪以来，世界各国对气候变化的关注度不断攀升。在《联合国气候变

化框架公约》下，各国出台了一系列气候变化适应政策。成立于 2000 年的碳披露项目（Carbon Disclosure Project，CDP）率先给出了国际社会的碳披露原则，随后许多国家都在这一原则的基础上构建了自己的碳披露原则。

表 8 - 1　国际社会应对气候变化的政策梳理

国家、机构	年份	法律或政策性文件
联合国环境署	2019	可持续银行原则
国际资本市场协会	2018	绿色债券原则
	2018	社会债券原则
	2018	可持续发展债券指引
金融稳定理事会气候相关财务信息披露工作组	2017	气候相关财务信息披露工作组建议
气候债券倡议组织	2019	绿色债券认证标志3.0
多边开放银行和国际开发金融俱乐部	2015	气候减缓融资共同原则
	2015	适应气候变化融资共同原则
环境责任经济体同盟和美国泰勒斯研究学院	1997	全球报告倡议组织框架
碳披露项目	2000	碳信息披露原则
可持续金融国际平台	2021	可持续金融共同分类目录报告
美国	1980	超级基金法案
	2009	美国复苏与再投资法案
	2009	美国清洁能源与安全法案
	2010	限制二氧化碳排放总量管制与碳排放交易规定
英国	1990	环境保护法
	2001	污染预防法
	2003	我们的能源未来：创建低碳经济
	2008	气候变化法案
	2009	贷款担保计划
欧盟	2018	可持续融资行动计划
	2019	欧盟绿色债券标准
	2019	自愿性低碳基金
	2019	欧盟可持续金融分类方案
	2020	欧盟可持续金融分类法

资料来源：安国俊，陈泽南，梅德文."双碳"目标下气候投融资最优路径探讨［J］. 南方金融，2022（2）：3 - 17.

过去一段时间，全球气候融资总额稳步增长，在 2019—2020 年更是达到 6 320 亿美元之多。其中私营部门（包括非金融公司、商业金融机构等共五类）提供了气候融资总额的 49%，这五类私营部门在 2019—2020 年内平均每年提供 3 100 亿美元资金，比 2017—2018 年的 2 740 亿美元增长了 13%。而公共财政部门（包括政府、国有企业和金融机构等）在 2019—2020 年平均每年承诺 3 210 亿美元的气候融资，略高于气候融资总额的一半，比 2017—2018 年增加了 7%。

图 8-2 展示了 2015 年以来国际社会气候资金的募资情况。可以看出，债务是引导气候融资的最大金融工具，2019—2020 年平均每年利用债务募集的资金占到了气候资金总额的 53% 以上。而股权投资募集的资金数量排名第二，占比约为 33%，赠款仅占气候融资总额的 6%。

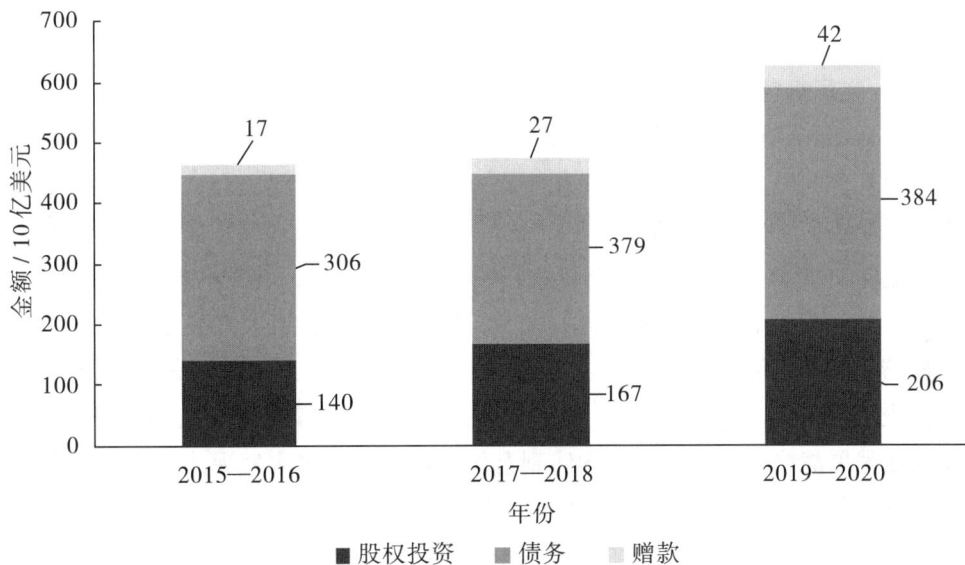

图 8-2　国际社会气候资金募集情况

资料来源：气候政策倡议组织（CPI）. 2021 年全球气候投融资报告（*Global Landscape of Climate Finance 2021*）.

二｜气候投融资的产品

（一）气候投融资的信贷工具——绿色信贷

绿色信贷起源于 20 世纪 80 年代初美国提出的《超级基金法案》，该法案要求企业为其所造成的污染负责，这也使得银行业开始关注由于潜在污染而导致的信贷风险。2002 年，由荷兰银行、巴克莱银行、西德意志银行、花旗银行联合起草了"赤道原则"（Equator Principles），建立了一套全球性的用于指导各行业项目融资中遇到的环境问题的基本准则。"赤道原则"是国际上获得广泛认可的可持续发展领域中项目融资环境与社会风险管理工具，该原则在实践中也得到了国际金融机构的普遍推广和应用。"赤道原则"的提出对于银行业来说是一个重要的里程碑。"赤道原则"对高碳排放项目报告的透明度做出了明确要求，对于气候变化方面的问题要求也更加严格和明确。"赤道原则"统一了银行业的环境与社会标准，使环境与社会可持续发展战略落到实处。

现阶段商业银行主要的气候投融资模式包括与国际金融机构、政府关联基金以及各级地方政府合作，将气候贷款与绿色信贷有效衔接，开展气候金融等方面的实践等。事实上，绿色信贷不单指商业银行的信贷资金流向环保行业，对传统产业以及污染性行业的污染清洁项目提供信贷支持也是绿色信贷的涵盖范围。2015 年提出的《巴黎协定》也指出"要使绿色信贷的资金流向符合温室气体低排放和气候适应型发展的路径"。

1. 我国绿色信贷的政策演进

随着 2007 年《关于落实环保政策法规防范信贷风险的意见》的发布，各级政府对环保问题愈加重视，与绿色信贷有关的政策也相继出台。2012 年，银监会先后发布了《绿色信贷指引》和《银行业金融机构绩效考评监管指引》，强调了银行业要加强绿色信贷能力建设和做好风险评估及管理，有效推进了"十三五"节能减排工作和银行业绿色信贷的发展。2014 年，银监会又印发了《绿色信贷实施情况关键评价指标》，要求各银行对照该评价指标开展自评工作并在规定期限内报送银监会，有效推动银行业金融机构开展绿色信贷工作。2015 年，为落实低碳发展战略，推进产业结构转型升级，银监会和国家发展改革委联合发布了《能效信贷指引》，明确指出能效信贷的服务领域主要是与节能项目、服务、技术和设备等有关的重要领域。2016 年开始，银监会要求全国主要 21 家银行每年开展绿色信贷自评工作。经过多年的发展，我国绿色信贷政策体系逐步走向成熟，商业银行绿色信贷服务能力显著提升，绿色金融市场前景也更为广阔。

2. 绿色信贷的功能

绿色信贷的功能主要体现在以下三个方面。首先，银行将信贷资金重点投放到低碳经济、循环经济、生态经济等领域，起到了一定的资源配置作用，有效促进绿色产业和绿色经济的发展。其次，银行在绿色信贷政策体系指引下建立了全面的环境和社会风险管理体系。银行在向客户提供金融融资等服务时，会先评估、识别企业和项目潜在的环境与社会风险，加强环境和社会风险管理。最后，在绿色信贷政策体系下，银行积极制定自我约束机制，提升自身环境和社会表现，实现银行的可持续发展。

3. 我国绿色信贷重点支持的产业和项目

我国绿色信贷重点支持的产业和项目主要是战略性新兴产业生产制造端的

项目。2013 年，银监会发布的《绿色信贷统计表》规定的节能环保项目和服务主要涵盖以下 12 类项目：绿色农业开发项目，绿色林业开发项目，工业节能节水环保项目，自然保护、生态修复及灾害防控项目，垃圾处理及污染防治项目，资源循环利用项目，可再生能源及清洁能源项目，农村及城市水项目，绿色交通运输项目，建筑节能及绿色建筑项目，节能环保服务项目，采用国际惯例或国际标准的境外项目。

截至 2021 年，六大国有银行绿色贷款余额共 8.68 万亿元。其中四家的贷款规模都超过了万亿元。工商银行全年绿色贷款余额为 2.48 万亿元，是目前国内唯一一家绿色贷款破 2 万亿大关的银行。第二名的农业银行绿色贷款余额为 1.98 万亿元，排名第三、第四的建设银行和兴业银行绿色贷款余额分别为 1.96 万亿元及 1.39 万亿元。从同比增速来看，平安、中信和民生三大行的绿色贷款余额增幅均超 100%。从资金投放对象来看，绿色贷款的主要方向是基础设施、绿色交通、环保、水资源处理、风电项目、生态环境、清洁能源等绿色产业金融需求。

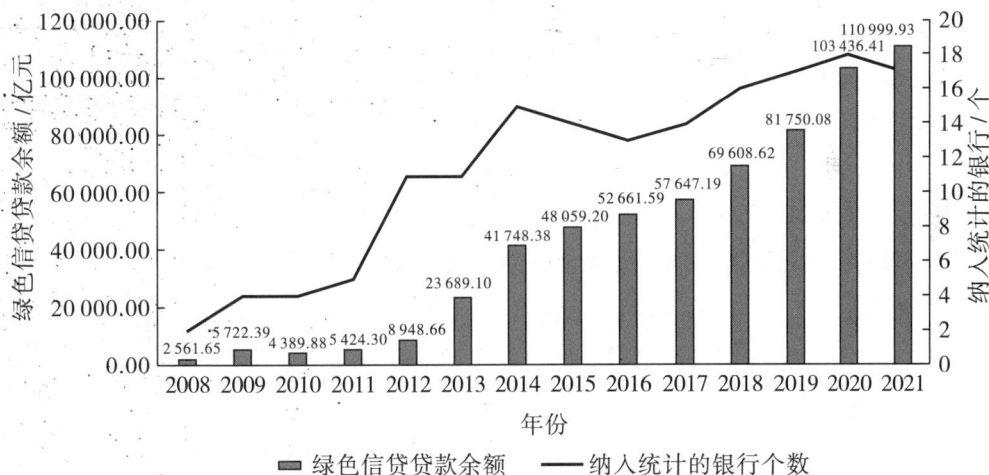

图 8-3 我国 2008—2021 年 20 家主要银行机构绿色信贷贷款余额

注：数据来自 CSMAR 数据库。纳入统计的 20 家主要银行有：国家开发银行、中国进出口银行、中国农业发展银行、中国工商银行、中国农业银行、中国银行、中国建设银行、交通银行、中信银行、中国光大银行、华夏银行、广东发展银行、平安银行、招商银行、浦东发展银行、兴业银行、民生银行、浙商银行、渤海银行、中国邮政储蓄银行。

随着 2008 年兴业银行率先沿用"赤道原则"在国内提供绿色信贷业务，中国提供绿色信贷业务的银行数量不断增加，绿色信贷余额逐年攀升。图 8-3 显示了 2008—2021 年我国 20 家主要银行机构总体的绿色贷款余额情况。从贷款增幅来看，20 家银行绿色贷款成倍增长，银行业绿色金融业务不断发展。截至 2021 年末，国内 20 家主要银行绿色信贷余额已经超过了 11 万亿元。

（二）绿色债券

绿色债券指募集资金用于支持符合规定条件的绿色产业及项目的有价证券，分为绿色金融债、绿色企业债、碳债券、绿色公司债和绿色债务融资工具五类。截至 2022 年 7 月 27 日，国家开发银行已累计发行绿色金融债券 1 440 亿元，余额 1 190 亿元，规模位居市场第一。碳债券紧紧围绕可再生能源进行投资，由中广核风电有限公司首发，其核心特点是将低碳项目的 CDM 收入与债券利率水平挂钩。而绿色债务融资工具则主要在银行间市场发行，一般由绿色金融改革创新试验区内具有法人资格的非金融企业作为发行人，募集资金专项用于节能环保、污染防治、资源节约与循环利用等绿色项目。2019 年 5 月 13 日，中国人民银行发布了《关于支持绿色金融改革创新试验区发行绿色债务融资工具的通知》，进一步明确支持金融改革创新试验区内企业注册发行绿色债务融资工具。

1. 我国绿色债券的政策演进

2015 年 12 月，中国人民银行率先发布《中国人民银行公告〔2015〕第 39 号》，推出绿色金融债券。同月，国家发展改革委印发《绿色债券发行指引》，明确了绿色债券支持项目范围，为中国绿色债券提供了较为完善的政策框架。绿色债券在国内迅速崛起，关注度不断提升。为了更好地发展绿色债券，找到适合我国国情的绿色债券发展方式，2016 年，上交所发布《关于开展绿色公司债试点的通知》，正式启动绿色债券试点工作，设立了绿色公司债券申报受理通道。2017 年 3 月，为支持非金融企业循环低碳发展，规范非金融企业发行绿色债务融资工具的行为，交易商协会发布《非金融企业绿色债务融资工具业务指引》，为国内绿色金融的发展提供支持，促进形成共建生态文明的良好氛围。

2. 绿色债券框架

关于募集资金使用问题，中国金融学会绿色金融专业委员会于 2015 年发布《中国绿色债券支持项目目录》，提出了可供参考的绿色项目目录，明确了绿色债券支持项目的界定和分类。而对于募集资金的管理问题，有关部门明确要求发行人建立募集资金管理制度，开立专门账户或建立台账确保募集资金流向可追溯，发债资金在募集承诺时限内应该应用于绿色项目，闲置期也可以投资那些流动性较高、收益较低的货币市场工具或绿色债券。充分利用外部保证机制，鼓励由第三方机构出具绿色债券评估和认证意见。与此同时，发行人应充分披露项目筛选标准、决策程序、环境效益目标、募集资金使用情况以及资金审计报告。

《中国绿色债券支持项目目录》由中国金融学会绿色金融专业委员会编制，纳入的绿色项目分为 6 大类和 31 小类，给出了解释说明和界定条件。目录中说明了绿色债券应重点支持以下六类项目。

（1）节能项目：包括以高能效设施建设、节能技术改造等能效提升行动，实现单位产品或服务能源/水资源/原料等资源消耗降低以及使资源消耗所产生的污染物、二氧化碳等温室气体排放下降，实现资源节约、二氧化碳温室气体减排及污染物削减的环境效益。

（2）污染防治项目：通过脱硫、脱硝、除尘、污水处理等设施建设，以及其他类型环境综合治理行动，削减污染物排放，治理环境污染，保护、恢复和改善环境。

（3）资源节约与循环利用项目：包括尾矿、伴生矿再开发利用，工农业生产废弃物利用，废弃金属、非金属等资源再生利用、再制造等，以提高资源利用率为手段，实现资源节约，同时减少环境损害。

（4）清洁交通项目：包括铁路、城市轨道交通建设，清洁燃油生产装置建设，新能源汽车推广等行动，降低交通领域温室气体排放及污染物排放强度，实现节能减排效益。

（5）生态保护和适应气候变化项目：包括水土流失综合治理、生态修复及灾害防控、自然保护区建设等，实现改善生态环境质量、减灾防灾、保护生物多样性等环境效益；采取植树造林、森林抚育经营和保护、推进生态农牧渔业、强化基础设施建设等措施减缓或适应气候变化，缓解气候变化对经济和社会发展的不利影响。

（6）清洁能源项目：通过太阳能、风能、水能、地热能、海洋能等可再生能源利用，替代化石能源消耗，减少化石能源开发、生产、消耗所产生的污染物和二氧化碳排放；通过天然气等清洁低碳能源利用，实现污染物削减及温室气体减排效益。

3. 我国绿色债券发行情况

在多项利好政策推动下，我国绿色债券发行呈快速升温态势，绿色债券年度发行规模保持较快增长。截至 2021 年 6 月，中国境内市场贴标绿色债券累计发行规模达 1.41 万亿元，存量规模 1.05 万亿元。其中，绿色金融债券累计发行规模和存量规模均最大，其次为绿色公司债。从债券发行方类型来看，非金融企业绿色债券发行规模占比逐年提升，2021 年非金融企业的绿债发行量首次超过金融企业，发行的债券量占绿色债券总量的近一半。

目前，国内的主流绿色债券指数主要有两种。一种是中国人民银行、国家发展改革委制定的标准，将国际经验与中国国情结合，综合吸收了中国人民银行、国家发展改革委发布的国内绿色债券标准，以及国际资本市场协会、气候债券组织发布的国际标准所构建的指数。另一种是 CBS 和 GBP 的国际标准。它依据资金投向、发行人所处行业、主营业务、主要产品等信息进行评估。对于满足上述四项绿色债券标准之一的，纳入"中债"——中国绿色债券指数样本券。到 2017 年 3 月末，"中债"已经达到了 880 只，市值约为 2.25 万亿元，发行主体数量 337 家。由此可见，我国绿色债券已经具有了一定的发展规模。

（三）气候债券

1. 气候债券的定义

随着绿色债券的标准不断完善，2013 年发布的《气候债券分类方案》提出要找到满足低碳要求和气候适应性需求，并满足《巴黎协议》所设定的全球变暖目标的资产和项目。气候债券即绿色债券，是指为支持环境项目所筹集的资金，通常用于资助气候环境友好型项目或工程。对于绿色债券，国家通常提供免税或其他税收优惠。气候债券倡议（Climate Bond Initiative，CBI）是一个国际性的、以投资者为中心的非营利组织。CBI 通过制定气候债券标准和认证计划、政策参与和市场信息来解决气候变化问题。该组织在推动气候债券的发展方面做出了重要的贡献。

2. 气候债券发行情况

近年来，绿色债券的受欢迎程度不断攀升，截至 2020 年底，全球有 420 个气候相关债券发行主体，5 个气候相关债券发行国已发行超 1 万亿美元气候相关债券，涉及 33 种货币。截至 2021 年底，气候债券累计发行量已突破 2 000 亿美元。全球气候相关债券发行人中的前三名为：中国地铁集团（2 300 亿美元）、法国国家石油公司（SNCF）（537 亿美元）和法国电力公司（EDF）（521 亿美元）。气候相关债券发行量前三位的行业为运输（5 023 亿美元）、能源（2 193 亿美元）和水（912 亿美元）。目前，全球前十大气候相关债券发行国分别为中国、法国、美国、韩国、英国、加拿大、德国、印度、奥地利、巴西。其中，中国和法国的气候相关债券发行人加起来占全球总量的一半以上。中国是气候相关债券最大来源国，占全球总量的 36%，截至 2020 年底，中国共有 96 个气候相关债券发行人，约有 3 250 亿美元未偿还气候债券。其中，5 年以内期限的债券占总量的 38%，5~10 年期债券占总量的 37%，10~20 年及 20 年以上期限的占总量的 20%。

3. 碳中和债

碳中和债作为绿色债务融资工具的子品种，主要指募集资金专项用于具有碳减排效应的绿色项目的债务融资工具。在绿色债务融资工具项下贴标"碳中和债"。为响应国家推动碳中和目标落实，交易商协会在中国人民银行的指导下，于 2021 年 2 月 9 日正式推出首批 6 只碳中和债，通过绿色金融创新融资方式，协同企业助力实现碳中和愿景。表 8-2 是 2021 年我国首批 6 只碳中和债的主要情况。

表 8-2 2021 年我国首批碳中和债

债券代码	发行人名称	发行日期	发行总额/亿元	债券期限	票面利率	债项评级	主体评级
132100011.IB	中国南方电网有限责任公司	2021-02-09	20	3 年	3.45%	AAA	AAA
132100012.IB	华能国际电力股份有限公司	2021-02-09	10	3 年	3.45%	AAA	AAA
132100009.IB	国家电力投资集团有限公司	2021-02-09	6	2 年	3.40%	AAA	AAA
132100010.IB	四川省机场集团有限公司	2021-02-09	5	3 年	3.60%	AAA	AAA
132100014.IB	中国长江三峡集团有限公司	2021-02-09	20	3 年	3.45%	AAA	AAA
132100013.IB	雅砻江流域水电开发有限公司	2021-02-09	3	3 年	3.65%	AAA	AAA

资料来源：交易商协会、万得数据库。

国际上，气候基金自 1992 年开始发展，经历了起步阶段（1992—2001 年）、发展阶段（2001—2009 年）以及调整阶段（2009—2012 年）[①]。2012 年，气候基金逐步迈入以绿色气候基金（GCF）为主的新阶段。

目前，考虑到各国的金融市场发展程度和政府的关注度存在较大的差异，绿色基金在不同市场上也有非常差异化的表现，投资主体和发展速度都存在差异。例如，在美国和欧盟国家，绿色投资基金的发行主体主要为非政府组织和机构投资者，日本则以企业为主。表 8-3 展示了全球主要气候基金的情况。

表 8-3 全球主要气候基金

气候基金	设立机构	投资领域	基金成就
全球环境基金（GEF）	由联合国开发署、联合国环境署和世界银行于 1991 年成立	为可再生能源、能效提升、可持续交通、智慧农业在内的气候变化减缓项目提供赠款支持	截至 2017 年，已为全球 170 个国家提供了超过 17 亿美元的赠款，并通过各种渠道撬动了额外 880 亿美元的联合融资

———————

① 安国俊，陈泽南，梅德文. "双碳"目标下气候投融资最优路径探讨 [J]. 南方金融，2022（2）：3-17.

（续上表）

气候基金	设立机构	投资领域	基金成就
最不发达国家基金（LDCF）	2001 年，由《马拉喀什协议》第七次缔约方大会决定设立	为世界最不发达国家应对气候变化项目提供资金支持	截至 2018 年 2 月，共筹集资金 12.11 亿美元，撬动联合融资超过 480 亿美元，为 51 个国家提供了资金支持
气候变化特别基金（SCCF）	2001 年，由《马拉喀什协议》第七次缔约方大会决定设立	为应对气候变化活动提供资金支持	截至 2018 年 2 月，共筹集资金 3.52 亿美元
适应基金（AF）	2007 年，在巴厘岛召开的《京都议定书》第三次缔约方会议通过决议成立	为气候资金机制对适应领域资助力量不足和受援国申请资金困难等问题提供资金支持	截至 2018 年 2 月，共筹集资金 7.16 亿美元
绿色气候基金（GCF）	2010 年，坎昆世界气候大会达成了《坎昆协议》，决定成立绿色气候基金	推动发展中国家实施气候变化相关的政策措施，提供充足的可预见的财政资源	

资料来源：安国俊，陈泽南，梅德文."双碳"目标下气候投融资最优路径探讨 [J]. 南方金融，2022（2）：3 - 17.

（四） 碳基金

碳基金是指以直接融资方式，由政府、金融机构、企业或个人出资成立的专门基金，通过在全球范围内购买碳信用或投资温室气体减排项目，经过一段时间后给予投资者碳信用或现金回报的金融产品①，目的在于将应对气候变化行动与金融活动相结合，为减排项目提供稳定的资金支持，推动减少全球温室气体排放，改善全球气候变暖问题②。

随着"碳达峰""碳中和"概念的兴起以及碳市场的繁荣，碳基金的规模快

---

① 安国俊，陈泽南，梅德文."双碳"目标下气候投融资最优路径探讨 [J]. 南方金融，2022（2）：3 - 17.

② 严琼芳，洪洋. 国际碳基金：发展、演变与制约因素分析 [J]. 武汉金融，2010（10）：4.

速增长，呈现出较为独特的发展趋势。根据国际成熟碳基金的发展经验，早期碳基金以公共基金为主，此后逐渐出现公私混合基金，而在发展的后期，私营基金将占据主导地位。公共基金指由政府承担所有出资，并由政府管理的碳基金。国际碳市场典型的公共基金有芬兰碳基金、英国碳基金、奥地利碳基金、瑞典 CDM/JI 项目基金等。公私混合基金包含两种类型。一种是指由政府和私有企业按比例共同出资，同时由企业运用商业化的管理方式管理的碳基金。此模式灵活性较高，基金份额比例不固定，通常可由政府先进行认购，最后再由私有企业对剩余份额进行认购。采取这种方式的典型碳基金有德国复兴信贷银行（KFW）碳基金，德国政府与德国复兴信贷银行合作出资创建该基金，同时该基金的日常管理工作由德国复兴信贷银行负责[①]。此外还有意大利碳基金、日本碳基金等。另一种是指由政府和国际组织共同出资创建的碳基金，其典型代表是世界银行参与设立的碳基金。世界银行的雏形碳基金（PCF）是世界上最早成立的碳基金。公私混合基金具有灵活性高、筹资速度快、筹资量大等优点，是国际碳市场上碳基金最常见的一种资金募集方式。私募资金是指由企业自行募集和管理的碳基金。这种模式的基金一般规模较小，典型代表如 Merzbach 夹层碳基金、气候变化资本碳基金Ⅰ和Ⅱ等。表 8 - 4 为我国碳基金代表性案例。

表 8 - 4 我国碳基金代表性案例

基金名称	设立年份	设立机构	概况
中国清洁发展机制基金	2006	国务院	清洁发展机制基金是由国务院批准设立的政策性基金，按照社会性基金模式管理。清洁发展机制基金致力于促进经济社会可持续发展、支持国家应对气候变化工作
中国绿色碳基金	2007	中国绿化基金会、中国石油天然气集团公司、国家林业局	全国性公募基金，其资金主要用于植树造林以及其他与 CDM 机制相关的碳汇项目
华能碳基金	2011	华能碳资产管理公司、瑞士维多石油、富地石油	国内第一只专门投资 CDM 减排项目的私募基金，该基金通过投资的资金支持，促进包括华能在内的国内企业 CDM 项目等低碳减排项目的开发

---

① 蔡博峰，等. 国际碳基金对中国的政策启示［J］. 环境经济，2013（9）：53 - 58.

（续上表）

基金名称	设立年份	设立机构	概况
海通宝碳基金	2014	海通资管、上海宝碳新能源环保科技有限公司	国内最大规模的中国核证自愿减排（CCER）碳基金
招金盈碳一号碳排放投资基金	2015	招银国金	国内首只碳排放信托投资基金
嘉碳开元投资基金	2015	深圳嘉碳资本管理有限公司	对于活跃碳交易市场、促进国内温室气体减排具有积极推动作用

资料来源：安国俊，陈泽南，梅德文．"双碳"目标下气候投融资最优路径探讨［J］．南方金融，2022（2）：3－17．

（五）城市气候融资缺口基金

截至 2020 年，城市的二氧化碳排放总量已占全球总量的 70% 以上，消耗了全球超过三分之二的能源。到 2050 年，预计还将有 25 亿人从农村迁移到城市地区，快速且无序的城市扩张，将继续加重城市的温室气体排放。不管是现在还是将来，城市都将站在对抗全球气候变化的最前沿。预计到 2030 年，全球将需要 93 万亿美元的可持续基础设施投资，并且用于项目准备的投资将高达 4.5 万亿美元。然而，城市气候融资方面仍存在巨大缺口，达数万亿美元。城市气候融资缺口基金（City Climate Finance Gap Fund，Gap Fund）是指德国和卢森堡政府联合世界银行、欧洲投资银行和全球市长公约于 2020 年 9 月共同设立的专门用于推动发展中国家和新兴经济体城市的低碳、气候韧性和宜居投资的基金。Gap Fund 由世界银行和欧洲投资银行共同运营，其目的在于帮助城市和地方政府解决融资困难的问题，致力于提供气候智能投资的技术援助。

Gap Fund 的早期目标是为发展中国家和新兴市场国家的城市提供赠款以实现其低碳发展目标，采取的方式主要包括：支持城市气候战略制定和分析，以评估计划、战略和投资项目的气候潜力；为低碳和气候适应型城市发展提供能力建设；支持将投资列为气候战略或投资计划的优先事项；确定项目概念和准备前期可行性研究；支持强化项目融资方法；为项目筹备后期提供额外支持；为填补其他项目在准备方面的空白提供潜在支持；提供知识产品和学习机会等。

Gap Fund 的最终目标是带动 40 亿欧元气候智能城市项目和城市气候创新项目，这笔资金将支持三个主要目标：第一，提供技术援助和能力建设，包括提高城市和地方当局规划低碳、气候适应型发展的能力，同时将高质量的项目构想贯彻到项目前期准备阶段；第二，建设高质量的城市投资渠道，用于后期技术援助，包括建立一个稳固的项目组合、从其他项目准备机构申请资金，并有可能吸引额外的融资；第三，与开发人员和融资方分享项目准备的知识，分享全球最佳实践案例，帮助筹备标准化项目。

（六）　气候投融资的保险工具

气候投融资的保险工具指用于支持由于气候变化引起的自然灾害导致的重要基础设施灾后重建工作的投资工具。由于近年来气候环境不断恶化，全球范围内自然灾害发生更为频繁，这些灾害已导致全球上千万人口陷入难以脱贫的困境。如果不加控制，未来十年全球将有 1.32 亿[①]人口可能会因为气候变化导致的灾难而陷入贫困，同时将引发大规模的人口迁移，主要是各国国内人口迁移，迁移方向为由农村向城市转移。到 2050 年，预计将有 25 亿人从农村迁往城市；并且大规模移民将主要发生在发展中国家，其中估计有 90% 发生在非洲和亚洲。因此，有必要利用气候投融资有关的保险工具来解决气候变化导致的灾后重要基础设施重建等民生问题，提高居民应对气候变化、热浪、洪水和突发卫生事件等冲击的能力，有效预防气候变化引发的千万级人口迁移现象。

为了实现可持续发展并提高全球性保险工具在其中的作用，脆弱二十国集团（V20）和二十国集团（G20）联合发起了保险增强韧性机制（InsuResilience），该机制的目的是帮助发展中国家完善应对气候风险的保险方案，从而帮助当地民众应用保险这种金融工具来应对气候变化所带来的易受灾害影响的资产损失风险。截至目前，气候投融资保险工具呈现出多元化的发展态势。例如，各种保险机构推出农业保险、林业保险、洪灾险、天气指数保险、清洁技术保险等数以千计的应对气候变化的保险工具。

三　气候风险评级

随着气候投融资活动的开展，金融风险将伴随资金的流动而产生，这种由气候投融资行为而产生的金融风险，被称为"气候投融资风险"。为了确保气候投融资活动的稳定，需要加强对气候投融资风险的管理。而与气候投融资风险管理工作相伴随的是气候投融资风险评级工作，而这一工作也影响着气候投融资工作能否有序顺利开展。各大国际组织、发达经济体、银行以及科研院所纷纷启动了对气候风险的评级工作，将气候影响因素测度纳入风险评级工作当中，

---

① 世界经合组织. *The Climate Action Monitor 2022.*

并形成了不同的风险评级技术和方法。以下将对世界银行、欧盟、英国绿色投资银行等重要组织开发的气候风险评级手段进行介绍。

（一） 主要国际组织

1. 世界银行

作为世界上承担发展和减贫任务的主要国际金融组织，世界银行将气候风险和效益的评估管理融入其规划、投融资活动实施及统计监测的许多环节。为了管理气候风险，世界银行于 2018 年 10 月 1 日出台了一项环境社会保障政策，即《环境与社会框架》（*Environmental and Social Framework*，ESF），它包括世界银行在环境和社会可持续发展方面的愿景、十项《环境与社会标准》（*Environmental and Social Standards*，ESS）、世界银行环境与社会投融资项目政策（The World Bank Environmental and Social Policy for Investment Project Financing，IPF）。

ESS 主要规定世界银行对 IPF 支持的项目中所涉及的环境和社会风险的识别和评估的标准。这些标准的应用将有助于世行加强对环境和社会风险的识别和管理，从而实现减少环境和社会风险的目标。ESS 设立了十项标准，分别规定为 ESS1 – ESS10。其中 ESS1 适用于世行投融资项目支持的所有项目，并确立了三个方面的内容：①借款人在应对项目风险和影响方面的现有环境和社会框架；②进行综合环境和社会方面的评估，以确定项目的风险和影响；③通过公开与项目有关的资料、咨询及有效反馈，有效地参与社区事务。银行要求将项目的所有环境和社会风险及其影响作为根据 ESS1 进行的环境和社会评估的一部分予以处理。ESS2 – ESS10 规定了借款人在识别和处理可能需要特别关注的环境和社会风险及影响方面的义务。ESS 的多个子标准中都考虑了气候风险因素，如环境与社会风险和影响的评价和管理（ESS1）、资源效率与污染防治（ESS3）以及社区健康与安全（ESS4）等。

在技术工具方面，ESF 除了拥有一整套 ESS 标准外，还制定了相应的技术规范、评估方法，作为配合政策实施的技术工具等。相比于之前的保障政策，ESF 标准更加全面和具有可操作性，因此可应用于此后世界银行所有的气候投融资项目，并且更加强调对气候变化和气候韧性相关问题的关注。

在气候效益评估方面：一方面，世界银行建立了一套系统的监测、报告的追踪流程，以确保其在可再生能源、绿色交通及增强气候韧性方面的投融资效益的评估。另一方面，世界银行及其他多边开发银行共同制定了《气候减缓融资追踪原则》（*Common Principles for Climate Mitigation Finance Tracking*）和《气候适应融资追踪原则》（*Common Principles for Climate Adaption Finance Tracking*）等，并以此来评估投融资项目在减缓和适应气候变化等方面的效益。

2. 欧盟

欧盟将《环境与气候变化整合政策》作为所有气候投融资活动规划、评估、实施的一项基础性政策，强调在投融资活动的全周期过程中关注气候相关的风险因素。该政策要求在投融资项目的规划、设计、执行、评估四个环节都必须遵循气候风险评估和管理程序。在该政策基础上，欧盟在气候投融资活动风险测度方面提供了一套气候风险标准和程序，即气候风险评估工具（Climate Risk Assessment，CRA），并以 CRA 为基础，推动气候风险管理政策的落地实施。

CRA 是一套包含标准、评估方法、行业指南的技术工具，其目的是对投融资项目在各个阶段的风险进行评估，并提出相应的减缓或适应气候变化的方法和建议。CRA 的运行机制较为完备，每一个环节都将进行涉及各个方面的严格评估和审查。首先，就"欧盟关于利用气候变化影响、脆弱性和风险信息制定国家适应政策"进行调查，该调查覆盖气候变化情景、传播、驱动因素、应对举措等诸方面，并向欧盟成员国下发。随后，采取已有文献回顾、专家研讨会、利益相关者交流、协同建模、综合指标法等措施，对各成员国气候风险进行评级。最终实现对各国控制气候投融资风险的助力。

在技术工具方面，2019 年 6 月，欧盟连续发布《欧盟可持续金融分类方案》《自愿性低碳基准》等标准文件，主要聚焦于气候减缓领域，为欧盟投融资活动在气候影响方面的识别、效益的评估提供了工具。欧盟在投融资活动中也越来越关注资产所能产生的减缓或适应气候变化的效益，积极推动具有正向气候效益的投融资活动。

在气候效益评估方面，欧盟持续推动可持续金融发展。例如，2018 年 1 月，欧盟发布了《欧盟经济体可持续融资》，并制定了《可持续金融行动方案》（2018 年 3 月发布）。这两份政策文件已成为欧盟新监管框架的基准。作为欧盟推动可持续金融的政策工具，这两份文件都将推动投融资助力低碳转型或推动具有气候韧性的投融资政策与活动作为主要目标，以撬动更多的私营资本支持低碳转型或提升应对气候变化的能力。

在实施层面，欧盟建立了气候投融资活动的一整套披露、监测和报告机制，对投融资活动的气候影响进行持续的追踪，并定期发布《气候基准及环境、社会和治理（ESG）披露》报告。依据相关建议和指标，为欧洲上市公司、银行和保险公司提供追踪和披露，以确保私营资本在提升气候适应性和促进低碳发展方面发挥相应的作用。

3. 英国绿色投资银行

由英国政府主导成立的英国绿色投资银行（Green Investment Bank，GIB）是全球第一家以绿色产业为主要投融资项目的银行，其重点投资领域为环保节能并具备盈利能力的基础性建设项目。GIB 通常以一系列囊括有关政策和技术工具的文件为指导开展投资工作，这类文件中的主要代表是《绿色投资政策》（*Green Investment Policy*）。在与绿色产业有关的投融资活动中，GIB 以此文件为主要制度和规划文件，用以评估产业中的绿色相关风险和收益。在控制有关绿色风险和收益时，主要围绕减缓和适应气候变化两方面来采取有关措施。顶层政策设计为 GIB 的运营输出重要指导性文件，用以指导和支持 GIB 的投融资活动，根本目的在于鼓励私人资本流向以离岸风电、陆上可再生能源、能效、废弃物及生物质能等领域为主的气候环保领域。

具体操作方式如下：首先，GIB 将对有关绿色投融资项目开展绿色影响评估，该项评估是制定有关投融资决策和执行相关监管工作不可或缺的一步，主要围绕项目的风险和收益展开；其次，GIB 将依据评估的风险和收益，要求相关项目采取对应措施来减缓和适应气候变化以控制项目风险；最后，通过动态监测和反馈项目实施过程中的情况，生成并发布气候投融资项目的《绿色影响报告》。

技术工具方面，GIB 以《绿色投资手册》为操作指南，用以对投融资项目开展绿色影响评估、动态监测以及生成绿色影响报告。在执行过程中，该手册囊括了具体详尽的技术工具，如《绿色影响报告》等。这一系列技术工具提供了将气候或其他绿色的影响进行量化评估的方法和一系列的指南文件、清单和表格样板，此外，关于在日常工作中如何对投融资项目中的气候或绿色影响以及相关风险进行合理评估、监测和报告，该工具也提供了一套有效的方法[①]。具体做法是：比较项目气候影响与替代结果（又称"基线"），获得以温室气体排放改变量、能源需求改变量等指标表示的绿色影响变量。基于这一结果，手册提供了各分行业的特定量化标准、与燃料及电力相关的排放因子、排放量计算指南等内容。[②]

表 8 – 5 和表 8 – 6 比较了主要国际组织气候风险和效益管理的政策工具和技术工具。

表 8 – 5　主要国际组织气候风险和效益管理的政策工具

机构	气候风险	效益管理
世界银行	《环境与社会框架》：提升了对气候风险等跨领域、全球性影响的识别和管理	气候投融资追踪：对减缓和适应气候变化领域的投融资活动进行追踪

①　熊程程，廖原，白红春. 国际气候投融资风险和绩效管理工具分析及启示 [J]. 环境保护，2019，47（24）：26 – 30.

②　曹韵宇，陆德洋. 银行间市场权益属性债券创新突破：国内首只长期限含权中期票据实例 [J]. 金融市场研究，2014（1）：93 – 97.

（续上表）

机构	气候风险	效益管理
欧盟	《环境与气候变化整合政策》：在项目的全生命周期关注气候变化的影响	可持续金融行动：推动助力低碳转型和具有气候韧性的投融资活动；信息披露和监管报告
英国绿色投资银行	《绿色投资政策》：绿色风险和绿色绩效是投融资决策中必不可少的内容；在采取减缓和适应气候变化措施的投融资项目中进行动态监测及反馈，形成《绿色影响报告》	

资料来源：熊程程，廖原，白红春. 国际气候投融资风险和绩效管理工具分析及启示 [J]. 环境保护，2019，47（24）：26 – 30.

表 8 – 6　主要国际组织气候风险和效益管理的技术工具

机构	气候风险	效益管理
世界银行	《环境与社会标准》《气候风险筛查工具》《气候风险评估方法》	《气候融资追踪方法》
欧盟	《气候风险评估工具》	《欧盟可持续金融分类方案》《自愿性低碳基准》
英国绿色投资银行	《绿色投资手册》《绿色影响报告》	

资料来源：熊程程，廖原，白红春. 国际气候投融资风险和绩效管理工具分析及启示 [J]. 环境保护，2019，47（24）：26 – 30.

（二）中国工商银行

企业在生产经营的过程中，容易受到气候问题产生的外部性影响，外部经济与外部不经济都可能导致企业的生产经营成本增加，进而削弱企业的盈利能力和偿债能力，最终将提高商业银行的信贷风险。为量化这种由气候问题带来的环境影响，控制信贷风险，中国工商银行开发了环境压力测试工具。这种工具既能够测度气候风险对商业银行信贷安全的影响，帮助商业银行合理定价信贷产品，正确安排信贷与投资组合，又能作为一种借鉴标准，用于银行业监管机构对环境风险的评估，以提高评估的准确性。

1. 环境压力的主要影响因素

首先是环境风险的价格因素，主要包括碳交易、排污权交易和碳税等制度安排，此类因素常见于我国私有企业的经营架构中。

其次是自然灾害产生的影响。由于温室效应所导致的环境灾害发生频率不断提高，如干旱、洪涝这些原本少见的自然灾害，在近几年的发生次数也多了起来，正成为由于人类活动所引发的新的环境风险，因此在测度环境压力时也应该包含这类自然灾害事件。

最后是政策标准和执法力度。企业的利益和成本在一定程度上会受到政策标准和执法力度的影响，一旦收紧环境政策和加大执法力度，企业的盈利能力和偿债能力都将减弱，尤其是从事三高（高污染、高耗能、高排放）行业的企业，其所受的影响会更加明显，与此同时，商业银行也将面临更大的信贷风险。

2. 中国工商银行的环境压力测试研究

2015 年，中国工商银行开始对不同情境下的环境压力进行测试研究，以量化环境因素对企业形成的压力大小，据此评估给商业银行带来的信贷资金风险，特别是对信用风险的影响。2016 年，中国工商银行正式开始对受环境变化影响明显的企业进行环境压力测试，采用"自下而上"的方法，选取火电和水泥两个行业，运用"财务传导模型"进行测试。2017 年，拓展了行业范围，进一步选取钢铁和电解铝行业进行测试，此次压力测试评估了环境税的实施对企业财务成本造成的影响。2019 年，仍以火电行业为研究对象，测算价格因素中由碳交易导致的环境风险对商业银行信用风险的影响。

随着环境压力测试工作的开展，中国工商银行不断对环境压力测试评估手段进行优化和升级，同时也对信贷、投资组合以及产品定价进行更为合理的安排。根据环境受贷款的影响程度以及该项贷款所涉及的环境风险大小，中国工商银行建立了一整套绿色信贷分类机制，具体做法为：将境内信贷法人客户的全部贷款划分为四级、十二类，并对不同分类的客户和贷款采取动态分类及差异化的管理方式①。随着该分类机制的逐步完善，中国工商银行也将此机制延伸至贷款、债券、理财、租赁、保险等各项投融资业务中。为进一步提高环境风险信息的管理效率，中国工商银行还采用云计算和大数据技术，建立了一套环境风险智能化管理系统。系统、高效的环境风险测度和管理运作机制将有助于推动中国工商银行的绿色金融业务，尤其是气候投融资业务的发展。

3. 中国工商银行 ESG 评级体系

中国工商银行是全球最早开展环境压力测试研究的金融机构之一，不仅开发了环境压力测试技术，还发布了 ESG 指数，为全球金融业提供量化环境风险的重要指标。

（1）主要内容。

工商银行的 ESG 指数包括 3 个一级指标、17 个二级指标以及更多的三级指

---

① 王昕彤，刘瀚斌. 气候投融资风险测度工具的比较研究［J］. 上海保险，2021（1）：48－53.

标。主要内容和指标见表 8-7。

表 8-7　中国工商银行 ESG 评级的指标体系

一级指标	二级指标	三级指标
环境	企业环保分类	—
	污染物排放	碳足迹
		水使用
		废物排放
		空气污染
	环保信息披露分数	—
	环保事件	单位环境违法处罚
		环境重大安全事故
社会	社会责任综合	—
	劳动保护	—
		—
	工会与培训	—
		—
	社会公益	—
	社会信息披露分数	—
	其他突发风险	全球负面清单
		突发风险事项
公司治理	公司治理综合评价	—
	经营足迹	企业年日均存款余额变动
		企业交易对手结算金额变动
		企业同交易对手交易次数变动
		12 级评级结果
	公司治理披露分数	—
	贿赂—反腐败	高检行贿犯罪
	税收透明	税务违法违规
	商业道德	—
		—
		海关失信信息
	合规经营	—
		安全生产违规

（2）评级方法学。

中国工商银行对企业的 ESG 评分主要由数理模型评估和打分卡两方面组成。数理模型，即利用逻辑模型、主成分分析法等多种统计方法，按照指标体系的层级分别确定不同指标的贡献度。打分卡，即由来自信贷、风险、安全保卫、金融市场等多个部门的评级专家对企业进行评分。最后对不同维度的指标赋予一定的权重，经过消除量纲，得到企业的最终 ESG 评分。所有企业的 ESG 评分均是在 [0，1] 区间上的数值，且在不同行业和时点上具有可比性。

（3）特点。

①可量化指标丰富。通过三方合作，从目前最权威的数据渠道提取量化数据，在衡量环境影响方面有较大优势。

②数据质量高。指标从收集到的 300 余个指标中（包括其自有数据库 112 个、公开数据库 130 个、第三方数据公司 66 个）经过多轮测试，考虑数据的稳定性、代表性和专业性后综合选择形成。依托其内部的大数据系统，提高数据的实效性。

③评级方法有创新。中国工商银行 ESG 评级对所有的关键指标进行了技术处理，采用了缺失值、异常值调整、归一化等方法；在权重设置过程中，则利用逻辑模型、主成分分析法等确定不同指标的贡献度，从而使评级效果整体较好，评分更加合理且各行业 ESG 评分区分度也比较高。

（三）ESG 评级

ESG 是环境（environment）、社会（social）和公司治理（governance）三者的英文首字母缩写，由联合国全球契约组织在 2004 年编写的 *Who Cares Wins* 报告中被首次提出。其目的在于将企业发展形成的环境影响、社会治理和公司治理情况共同融入金融资产管理和证券服务当中。ESG 不仅强调企业要实现利润最大化，还要综合考虑对环境和社会造成的影响，以及三者之间的协调与制衡。在以可持续发展为导向，实行绿色转型的全球大背景下，对企业进行 ESG 风险评估获得以联合国为主的多数世界组织、经济体和金融机构的认可，在国内外政策驱动和市场驱动下，ESG 评级已逐渐被列为银行等金融机构评估企业环境风险的重要标准。

根据评级的出发视角不同，可将 ESG 评级分为基于表现的 ESG 评级和基于风险的 ESG 评级。目前国际上提供基于表现的 ESG 评级的著名评级机构有明晟（MSCI）、富时罗素（FTSE Russell）、标普（S&P）、晨星（Morningstar）、汤森路透（Thomson Reuters）、路孚特（Refinitiv）等；提供基于风险的 ESG 评级的机构主要有 RepRisk AG、Sustainalytics。国内主要是基于表现的 ESG 评级，ESG

评级机构包括中证指数有限公司、北京商道融绿咨询有限公司（简称"商道融绿"）、上海华证指数信息服务有限公司（简称"华证"）、中央财经大学绿色金融国际研究院、润灵环球（北京）咨询有限公司（简称"润灵"）等。以下选取几个主要的 ESG 评级体系及关键指标进行介绍。

1. MSCI ESG 指数

MSCI ESG 评级主要分成四个阶段，分别是收集数据、确定衡量指标、确定评级关键议题的得分与权重以及最终得出 ESG 评级。

（1）MSCI ESG 指数评级框架与流程（见图 8 - 4）。

（2）MSCI ESG 评级体系（见表 8 - 8）。

ESG 评级体系一般包含三个层级：一级指标为 E、S 和 G 三个维度；二级指标是以上三个维度下的细分议题；三级指标是基于二级指标关键议题的具体指标及数据点。

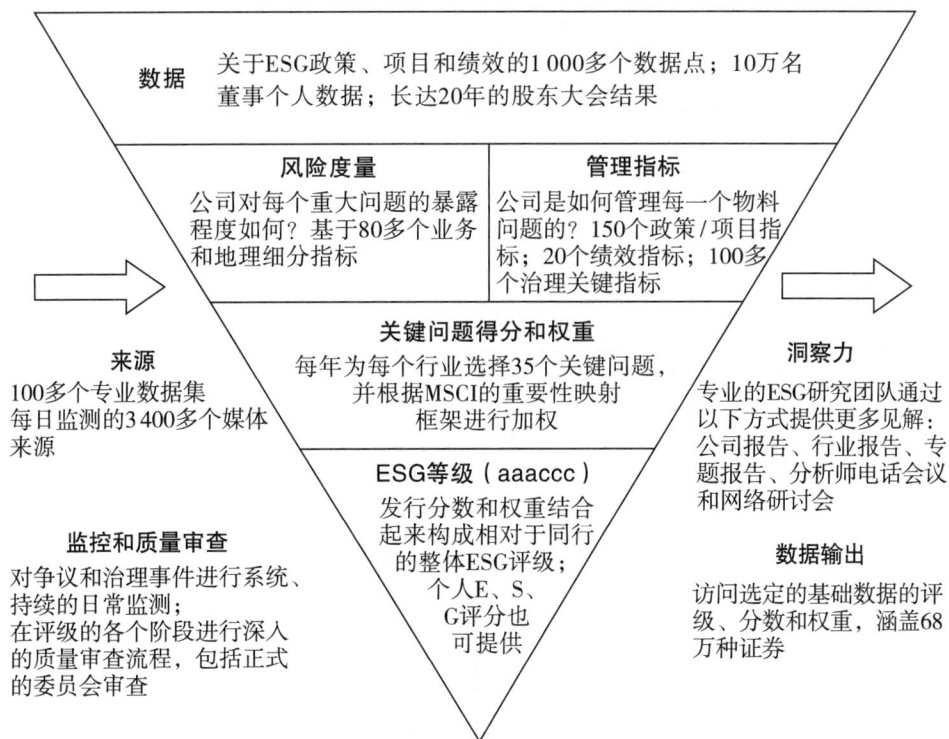

图 8 - 4　MSCI ESG 指数评级框架与流程

资料来源：MSCI. *MSCI ESG Ratings Methodology*. 2022.

表 8-8　MSCI ESG 评级体系

3 个方面	10 个主题	35 个 ESG 关键问题	
环境	气候变化	碳排放	融资环境影响
		产品碳足迹	气候变化脆弱性
	自然资源	水的压力	原材料采购
		生物多样性与土地利用	
	污染和废物	有毒排放物和废物	电子垃圾
		包装材料与废弃物	
	环境机会	清洁技术的机遇	可再生能源领域的机遇
		绿色建筑的机遇	
社会	人力资本	劳动管理	人力资本开发
		健康与安全	供应链劳工标准
	产品责任	产品安全与质量	隐私和数据安全
		化学品安全	负责任的投资
		消费者金融保护	健康与人口风险
	利益相关者的反对	有争议的采购	社区关系
	社会机会	获取通讯	获得医疗保健
		获取资金	营养与健康领域的机会
公司治理	公司治理	所有权和控制权	支付
		委员会	会计
	企业行为	商业道德	税收透明度

资料来源：MSCI. *MSCI ESG Ratings Methodology.* 2022.

2. 商道融绿 ESG 评级体系（见图 8-5 及表 8-9）

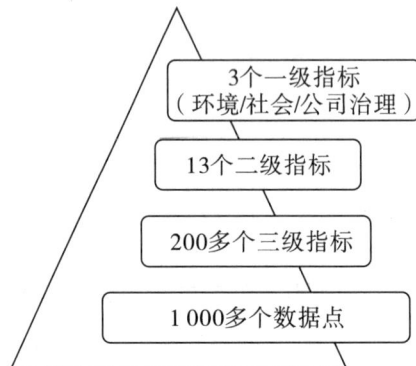

图 8-5　商道融绿 ESG 评级体系

资料来源：商道融绿. A 股上市公司 ESG 评级分析报告 2020. 2020.

表 8 - 9 商道融绿 ESG 评级体系

一级指标	二级指标	三级指标
E 环境	E1 环境管理	环境管理体系、环境管理目标，员工环境意识，节能和节水政策，绿色采购政策等
	E2 环境披露	能源消耗，节能，耗水，温室气体排放等
	E3 环境负面事件	水污染，大气污染，固废污染等
S 社会	S1 员工管理	劳动政策，反强迫劳动，反歧视，女性员工，员工培训等
	S2 供应链管理	供应链责任管理，监督体系等
	S3 客户管理	客户信息保密等
	S4 社区管理	社区沟通等
	S5 产品管理	公平贸易产品等
	S6 公益及捐赠	企业基金会，捐赠及公益活动等
	S7 社会负面事件	员工、供应链、客户、社会及产品负面事件
G 公司治理	G1 商业道德	反腐败和贿赂，举报制度，纳税透明度等
	G2 公司治理	信息披露，董事会独立性，高管薪酬，董事会多样性等
	G3 公司治理负面事件	商业道德、公司治理负面事件

3. RepRisk ESG 评级体系（见图 8 - 6）

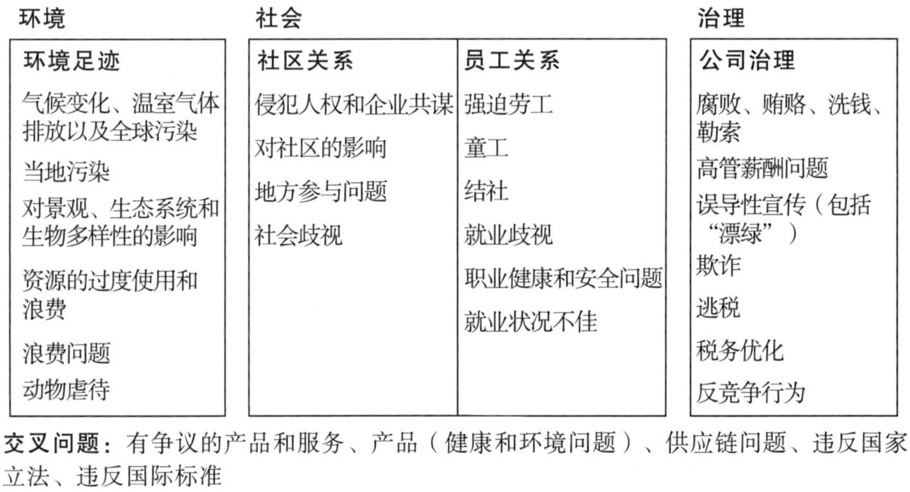

环境	社会		治理
环境足迹	**社区关系**	**员工关系**	**公司治理**
气候变化、温室气体排放以及全球污染	侵犯人权和企业共谋	强迫劳工	腐败、贿赂、洗钱、勒索
当地污染	对社区的影响	童工	高管薪酬问题
对景观、生态系统和生物多样性的影响	地方参与问题	结社	误导性宣传（包括"漂绿"）
资源的过度使用和浪费	社会歧视	就业歧视	欺诈
浪费问题		职业健康和安全问题	逃税
动物虐待		就业状况不佳	税务优化
			反竞争行为

交叉问题：有争议的产品和服务、产品（健康和环境问题）、供应链问题、违反国家立法、违反国际标准

图 8 - 6 RepRisk ESG 评级体系

资料来源：RepRisk. *RepRisk Methodology Overview.*

随着 ESG 模式的发展，ESG 评级方式呈现多样化和复杂化，但仍存在一些弊端。由于现阶段 ESG 评级还是依靠 ESG 数据作为基础前提，实际上各评级体系的 ESG 数据的可得性与可靠性无法得到较好的保证。此外，ESG 评级的底层数据、评级体系及不同评级指标所赋予的权重等均存在不同，导致各类 ESG 评级的可比性不高，相关程度不大。由于我国这方面的研究起步较晚，因此我国的 ESG 评级体系多数照搬海外，未能较好地契合我国国情，仍需进一步研究和开发与我国经济和社会发展现实相匹配、具有中国特色的 ESG 评级指标。

四 气候投融资案例

为了对前文内容进行更加具体的阐述和说明，本节选取兴业银行股份有限公司、新疆金风科技股份有限公司和中广核风电有限公司三家企业推出的绿色信贷、绿色债券和碳债券方面的典型产品进行介绍。

案例1 兴业银行（绿色信贷）

（1）兴业银行基本情况。

兴业银行拥有九大业务牌照，控股十家企业，参股五家企业。截至 2016 年，兴业银行已设立 2 003 家分支机构、126 家分行，其企业架构如图 8 −7 所示。

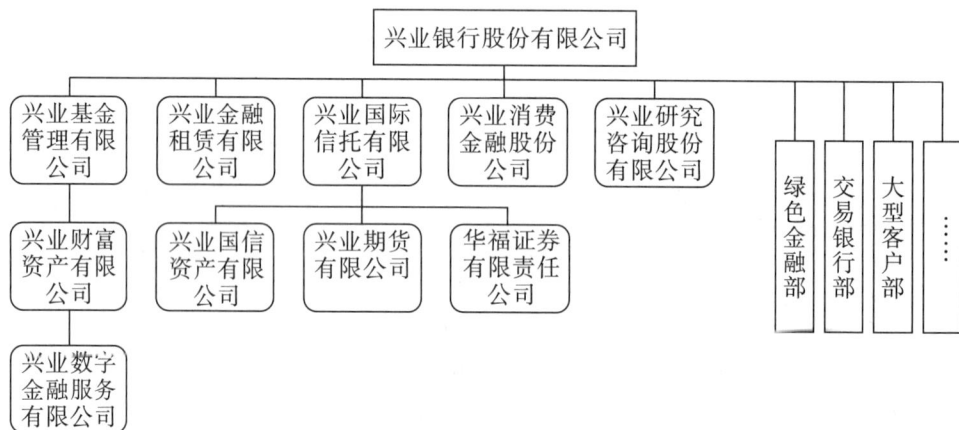

图 8 −7　兴业银行的企业架构

（2）兴业银行的绿色金融业务。

兴业银行联合北京绿色交易所和上海环境能源交易所发行了全国首张低碳主题信用卡，搭建国内首个信用卡碳减排个人购买平台以及国内首个个人碳信用记录绿色档案（见表 8 −10）。

表 8 - 10　兴业银行的低碳信用卡

产品设计	除正常消费外，客户可以通过个人购碳平台购买碳减排量。客户每刷卡一笔，银行即出资 1 分钱，捐赠至特别设置的"低碳乐活基金"
发行情况	截至 2016 年，发卡 53.35 万张
取得的环境效益	累计购买自愿碳减排量 15.99 万吨，相当于中和 118 万人乘坐飞机产生的碳排放量
支持的项目	湖南东坪 72MW 水电、黑龙江桦南横岱山风电等碳减排项目

资料来源：整理自交易商协会、万得数据库。

案例 2　兴业银行 2018 年绿色金融债（绿色债券）

2018 年 10 月，央行和银保监会发布批文[①]批准兴业银行在全国银行间债券市场公开发行不超过 800 亿元人民币的绿色金融债券。随后，兴业银行分别于 2018 年 10 月 30 日和 11 月 22 日，在银行间债券市场发行了"18 兴业绿色金融 01"和"18 兴业绿色金融 02"。本次募集的专项资金的主要投资领域涵盖节能、污染防治、资源节约与循环利用、清洁交通、清洁能源以及生态保护和适应气候变化等，均为《绿色债券支持项目目录》重点强调的领域。表 8 - 11 是对上述两只绿色金融债券的具体介绍；表 8 - 12 是对这两只绿色金融债券和其他债券发行成本的比较，可以发现前者在发行成本方面具有明显的优势。

表 8 - 11　兴业银行 2018 年绿色金融债券概况

债券信息	18 兴业绿色金融 01 （1828014）	18 兴业绿色金融 02 （1828017）
发行日期	2018 年 10 月 30 日	2018 年 11 月 22 日
债券期限	3 年	3 年
计划发行总额/亿元	300	300
实际发行总额/亿元	300	300
票面利率	3.99%	3.89%
主体评级	AAA	AAA
债券评级	AAA	AAA
计息方式	附息式固定利率	附息式固定利率

资料来源：整理自中债网。

[①]　《中国银保监会关于兴业银行发行绿色信贷专项金融债券的批复》（银保监复〔2018〕86 号）和《中国人民银行准予行行政许可决定书》（银市场许准予字〔2018〕第 196 号）。

表 8 - 12　兴业银行 2018 年绿色金融债券和其他债券发行成本比较

兴业银行品种	对比品种 （同期限、 同品种、 同级别金融债券， 发行日期介于 2018 年 10—11 月）	发行成本优势 （bp）
18 兴业绿色金融 01 （3.99%）	18 长沙银行 01 （4.08%）	9
	18 渤海银行 03 （4.07%）	8
	18 天津银行 03 （4.08%）	9
	18 南洋银行 01 （4.15%）	16
	18 南京银行 03 （3.97%）	-2
18 兴业绿色金融 02 （3.89%）	18 长沙银行 01 （4.08%）	19
	18 渤海银行 03 （4.07%）	18
	18 天津银行 03 （4.08%）	19
	18 南洋银行 01 （4.15%）	26
	18 南京银行 03 （3.97%）	8

资料来源：整理自交易商协会、万得数据库。

案例3　金风科技绿色永续债 （绿色债券）

永续债指不规定到期期限，债权人不能要求清偿，但可按期取得利息的一种有价证券[①]。这一债券规定发行人有权在指定日期赎回债券，且募集资金必须用于指定的节能减排、环保相关的绿色项目。永续债具有两个特点：一是优化企业的财务结构，在长期限含权中期票据的会计处理上，根据《企业会计准则第 37 号——金融工具列报》中的第六条规定，企业发行的金融工具满足"没有包括交付现金或其他金融资产给其他单位的合同义务"的条件可以确认为权益工具。也就是说，永续债可以计入资产负债表中的所有者权益，而不计入企业负债。二是利率跃升，若发行人在赎回时点不行使赎回权清偿债务，则每个赎回时点重置一次利率。利率较之前会有所增加。

新疆金风科技股份有限公司是一家成立于 1998 年的通用设备制造商，其注册地址为新疆维吾尔自治区乌鲁木齐，在深交所和港交所两地上市。2017 年公司营收达到了 251.29 亿元人民币。其收入构成如图 8 - 8 所示。

---

① 曹韵宇，陆德洋. 银行间市场权益属性债券创新突破：国内首只长期限含权中期票据实例 [J]. 金融市场研究，2014（1）：93 - 97.

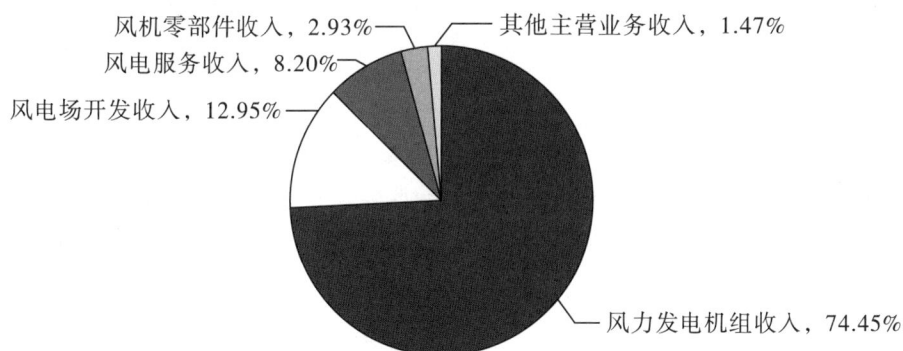

图 8 - 8　金风科技主营业务收入构成

为降低集团资产负债率，优化财务结构，2016 年 4 月末金风科技在银行间交易商协会完成长期限含权中期票据的注册，并于 5 月、9 月在银行间市场先后发行两期永续债。该债券信息如表 8 - 13 所示。

表 8 - 13　金风科技两期永续债主要信息

债券类型	长期限含权中期票据（简称：永续债）
债券评级	AAA
发行金额	一期 10 亿元人民币、二期 5 亿元人民币
期限	5 + N 年
发行利率	一期票面利率为 5%，二期票面利率下降至 4.2%

资料来源：整理自交易商协会、万得数据库。

金风科技本次绿色债务融资工具注册金额为 30 亿元，注册额度两年内有效。2016 年 5 月发行第一期 10 亿元，2016 年 9 月发行第二期 5 亿元。本次融资所得的资金将投资于指定的 10 个风电项目，主要是通过购买生产风力发电设备所需的原材料和零部件，再将所生产的设备投入到指定项目的使用中。本次发行绿色永续债将有助于降低污染物的排放并带来可观的环境效益，预估可降低温室气体排放量 53 万吨/年，降低能源消耗折合标准煤约 18 万吨/年。

将永续债创新运用于绿色金融领域，不仅能顺利满足企业发展绿色产业项目的融资需求，还能够帮助企业积极优化资产负债结构。此外，永续债由于不设到期期限，较普通中期票据更为灵活，更适合绿色项目的运营周期，降低再融资风险。因此，永续债的成功发行，一方面有助于丰富我国现阶段绿色债券的内容，另一方面也助力我国绿色金融体系的不断完善。

从发行情况来看，2016 年 9 月二期永续债发行结果大大优于一期，票面利率 4.2%，较一期下降 80bp（见图 8 - 9）。发行成功的原因，一方面归结于发行时间窗口较好，另一方面是投资者对绿色债券的认可度逐渐提升，踊跃申购二期永续债。

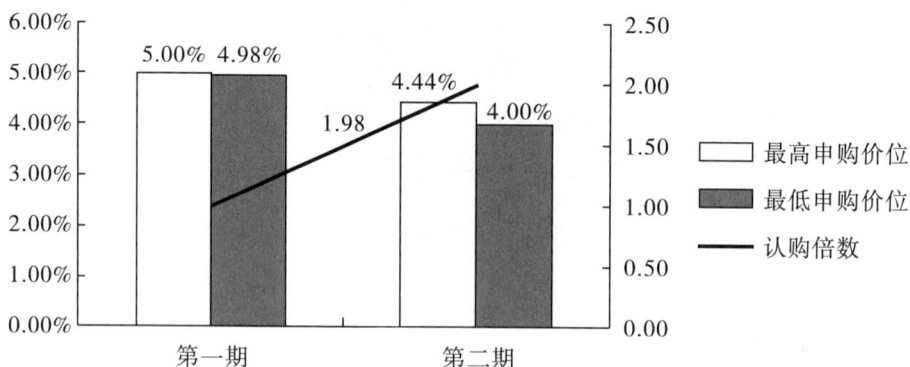

图 8 - 9　金风科技绿色永续债申购情况

与一般债券不同，对于绿色永续债，交易商协会要求引入评估机构，对债券绿色性质进行认证。该公司邀请了其合作伙伴挪威船级社（DNV - GL）进行绿色认证，将全球权威的绿色认证机构引入中国债券市场。相关的承销商和中介机构见表 8 - 14。

表 8 - 14　承销商和中介机构

承销商	国家开发银行、兴业银行
发行人中国律师	新疆天阳律师事务所
会计师	安永会计师事务所
评级机构	中诚信国际信用评级有限责任公司
托管人	银行间市场清算所股份有限公司
绿色债券顾问	挪威船级社

资料来源：整理自交易商协会、万得数据库。

案例4　金风科技绿色 ABS （绿色债券）

资产支持证券，又称资产证券化（简称"ABS"），是一种债券性质的金融工具，其向投资者支付的本息来自基础资产池产生的现金流或剩余权益①。绿色资产支持证券（简称"绿色 ABS"）是指基础资产属于绿色产业、项目投向为绿色产业或者原始权益人主营业务属于绿色产业且资金主要用于其绿色产业领域

---

① 孙泉，冯丽宇. 我国保险资金应积极参与投资信贷资产支持证券［J］. 时代金融，2014（5）：247.

的业务发展的创新型资产支持证券。① 金风科技过去尝试做过绿色 ABS，但发行成本太高、期限不匹配等问题导致项目终止。一方面，当时债券发行成本高，远高于金风科技拿到的银行贷款利率。另一方面，风电项目的投资回收期在 8 ~ 10 年，而一般债券期限只有 5 年。期限压缩结合高利率，导致项目现金流还款压力较大，能够募集的资金较少。为了解决这两个问题，金风科技在项目选择上进行了优化。首先，金风科技与承销商确定低于银行同期贷款利率的发行价格上限。其次，选择已经运行 1 ~4 年且现金流稳定的成熟风电项目作为基础资产投入资金池。再挑选一个自有资金投资的项目进行资产证券化，提前收回部分投资，融资比例可适当降低。本次金风科技将下属子公司天润新能控股的 5 个风电场项目的未来电费收入进行资产证券化。预估本次资产支持证券项目将推动产生显著的环境效益，有望在 5 年存续期内降低二氧化碳排放量约 240 万吨，降低能源消耗折合标准煤约 85.8 万吨。其交易结构见图 8 - 10，参与方见表 8 - 15。

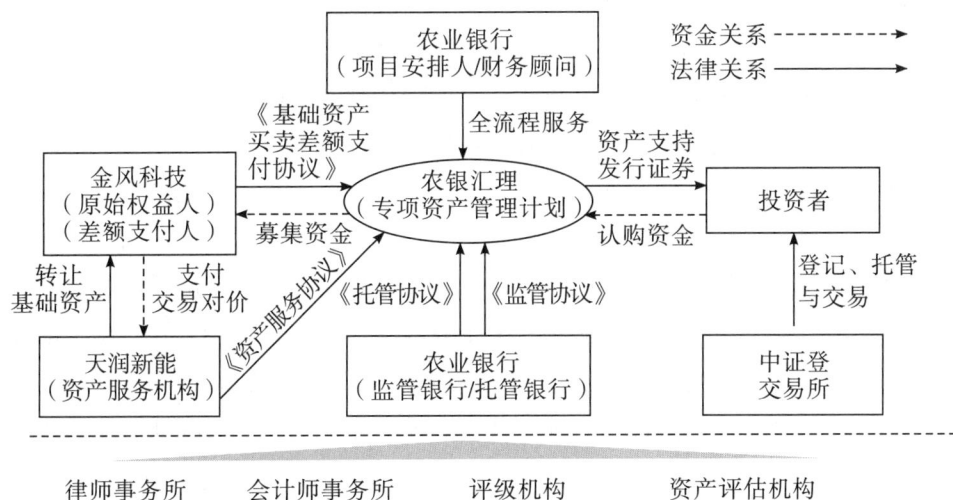

图 8 - 10 金风科技绿色 ABS 交易结构

表 8 - 15 金风科技绿色 ABS 交易参与方

原始权益人/差额支付人	新疆金风科技股份有限公司
资产服务机构	北京天润新能投资有限公司、乌鲁木齐金风天翼风电有限公司
项目安排人/托管、监管银行	中国农业银行股份有限公司
计划管理人/推广机构	农银汇理（上海）资产管理有限公司

① 王昕彤，刘瀚斌. 气候投融资风险测度工具的比较研究 [J]. 上海保险，2021 (1)：48 - 53.

（续上表）

信用评级机构	中诚信证券评估有限公司
法律服务机构	北京市环球律师事务所
会计师/评估机构	安永会计师事务所
绿色认证机构	挪威船级社、国际金融公司（IFC）
交易所	上海证券交易所

资料来源：整理自交易商协会、万得数据库。

金风科技绿色 ABS 的中介机构阵容非常豪华，在中国农业银行和农银汇理（上海）资产管理有限公司的主导下，联合中诚信证券评估有限公司负责信用评级工作，北京市环球律师事务所负责法律服务工作，安永会计师事务所担任会计师及负责有关资产评估工作，挪威船级社和国际金融公司负责项目的绿色认证工作。在系统交易结构的安排和专业参与方的强强联合下，金风科技发行的绿色 ABS 项目同时获得了挪威船级社和国际金融公司的认证，这是我国第一单同时获得两家国际顶尖绿色认证机构认证的绿色债券。此外，上海证券交易所也为该项目设置绿色审核通道，有效缩短材料审核时间至六个工作日，其间涵盖从提交并受理申报材料到交易所出具无异议函的全过程，以此保障本次绿色 ABS 项目的顺利运行。

该债券推出后便收获了市场的欢迎和认可，其发行结果显示：融资规模为 12.75 亿元，其中优先级 12.1 亿元，次级 6 500 万元，详见表 8 - 16。发行期限不超过 5 年。而范围在 3.4% ~ 4.5% 的发行利率，更是在非金融企业推出的 ABS 项目中实现新低。表 8 - 17 列出的对比品种与金风科技 ABS 处于相同或相近的发行日期，均为 2016 年 8 月 1 日至 31 日，受基准利率波动影响较小；所有对比品种均与金风科技 ABS 具有相同的债项评级（AAA）。可以看出同期同等级债券利率情况对比下，金风科技债券利率较低。

表 8 - 16　金风科技绿色 ABS 发行结果

分级	品种	期限	票面利率	募集规模/万元
优先级	金风绿 A	1 年	3.40%	19 000
	金风绿 B	2 年	3.60%	21 500
	金风绿 C	3 年	3.90%	25 000
	金风绿 D	4 年	4.20%	27 000
	金风绿 E	5 年	4.50%	28 500
次级	金风绿 F	5 年	—	6 500

资料来源：整理自交易商协会、万得数据库。

表 8 – 17　同期同等级 ABS 债券利率情况

品种	期限	票面利率
金风绿 A	1 年	3.40%
金风绿 B	2 年	3.60%
金风绿 C	3 年	3.90%
金风绿 D	4 年	4.20%
金风绿 E	5 年	4.50%
金安 2A4	1 年	4.40%
金安 2A8	2 年	4.80%
PR2A1	3 年	5.30%
星美 2A15	4 年	6.50%
广汇热 05	5 年	6.10%

资料来源：整理自交易商协会、万得数据库。

案例5　中广核附加碳收益中期票据 （碳债券）

2014 年 5 月 12 日，中广核附加碳收益中期票据在深圳排放权交易所正式发行，这是我国第一单碳债券。该债券由中广核风电有限公司发行，浦发银行和国家开发银行股份有限公司担任主承销商，中广核财务有限责任公司和深圳排放权交易所担任财务顾问。该债券的发行期限是 5 年，发行规模为 10 亿元，票面利率采用"固定利率 + 浮动利率"的混合利率方式，发行后最终固定利率为 5.65%，浮动利率区间为 5bp 到 20bp。此外，在该债券存续期内，浮动利率还将和中广核风电有限公司旗下的 5 家风电项目公司收获的碳资产（CCER）收益正向关联。其基本情况见表 8 – 18。

表 8 – 18　中广核附加碳收益中期票据的基本情况

发行人	中广核风电	债券种类	中期票据
债券期限	5 年	发行规模	10 亿元
主承销商	浦发银行、国开行	上市场所	银行间交易商市场
财务顾问	中广核财务、深圳排交所	发行对象	机构投资者
票面利率	固定利率 + 浮动利率	发行后最终固定利率为 5.65%	
		浮动利率部分与发行人下属 5 家风电项目公司在债券存续期内实现的碳资产（CCER）收益正向关联，浮动利率的区间设定为 5bp 到 20bp	

资料来源：整理自交易商协会、万得数据库。

有关机构估算，当碳资产的市场价格为 8~20 元/吨时，该债券所依托的五个项目预计可实现超过最低 50 万元/年的碳收益，最高将超过 300 万元/年。这五个项目包括广东台山（汶村）风电场，装机容量为 3.57 万千瓦，其余四个为内蒙古商都项目、内蒙古乌力吉二期项目、甘肃民勤咸水井项目和新疆吉木乃一期项目，装机容量均为 4.95 万千瓦。

根据《中广核风电有限公司 2014 年度第一期中期票据 2015 年付息公告》《中广核风电有限公司 2014 年度第一期中期票据 2017 年付息公告》，以上五个项目均未能注册为 CCER 项目，也未能产生碳减排收益，所以碳收益为 0。按照募集说明书，浮动利率取区间下限 0.05%，所以付息利率为 5.70%（固定利率 5.65% 加浮动利率 0.05%）。

参考文献

[1] 高金山，张明玉，王颖. 风电行业碳中和绿色 ABS 探索实践 [J]. 现代金融导刊，2022（2）.

[2] 朱云伟. 银行业绿色金融实施现状研究：以中国工商银行为例 [J]. 现代金融导刊，2020（2）.